国家重点基础研究发展计划（973 计划）项目（2010CB951102）
国家自然科学基金创新研究群体基金项目（51021066） 资助

"十二五"国家重点图书出版规划项目

海河流域水循环演变机理与水资源高效利用丛书

基于低碳发展模式的水资源合理配置

严登华 秦天玲 王 浩 翁白莎 宋新山 著

科学出版社
北 京

内 容 简 介

本书系统梳理了碳水耦合模拟和水资源配置的国内外研究进展，以碳循环和"自然-人工"二元水循环的耦合机制为基础，初步提出了基于低碳发展模式的水资源合理配置的基本理论与方法；选取华北平原的白洋淀流域作为典型案例分析，构建碳水耦合概念系统，绘制碳水耦合系统网络图；利用碳水耦合模型和野外原型观测技术，从水循环、碳循环与碳水耦合关系方面定量化识别流域碳水耦合机制；考虑不同社会经济发展模式，对未来碳排放与需水进行预测；构建不同水平年的水资源合理配置方案集，采用基于低碳发展模式的水资源合理配置模型对各方案进行模拟，对比模拟结果，提出推荐方案及其保障措施，在水资源配置理论与技术方面实现了创新。

本书可供水资源、环境、生态等相关专业科研、规划和管理人员使用，也可供大专院校师生参考。

图书在版编目（CIP）数据

基于低碳发展模式的水资源合理配置 / 严登华等著. —北京：科学出版社，2014.1

（海河流域水循环演变机理与水资源高效利用丛书）

"十二五"国家重点图书出版规划项目

ISBN 978-7-03-038988-6

Ⅰ. 基… Ⅱ. 严… Ⅲ. 水资源-资源配置-研究 Ⅳ. TV213.4

中国版本图书馆 CIP 数据核字（2013）第 254851 号

责任编辑：李 敏 张 震 吕彩霞 / 责任校对：桂伟利
责任印制：徐晓晨 / 封面设计：王 浩

科学出版社 出版
北京东黄城根北街16号
邮政编码：100717
http://www.sciencep.com

北京东华虎彩印刷有限公司 印刷
科学出版社发行 各地新华书店经销

*

2014 年 1 月第 一 版 开本：787×1092 1/16
2017 年 3 月第二次印刷 印张：11 插页：2
字数：334 000

定价：88.00 元
（如有印装质量问题，我社负责调换）

总　　序

　　流域水循环是水资源形成、演化的客观基础，也是水环境与生态系统演化的主导驱动因子。水资源问题不论其表现形式如何，都可以归结为流域水循环分项过程或其伴生过程演变导致的失衡问题；为解决水资源问题开展的各类水事活动，本质上均是针对流域"自然-社会"二元水循环分项或其伴生过程实施的基于目标导向的人工调控行为。现代环境下，受人类活动和气候变化的综合作用与影响，流域水循环朝着更加剧烈和复杂的方向演变，致使许多国家和地区面临着更加突出的水短缺、水污染和生态退化问题。揭示变化环境下的流域水循环演变机理并发现演变规律，寻找以水资源高效利用为核心的水循环多维均衡调控路径，是解决复杂水资源问题的科学基础，也是当前水文、水资源领域重大的前沿基础科学命题。

　　受人口规模、经济社会发展压力和水资源本底条件的影响，中国是世界上水循环演变最剧烈、水资源问题最突出的国家之一，其中又以海河流域最为严重和典型。海河流域人均径流性水资源居全国十大一级流域之末，流域内人口稠密、生产发达，经济社会需水模数居全国前列，流域水资源衰减问题十分突出，不同行业用水竞争激烈，环境容量与排污量矛盾尖锐，水资源短缺、水环境污染和水生态退化问题极其严重。为建立人类活动干扰下的流域水循环演化基础认知模式，揭示流域水循环及其伴生过程演变机理与规律，从而为流域治水和生态环境保护实践提供基础科技支撑，2006年科学技术部批准设立了国家重点基础研究发展计划（973计划）项目"海河流域水循环演变机理与水资源高效利用"（编号：2006CB403400）。项目下设8个课题，力图建立起人类活动密集缺水区流域二元水循环演化的基础理论，认知流域水循环及其伴生的水化学、水生态过程演化的机理，构建流域水循环及其伴生过程的综合模型系统，揭示流域水资源、水生态与水环境演变的客观规律，继而在科学评价流域资源利用效率的基础上，提出城市和农业水资源高效利用与流域水循环整体调控的标准与模式，为强人类活动严重缺水流域的水循环演变认知与调控奠定科学基础，增强中国缺水地区水安全保障的基础科学支持能力。

　　通过5年的联合攻关，项目取得了6方面的主要成果：一是揭示了强人类活动影响下的流域水循环与水资源演变机理；二是辨析了与水循环伴生的流域水化学与生态过程演化的原理和驱动机制；三是创新形成了流域"自然-社会"二元水循环及其伴生过程的综合模拟与预测技术；四是发现了变化环境下的海河流域水资源与生态环境演化规律；五是明晰了海河流域多尺度城市与农业高效用水的机理与路径；六是构建了海河流域水循环多维临界整体调控理论、阈值与模式。项目在2010年顺利通过科学技术部的验收，且在同批验收的资源环境领域973计划项目中位居前列。目前该项目的部分成果已获得了多项省部级科技进步奖一等奖。总体来看，在项目实施过程中和项目完成后的近一年时间内，许多成果已经在国家和地方重大治水实践中得到了很好的应用，为流域水资源管理与生态环境治理提供了基础支撑，所蕴藏的生态环境和经济社会效益开始逐步显露；同时项目的实施在促进中国水循环模拟与调控基础研究的发展以及提升中国水科学研究的国际地位等方面也发挥了重要的作用和积极的影响。

本项目部分研究成果已通过科技论文的形式进行了一定程度的传播，为将项目研究成果进行全面、系统和集中展示，项目专家组决定以各个课题为单元，将取得的主要成果集结成为丛书，陆续出版，以更好地实现研究成果和科学知识的社会共享，同时也期望能够得到来自各方的指正和交流。

最后特别要说的是，本项目从设立到实施，得到了科学技术部、水利部等有关部门以及众多不同领域专家的悉心关怀和大力支持，项目所取得的每一点进展、每一项成果与之都是密不可分的，借此机会向给予我们诸多帮助的部门和专家表达最诚挚的感谢。

是为序。

海河973计划项目首席科学家
流域水循环模拟与调控国家重点实验室主任
中国工程院院士

2011年10月10日

序

气候变化和人类活动对生态环境与社会经济系统的干扰日益加剧。在经济快速发展的背景下，我国仍未完全脱离高投入、高消耗、高排放的传统经济社会发展模式。在这种背景下，区域城镇化、工业化快速推进和居民消费结构变化对区域水资源和能源的需求量也不断增加。随着各国不断加深对资源节约和低碳发展模式战略地位的认识，区域碳减排和资源利用效率提高已经成为减缓气候变化对社会经济影响的关键任务，也是全球气候变化综合应对与国际科技合作的核心问题。

从整体上看，社会经济系统表现为碳"源"，生态环境系统表现为碳"汇"。随着社会经济的发展和人口增长，碳"源"呈现出持续、快速增强态势；与此同时，社会经济系统挤占生态环境系统的用地与用水，全球范围内的生态与环境系统整体呈现出退化趋势，碳"汇"呈现出减弱态势。各国主要从政策与行政干预、生活方式与行为方式改变、行业技术革新方面开展碳减排和水资源节约。如何将"碳减排"与"碳增汇"融合到水资源系统中，以实现多目标调控，成为水资源管理的一个新挑战，亟需创新水资源配置技术。

基于低碳发展模式的水资源合理配置在提高水资源利用效率的同时，能够降低区域碳的净排放总量，将成为我国水利行业减缓气候变化的关键支撑工具，满足国家和国际层面的战略发展要求。

水资源配置是水资源系统管理与综合调控的有力支撑技术，中国水利水电科学研究院在水资源配置方面具有坚实的研究基础，从"六五"水资源评价到现阶段的水量水质联合配置研究，积累了重要的研究成果和丰富的研究经验。结合已有研究基础，严登华教授等开展了基于低碳发展模式的水资源合理配置方面的探索性研究，在理论、技术与应用实践方面创新特色明显。与传统的水资源配置模式相比，在区域碳水耦合机制识别的基础上，基于低碳发展模式的水资源合理配置将通过水资源配置实现碳循环中的"源–汇"一体化调节，逐渐过渡到"减源增汇"的理想模式。选取华北平原的白洋淀流域作为典型案例分析，构建碳水耦合系统网络图，从水循环、碳循环与碳水耦合关系方面识别流域碳水耦合机制，考虑不同社会经济发展模式，对未来碳排放与需水进行预测，并给出未来不同水平年的配置方案。

作者作为课题负责人参加了本人主持的"全球变化国家重大基础研究专项：气候变化对黄淮海地区水循环的影响机理和水资源安全评估"项目的研究工作，并主持第二课题的研究。作者在系统总结课题研究成果和多年在水资源配置方面研究成果的基础上,编著此书,是水资源配置方面的创新力作。该书的出版发行,有益于推动水文水资源学科的发展,还将推动气候变化与资源环境领域的研究创新,对我国综合应对气候变化将起到积极的作用。

是为序。

全球变化国家重大基础研究专项:"气候变化对黄淮海地区水循环的影响机理和水资源安全评估"首席科学家
中国工程院院士、南京水利科学研究院院长

2013 年仲秋于北京

前　言

在气候变化背景下，人类和生态系统的水平衡与碳平衡已成为首要环境问题。气候变化深刻影响到水循环多过程及其多向反馈作用机制，进一步加剧水资源供需矛盾，不断加剧生态用水与生态用地被挤占的严峻形势，导致生态系统的碳捕获能力降低。另外，社会经济发展对化石燃料的需求量也呈现增加态势，导致碳排放量增加。碳排放量的增加和碳捕获量的减少致使碳的净排放量增加。虽然国内外的碳减排技术和碳增汇技术相继实施，逐渐趋向于"减源增汇"的态势，但还没达到碳的净排放量为负值的理想状态，这是由于"减源"与"增汇"措施相分离。以碳排放与社会经济用水、碳捕获与生态需水之间的关系为基础，基于低碳发展模式的水资源合理配置将碳的净排放过程与水资源系统联系起来，合理压缩社会经济系统用水，即实施节水措施来降低社会经济需水，通过水资源和碳的净排放联合配置抑制碳排放、提高生态系统供水的保障程度，进而增强碳的捕获能力，该技术将成为革新传统水资源开发利用的新方式和减缓及适应气候变化的有力工具。

本研究基于"自然-人工"二元水循环与碳循环辨识了区域碳水耦合作用机制，提出基于低碳发展模式的水资源合理配置内涵、总体任务、基本特征、目标与原则。在上述理论支撑下，构建碳水耦合概念系统，绘制碳水耦合系统网络图；利用碳水耦合模型和野外原型观测技术定量化识别碳水耦合机制，并预测未来需水量和碳排放量；构建不同水平年的水资源合理配置方案集，采用基于低碳发展模式的水资源合理配置模型对各方案进行模拟，对比模拟结果，提出推荐方案及其保障措施，并在白洋淀流域开展实例研究，在水资源配置理论与技术方面实现了创新。

在理论方面，拓展了水资源配置理论，与传统理论有所不同的是，基于低碳发展模式的水资源合理配置以区域碳水耦合机制为基础，即以"自然-人工"二元水循环与碳循环为主线，将碳循环耦合到水资源系统中，重点关注社会经济用水与碳排放、生态环境用水与碳捕获之间的关系，拓展了传统模式的研究范畴。在设置总体目标时，不仅考虑传统模式中的缺水量因素，还考虑了碳的净排放量，并将低碳性纳入配置原则中。基于低碳发展模式的水资源合理配置在考虑社会经济发展的基础上，重点结合供水模式、用水模式和工程供水过程等措施来抑制区域碳"源"、提高碳"汇"用水的保障程度。上述理论以区域碳水耦合作用机制识别技术与基于低碳发展模式的水资源合理配置技术为支撑，在这两个方面实现技术创新。

在白洋淀流域的应用研究不仅能够为水资源与生态环境保护规划提供直接支持,还能够为地下水水位恢复、南水北调和引黄工程的供水过程提供依据,具有较为显著的实践意义。

全书由严登华、王浩和宋新山组织编写;秦天玲和翁白莎负责主要内容编写工作和野外实验工作,并进行统稿校核。本书从基础研究到编写完成历时近五年,几经校稿,一直得到本书诸位参与人员的支持,在此深表谢忱。

基于低碳发展模式的水资源合理配置研究仍处于探索阶段,本书仅仅是该研究的初步成果,在理论、方法和实践研究方面还需要不断完善。本研究涉及现代水文学、水资源学、生态学、环境学、系统科学、复杂科学等多个学科,由于作者及其团队水平有限,难免存在疏漏与不当之处,恳请读者批评指正。

严登华

2013 年 6 月于北京

目 录

总序
序
前言
第1章 绪论 ··· 1
  1.1 气候变化背景 ·· 1
  1.2 人类社会发展模式与低碳发展模式的提出 ···························· 2
  1.3 全球碳源/汇演变与水资源系统之间的关系 ·························· 3
  1.4 研究的必要性与意义 ·· 3
  1.5 关键科学问题 ·· 4

上篇 理论与技术

第2章 基于低碳发展模式的水资源合理配置理论基础 ···················· 7
  2.1 水利水电开发与碳平衡之间的关系 ····································· 7
  2.2 区域碳水耦合机制研究现状及发展趋势 ······························ 9
    2.2.1 研究现状 ··· 9
    2.2.2 发展趋势 ··· 14
  2.3 水资源合理配置研究现状及发展趋势 ································· 14
    2.3.1 研究现状 ··· 14
    2.3.2 发展趋势 ··· 17
  2.4 区域碳水耦合机制的基本认知 ··· 17
    2.4.1 区域碳水耦合的内涵 ·· 17
    2.4.2 水循环 ··· 17
    2.4.3 碳循环 ··· 18
    2.4.4 水循环对碳循环的影响 ··· 18
    2.4.5 碳循环对水循环的影响 ··· 19
  2.5 基于低碳发展模式的水资源合理配置理论基础 ······················ 19
    2.5.1 内涵 ··· 19
    2.5.2 总体任务 ·· 20
    2.5.3 基本特征 ·· 20
    2.5.4 配置目标 ·· 20
    2.5.5 配置原则 ·· 21

| 2.6 本章小结 | 21 |

第3章 基于低碳发展模式的水资源合理配置技术框架及关键技术 ... 22
- 3.1 基于低碳发展模式的水资源合理配置技术框架 ... 22
- 3.2 区域碳水耦合机制识别的关键技术 ... 23
  - 3.2.1 区域碳水耦合系统概化 ... 23
  - 3.2.2 原型观测与遥感解译 ... 25
  - 3.2.3 碳水耦合模型构建 ... 25
- 3.3 基于低碳发展模式的水资源合理配置关键技术 ... 26
  - 3.3.1 技术框架 ... 26
  - 3.3.2 关键技术 ... 27
- 3.4 本章小结 ... 28

第4章 区域碳水耦合模拟模型 ... 29
- 4.1 模型功能需求分析及建模总体思路 ... 29
  - 4.1.1 模型功能需求分析 ... 29
  - 4.1.2 建模总体思路 ... 30
- 4.2 区域碳水耦合模型物理概化 ... 31
  - 4.2.1 空间结构 ... 31
  - 4.2.2 时空尺度嵌套 ... 33
- 4.3 要素过程模拟 ... 34
  - 4.3.1 能量流动 ... 35
  - 4.3.2 水循环 ... 49
  - 4.3.3 碳循环 ... 51
- 4.4 模型校验 ... 55
  - 4.4.1 校验策略 ... 55
  - 4.4.2 校验准则 ... 55
- 4.5 本章小结 ... 56

第5章 基于低碳发展模式的水资源合理配置模型 ... 57
- 5.1 模型功能需求分析与建模策略 ... 57
  - 5.1.1 模型功能需求分析 ... 57
  - 5.1.2 建模策略 ... 58
- 5.2 模型结构 ... 58
- 5.3 目标函数与约束条件 ... 58
  - 5.3.1 目标函数 ... 58
  - 5.3.2 约束条件 ... 59
- 5.4 模型求解 ... 61
- 5.5 本章小结 ... 62

第6章 不同社会经济发展模式下的碳排放与需水预测 ... 63

6.1 社会经济发展模式构建	63
6.2 碳排放预测方法与基础模型	63
6.2.1 Cobb-Douglas 动力学关系模型	64
6.2.2 能源强度模型	64
6.2.3 马尔科夫链模型	64
6.3 需水预测方法	65
6.3.1 人口发展与城镇化进程预测	65
6.3.2 区域社会经济发展指标预测	66
6.3.3 生产需水预测计算	66
6.3.4 生活需水预测计算	67
6.3.5 生态环境需水预测计算	68
6.4 本章小结	68

下篇 实践应用

第 7 章 白洋淀流域概况及主要生态环境问题 — 71
7.1 自然地理概况 — 71
 7.1.1 地理位置 — 71
 7.1.2 地质地貌 — 71
 7.1.3 河流水系 — 72
 7.1.4 气候与水文 — 74
 7.1.5 土壤与植被 — 75
7.2 社会经济概况 — 77
 7.2.1 行政分区与人口 — 77
 7.2.2 经济发展与能源利用 — 77
 7.2.3 水土资源开发利用 — 78
7.3 主要生态环境问题 — 81
 7.3.1 水资源短缺，地下水超采严重 — 81
 7.3.2 生态用水与用地被挤占，加剧湿地萎缩 — 81
 7.3.3 面源污染加剧，水质不断恶化 — 81
7.4 本章小结 — 82

第 8 章 白洋淀流域碳水耦合机制识别及演变规律 — 83
8.1 流域碳水耦合系统概化 — 83
8.2 模型数据来源与处理 — 85
 8.2.1 气象参数 — 86
 8.2.2 数字高程数据 — 87
 8.2.3 水文地质参数 — 87
 8.2.4 土地利用参数 — 89

8.2.5　土壤特征参数 ··· 89
8.2.6　植被特征参数 ··· 89
8.3　模型校验 ··· 92
8.3.1　水循环要素校验 ·· 92
8.3.2　碳循环要素校验 ·· 95
8.4　流域碳水耦合作用机制识别 ··· 97
8.4.1　碳循环要素演变规律 ·· 97
8.4.2　水循环要素演变规律 ··· 100
8.4.3　碳水耦合定量化关系 ··· 101
8.5　本章小结 ·· 106

第9章　不同经济发展模式下的白洋淀流域碳排放与需水预测 ················ 107
9.1　白洋淀流域碳排放预测与分析 ·· 107
9.1.1　数据来源 ·· 107
9.1.2　参数估计与模型修正 ··· 107
9.1.3　预测结果与分析 ·· 108
9.2　白洋淀流域需水预测与分析 ··· 110
9.2.1　社会经济发展指标 ·· 110
9.2.2　生产需水 ·· 111
9.2.3　生活需水 ·· 115
9.2.4　生态需水 ·· 116
9.2.5　流域总需水 ··· 117
9.3　本章小结 ·· 118

第10章　基于低碳发展模式的白洋淀流域水资源合理配置 ······················ 119
10.1　配置方案集设置 ··· 119
10.1.1　方案集设置依据 ·· 119
10.1.2　不同水平年的配置方案 ··· 120
10.2　配置结果与分析 ··· 124
10.2.1　基准年 ·· 124
10.2.2　2015水平年 ··· 130
10.2.3　2020水平年 ··· 136
10.2.4　2030水平年 ··· 141
10.3　方案比选 ·· 147
10.3.1　基准年 ·· 147
10.3.2　2015水平年 ··· 147
10.3.3　2020水平年 ··· 148
10.3.4　2030水平年 ··· 148
10.4　推荐方案下的保障措施 ·· 149

10.5 本章小结 ·· 151
第 11 章 结论与展望 ··· 153
  11.1 结论 ·· 153
  11.2 展望 ·· 155
参考文献 ·· 157
索引 ·· 164

第1章 绪 论

1.1 气候变化背景

气候变化是各国普遍关注的全球性问题。近年来，全球变暖、极端气候（包括暴雪、暴雨、洪水、干旱、冰雹、雷电、台风等）事件、海平面上升、冰川消融等对自然生态系统和人类社会经济的影响日益显现。政府间气候变化专业委员会（IPCC）的系列报告表明：在20世纪的100年中，全球地面空气温度平均上升了0.4~0.8℃，而近50年的线性增暖速率几乎是近100年的两倍；根据不同的气候情景模拟估计未来100年中，全球平均温度将上升1.4~5.8℃（Petts et al.，2006）；自70年代以来，在更大范围地区，尤其是在热带和副热带，干旱强度更强、持续时间更长（IPCC，2007a）；1901~2005年，亚洲北部和中部的降水量显著增加。

中国气候变化与全球气候变化的总趋势是一致的（气候变化国家评估报告编委会，2007）。近百年来，中国年平均气温升高了0.65±0.15℃，略高于全球平均增温幅度；年均降水量总体变化趋势不明显（王汉杰和刘健文，2008），但区域降水变化波动较大，如华北大部分地区每10年减少20~40mm，而华南与西南地区每10年增加20~60mm（IPCC，2007a）。

目前气候变化成因方面的意见还不统一。气候变化可能是由于系统内部的自然节律，也可能来自外部强迫的干扰，也或许是二者共同造成的（钱伟宏，2009）。其中，前者来源于太阳辐射、地球公转及地球造山运动、海洋运动、南北两极变化等因素；后者或由于人工释放的二氧化碳、热量、水汽和污染物等改变大气成分和能量流动，或由于下垫面条件的变化，综合导致局地气候发生变化。上述变化与水资源开发利用和生态用地的时空分布有一定关系。

IPCC气候变化报告研究表明，过去50年来的全球暖化现象，90%的可能性是人类活动引起的（IPCC，2007a）。21世纪初以来，全球二氧化碳排放量增长速率为2.5%，较20世纪90年代提高了近4倍（Heinzerling，2010）。我国本世纪碳排放量也呈现增加态势：2007年碳排放量较2000年增加了97.3%（国家发展和改革委员会能源局，2009）。到2009年，中国二氧化碳排放量居世界第一，增长近9%（Heinzerling，2010）。

对于水循环与水资源来说，观测到的全球变暖过程会直接改变大尺度的区域水循环要素，如增加局地水汽通量、改变降水过程及极值天气事件的演变特征、影响土壤水和径流形成过程等；伴随人口增长、经济发展、土地利用格局变化和城市进程加快，气候变化对水循环的影响又不断加剧，进而影响水电开发利用、防汛抗旱、农业灌溉、城市集中供水过程和水资源管理活动等水资源开发利用活动（Bates et al.，2008）。但是，上述开发与管理活动并不能很好地应对气候变化，严重影响社会经济的可持续发展。

气候变化会影响碳循环要素的演变。一方面，从碳排放过程来看，气候变化会对工业、第三产业、人民居住和交通运输过程中的能源消耗过程产生影响，进而导致人工碳排放总量发生变化；另一方面，从碳汇来看，气候变化导致全球变暖，若考虑到降水的变化过程，不同地区的气候带将发生推移，全球生态系统布局也会发生改变，部分动植物将保留在原气候区内，而其他动植物将移动到新的适应区内，从而致使全球生态系统的结构、功能和生物量发生变化（史新峰，2010 年）。

气候变化和人类活动对自然系统的干扰程度不断增加，人类社会和生态系统（陆域和淡水生态系统）的水循环及碳平衡已成为首要环境问题（Hannah et al.，2004；Newman et al.，2006；IPCC，2007b）。

1.2 人类社会发展模式与低碳发展模式的提出

随着经济的快速发展和人类对水/土资源的开发利用程度不断增加，人类社会发展模式已呈现外延式发展，即以增加生态环境资本消耗换取经济的快速发展；在认识到生态环境的重要性之后，逐渐向低碳发展模式转变，即社会经济资本与生态环境资本呈平衡状态；为恢复并保护生态环境，在低碳发展模式的基础上，近年来又提出"绿色发展模式"以应对气候变化（图1-1）。

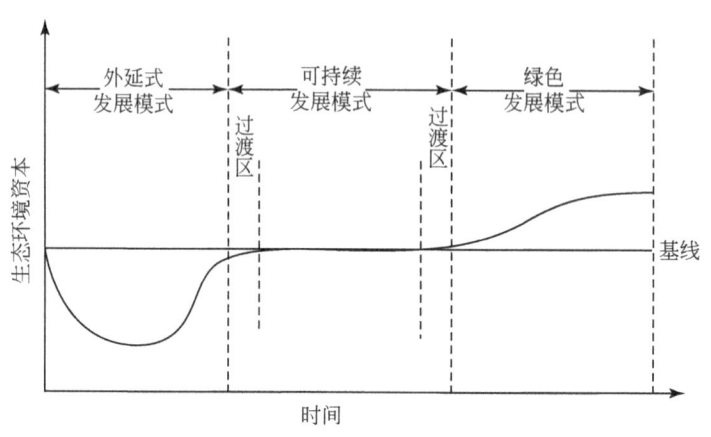

图1-1 人类社会发展概念模式历程

绿色发展模式至今还没有一个统一的定义，但本身暗含可持续发展的含义。我国著名学者陈世清在《绿色经济丛书》中指出，绿色经济发展模式是一种知识经济时代的新发展模式，包括和谐经济发展模式、幸福经济发展模式、稳定型经济发展模式、再生型经济发展模式。

"低碳"是指在某一个时间达到较低的温室气体排放。而低碳发展模式由"低碳"这一概念引申出来，其实质是指社会经济体系的构建和发展能够实现"低碳"排放（国家发展和改革委员会能源研究所课题组，2009）。

低碳发展模式的目标符合绿色发展模式的要求，是其重要表现形式之一。基于低碳发展模式的水资源合理配置既是水利应对气候变化过程中突破生态环境和水资源瓶颈的主要手段之一，更是平衡二者与社会经济发展之间关系的关键工具。

1.3 全球碳源/汇演变与水资源系统之间的关系

宏观上看，经济社会系统表现为碳"源"，生态系统表现为碳"汇"。在传统发展模式下，社会经济发展对水/土资源的需求增加不断加剧生态用水与生态用地被挤占的严峻形势。另外，社会经济发展对化石燃料的需求量也呈现增加态势，综合导致碳"源"的排放量增加、碳"汇"的捕获量减小，致使碳的净排放量增加。虽然现阶段在向低碳发展模式转变，随着节水社会的发展和生态环境修复措施的开展，社会经济用水与生态环境用水之间的关系也在不断被调整，逐渐趋向于"减源增汇"的态势，但还没达到碳的净排放量为负值的理想状态（图1-2）。与2000年相比，我国2007年用水量和碳排放量分别增加了5.8%和97.3%（中华人民共和国水利部，1998－2008；国家发展和改革委员会能源局，2009）。

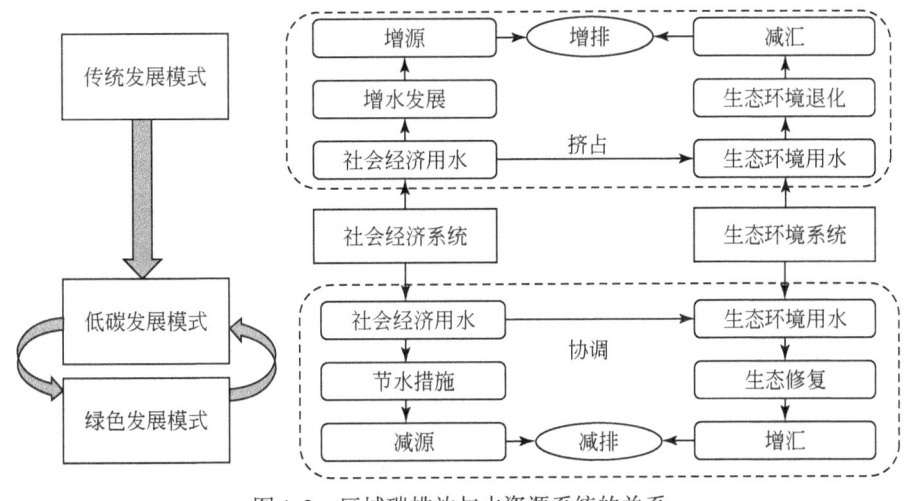

图1-2 区域碳排放与水资源系统的关系

1.4 研究的必要性与意义

与水资源配置的传统模式相比，在区域碳水耦合机制识别的基础上，基于低碳发展模式的水资源合理配置将通过水资源配置实现碳循环中的"源–汇"一体化调节，逐渐过渡到"减源增汇"的理想模式。

基于低碳发展模式的水资源合理配置将拓展水资源配置理论，将碳循环与水资源系统联系起来,实现水资源应对气候变化的技术创新,尤其是为气候变化减缓方面提供了技术支撑。本研究以白洋淀流域为典型区域,将协调社会经济系统与生态环境系统之间的关系,满足经济发展、碳减排、生态环境保护、湿地生境维系、地下水水位恢复等多维目标,所提出的配置方案不仅能够为各行政区的水资源规划、生态环境保护规划和能源规划提供直接数据支持,还能够为南水北调东/中线、引黄入淀和引黄入晋工程在市级行政区划层面的供水过程提供依据,具有较为显著的实践意义。

本书将"发展一套理论、创新两项技术、实现典型区域应用",结合实践对理论和技术进行调整与完善:①以区域碳水耦合机制为基础理论,将发展一套基于低碳发展模式的水资源合理配置理论;②结合系统概化、野外原型观测和数值模拟技术,将创新区域碳水耦合模拟技术;③以配置模型为核心,将创新基于低碳发展模式的水资源合理配置技术;④将上述理论与技术应用到白洋淀流域,提出不同水平年的配置方案,实现典型区域应用。

1.5 关键科学问题

为从根本上缓解大气中二氧化碳高位增加态势、从水资源管理的角度应对气候变化以及适应低碳发展模式,本研究拟解决以下两个关键科学问题:

(1) 区域碳水耦合机制是什么?

区域碳循环与水循环在能量流动驱动下不断发生动态变化,其耦合机制越来越受到气候变化综合应对的关注。一方面,区域社会经济的发展致使碳排放量不断增加,与此同时,工业、农业和生活用水量也不断增加;另一方面,生态用水不断被挤占,生态需水不能适时满足,致使生态系统退化、碳捕获能力降低。如何定量化社会经济用水量与碳排放量的关系以及生态环境用水量与碳捕获能力的关系是区域碳水耦合机制研究的核心内容,也是探寻碳水循环相互作用机制的关键。本研究将在整体识别区域碳/水循环演变特性的基础上,进一步定量化识别碳水耦合关系。

(2) 如何实现基于低碳发展模式的水资源合理配置?

人类在水资源和水能资源开发活动中,改变了区域碳排放和碳捕获特征,直接影响到区域碳的净排放量。在水资源合理配置中,需要考虑生态与环境用水,以维系甚至提高区域碳的"捕获"能力;同时,在建立碳水耦合关系的基础上,进一步优化产业结构,控制用水效率低、碳排放量高的产业供水量,以减少区域碳的净排放量。通过开展基于低碳发展模式的水资源合理配置研究,实现"源-汇"一体化调节并给出有效的调控措施,为管理部门提供决策依据,进而推动我国低碳发展模式的发展,为国家在碳交易和气候变化等国际谈判中提供有力的理论与技术支持。

上 篇
理论与技术

第 2 章 基于低碳发展模式的水资源合理配置理论基础

2.1 水利水电开发与碳平衡之间的关系

人类在水利水电开发利用活动中，改变了区域碳排放和碳捕获的时空演变特征，影响到区域碳平衡（碳净排放量）。

(1) 水电开发活动对碳平衡的影响

整体上看，水电开发比火力发电对区域碳平衡的影响小，可置换其他能源领域的碳排放，有利于区域低碳发展模式的发展。我国水电资源丰富，到 2020 年技术可开发量达 1.28 亿 kW，按 2006 年电力工业能源效率 366 gce/(kW·h)（王研，2008）、年利用小时数 2500（胡冬妮等，2009）计算，每年可节约化石燃料 1.17×10^8 Tgce，少排放 8746TgC。但水能开发受季风、降水和径流的时空格局影响，分布较集中，而能源危机又加剧了河流水能开发强度，影响流域中下游径流量季节性和区域性分布；水电站装机容量过大、梯级电站规划调度不合理导致河流季节性缺水、水事纠纷，还减少局地水汽循环通量，致使河道内生境、河流廊道及其周围生境的需水量不能得到满足；大坝等水能开发活动产生淹地和消涨带会永久性（直接）或间接作用于植物的种类、结构及生活环境（曹永强等，2005；康志等，2007；吴良喜等，2007），影响区域光合作用和植被异速生长等基本生态过程导致植被退化、生物多样性减少，改变地表群落类型，中断生态系统演替过程，降低其碳捕获能力和分解有机碳的能力，减弱系统恢复力。

(2) 水资源开发利用过程对碳平衡的影响

整体上看，天然生态系统在区域碳平衡中起到"碳捕获"作用。然而，随着人类社会经济发展和需水量的增加，在一定时空尺度上挤占了生态与环境用水，导致生态系统的退化，使得区域碳捕获能力降低及碳的净排放量增加；与此同时，因区域产业结构及水资源在社会经济系统中的配置变化，改变了区域"碳源"的构成及排放特征。此外，在取水、输水、用水和排水过程中耗能改变，影响区域碳的净排放量。为此，在水资源合理配置中，要保障生态与环境用水，以维系或提高区域碳的"捕获"能力；同时，在建立水资源开发利用效率与碳排放之间关系的基础上，进一步优化产业结构，压缩用水效率低、碳排放量高的产业供水，以减少区域碳的净排放量（图 2-1）。

(3) 水生态建设对碳平衡的影响

各类生态系统的碳排放与捕获能力差异很大，根据德国全球变化咨询委员会（German Advisory Council on Global Change，WBGU）统计的全球生态系统碳储量（Prentice，1993），

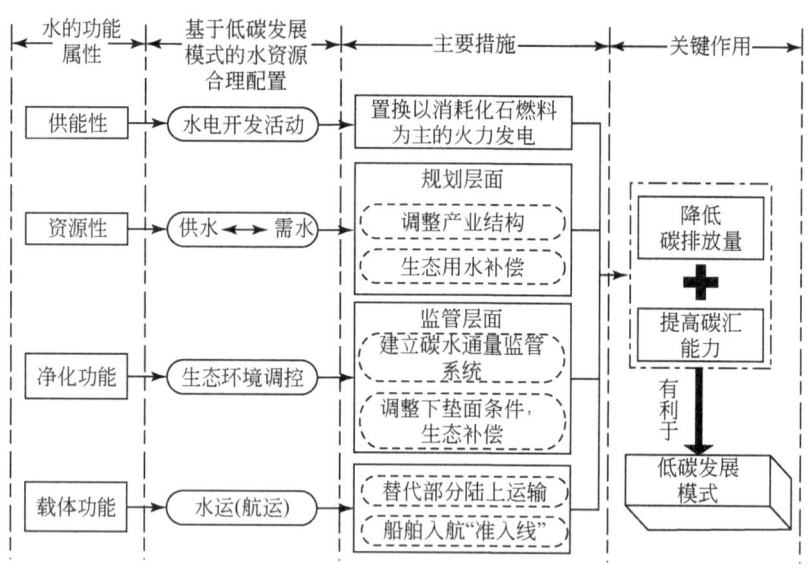

图 2-1 水资源合理配置对碳平衡的影响机制

湿地的单位面积碳储量最高,森林和草地次之,农地介于苔原与沙漠之间(图 2-2)。

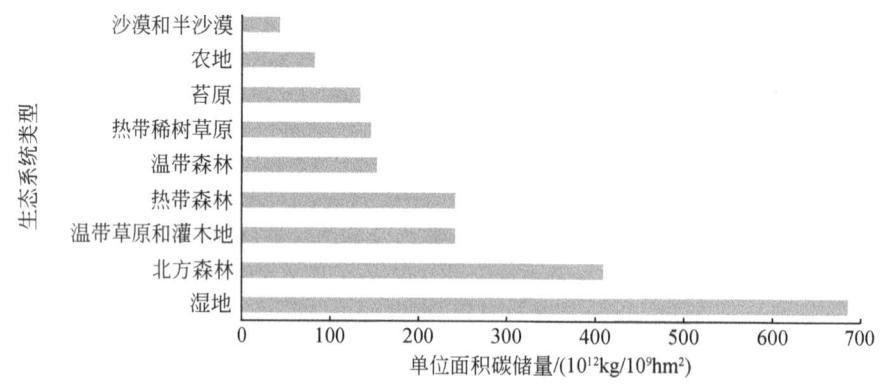

图 2-2 全球不同类型生态系统的单位面积碳储量

因此,区域景观格局的变化,将改变区域整体的碳捕获能力,从而影响区域碳净排放(谭丹等,2008)。为提高区域碳捕获能力,在生态修复过程中,需要通过适当的人为调控措施,优化区域景观构成及格局。

(4) 航运(水运)对碳平衡的影响

相对于其他运输模式来说,水路运输单耗能较低。中国能源统计数据报告(孙家仁和刘煜,2008)表明,随着航道条件改善和船舶技术的发展,2003 年水运综合单位能耗为 90.4kgce/万换算 t·km,较 1993 年下降了约 53.3%。但是,水运碳排放过程对河道内外生境的碳捕获能力也有一定影响。在利用水作运输载体的同时,如何降低水运对河道及其相邻生态系统的碳捕获能力成为亟须解决的关键问题之一。水运调配可根据水运碳排放量在区域总量中所占的权重、河流的通航能力及船只的单位碳排放量,规定不同规模船只的数量和航运碳排放准入标准。到 2050 年,在强化低碳情景中,中国的终端能源消费部门构成将接近于目前发达国家工业、建筑、交通各占 1/3 的水平（国家发展和改革委员会能源研究所课题组，2009）。

2.2 区域碳水耦合机制研究现状及发展趋势

2.2.1 研究现状

碳循环和水循环是具有双向反馈作用机制的耦合过程，二者的相互作用关系受到气候变化和人类活动的双重影响，且对气候系统与生态环境系统具有强烈的反馈作用。国内外已开展了大量野外观测试验和数值模拟研究，以植被和土壤作为主要关注对象，分析自然生态系统中碳/水循环在不同时空尺度下的耦合作用机制及其对环境要素和下垫面条件变化的响应。

(1) 驱动机制

区域碳水循环的影响要素可分为外部强迫因子和系统内部因子。前者主要包括太阳活动、地质构造变化、火山爆发等。但由于外部强迫因子对碳水循环影响的不确定性较大，因此碳水耦合模拟的驱动机制更关注系统内源。系统内部因子包含大气组成成分、各圈层辐射过程、人类活动和下垫面条件改变等，各因子或单独、或协同作用于陆地碳循环和水循环的关键要素过程。

1）大气组成成分。二氧化碳、气溶胶和水汽等大气组成成分已成为研究碳水循环驱动机制的关键要素：大气 CO_2 含量与植被碳库之间存在着稳定的正相关关系（Calfapietra et al.，2003；Bellamy et al.，2005；Rasse et al.，2005），且随着大气 CO_2 浓度的升高，植被碳储量及其叶片的气孔传导率也会增加，从长时间尺度来看，还会加大枯枝落叶的分解速率和土壤含水量（Tomo'omi et al.，2004；Sefcik et al.，2007），对大尺度的蒸散发、产流过程和碳捕获过程均具有影响；大气气溶胶（包括黑炭、硫酸盐、硝酸盐和沙尘等）作为水循环的重要有机组成部分，主要影响云和降水形成过程，也会影响到大气辐射过程（孙家仁等，2008a；孙家仁等，2008b；刘煜等，2009）；大气中的水汽含量是区域云量和降水的重要影响因子，而水汽输送过程在大气环流的形成过程中又起着主要作用（肖伟军等，2009；刘世祥等，2006）。

2）大气温度。温度的变化会直接改变水的相变过程，影响植被气孔行为。温度不仅是生物体内酶的控制因子，还会影响各种理生化过程，进而影响水循环中的蒸散发过程、产/汇流过程、植被吸收 CO_2 及净初级生产力过程。近 50 年来，新疆气温平均增长率为 0.27℃/10a，其水面蒸发量总体呈下降的趋势，其原因可能是由于降水量增加和湖泊等水域面积扩大，使得水面上空气湿度增加，降低了湿度差，从而造成蒸发量下降（冯思等，2006）。研究发现，美国中东部 19% 的谷物和 11% 的大豆的净初级生产力年际变化与温度有关（Andrew et al.，1999）。

3）下垫面条件。由于生态系统的组成和特征不同，不同下垫面条件下的碳水循环特征也不尽相同，同种类型由于气候变化和人类活动导致的分布格局不同也会对各过程产生影响。其中，森林在气候变化过程中占有重要角色（Ramakrishna et al.，2003），其空间格局变化会影响冠层截留量、净降雨量、蒸散发量、植被和土壤的碳通量（Xu et al.，2010），引发的水文效应和生态效应已十分凸显；湿地是生态系统中的敏感类型，是碳的重要储存场所，水分条件是其限制性因子，影响单位面积固碳量与蒸腾量（Saunders et al.，2007）；草地生态系统的植被生物量和土壤碳储量次于森林生态系统（Lee et al.，2010），其种类和覆盖度的时空演变对区域径流过程和碳储量具有重要作用（Farley et al.，2005；徐洪灵和张宏，2009）；人工林、耕地、果园等人工生态系统受人类活动影响程度大，恢复力较差，其碳储量很低（Yang et al.，2009；王宗明等，2009），对径流的形成具有一定的负作用（Jackson et al.，2005）。

4）要素协同作用。区域碳水循环受到全球气候变化和人类活动的共同干扰。大气组成成分与各圈层辐射过程的变化会导致大气温度改变，而下垫面条件变化会致使以上三者发生变化。大气组成成分、各圈层辐射过程、大气温度和下垫面条件等要素对碳水循环具有协同作用机制。例如，较高浓度的 CO_2 含量可以提高植物的水分利用效率，但也可降低温度、臭氧等对植物的胁迫作用（李玉强等，2005）；与单独考虑 CO_2 倍增相比，结合气候变化因素预测的碳汇强度要小一些（Houghton，2002）；Ito（2010）利用 VISIT 与大气-海洋气候模式的耦合模型模拟气温增加 1~3℃ 和 CO_2 含量增加情景，年降水量略有增加，由于对水分和能量的高效利用，东亚四种森林类型的初级生产力略有增加。

（2）区域碳循环与水循环的相互作用机制

区域碳循环与水循环的相互作用机制以土壤—植被—大气间物质循环、能量流动与生物地球化学过程、植物生理生态过程相结合的思维方式开展研究（陈新芳等，2009）。现阶段，区域陆地碳水循环相互作用关系主要以大气、植被与土壤为对象，其中水循环侧重于降水、植被可利用水量、土壤水等要素，碳循环侧重于大气与叶片的碳含量、土壤碳通量等要素，相关研究如下。

1）水循环对碳循环的作用机制。水分是生态系统中至关重要的环境因子。从自然水循环来看，区域水汽通量和冠层截留水量直接制约光合作用率，土壤水含量通过影响与气孔行为密切相关的蒸散发过程作用于净初级生产力，并通过改变营养成分矿化和吸收过程而间接影响光合作用。

对于陆生生态系统来说，降水是植被可利用水源之一，直接影响蒸腾过程和土壤水运动，通过控制气孔行为影响叶片吸收 CO_2 过程，进而作用于净初级生产力。Tiebo 等（2011）通过分析年均腾发量/降水量的演变趋势发现，若降水量小于年均值，生产力将受到水分胁迫作用。Wu 和 Lee（2011）在新西兰两个混生温带森林模拟了人工降水，以明晰降水强度对土壤呼吸的影响机制，研究发现：干燥土壤的 CO_2 含量变化主要受到土壤含水量和上一场降水后土壤的 CO_2 通量影响；而降水强度会导致湿润土壤中的微生物消耗增加，改变其 CO_2 含量。土壤水是土壤呼吸（包括自养和异养呼吸）的非生物限制因子，对土壤动物、植被根系和微生物呼吸过程具有一定影响，直接影响土壤碳通量变化。叶片尺度和冠层尺度的大量研究证明了土壤水分对碳吸收的影响作用。Li 等（2010）利用涡度相关法对玉米生态系统非生长季节的土壤呼吸进行连续 3 年的观测，结果表明：当土壤含水量大于 0.1m³/m³ 时，表层 10cm 土壤含水量与土壤呼吸作用量呈抛物线性相关，相关系数为 18%~60%。Petia 等 (2009) 发现温度和土壤水含量对榉木森林的自养呼吸和异养呼吸影响比较大。

在水生生态系统中，水位通过影响水生植被生境因子和土壤含水量，作用于二者的呼吸过程，包括有氧呼吸和无氧呼吸，进而改变土壤碳通量。Takashi 等 (2009) 研究热带泥炭地生态系统中地表温度、水位和植被生理特征等对土壤 CO_2 通量的影响，研究发现：在一定程度上，水位降低会增加 CO_2 通量，这是由于有氧分解造成的。同时，不可忽视的是，陆地水体本身也具有吸收二氧化碳的功能，水循环本身也伴随着碳捕获过程。Yoshimura 和 Inokura (1997) 研究发现，通过内陆河和外流河径流产生的碳汇将分别达到 $9.8×10^{-3}$ Pg C/a 和 $2.19×10^{-2}$ Pg C/a。

2) 碳循环对水循环的作用机制。作为碳循环中的主要碳库，植被和土壤也是水循环的重要生态因子，两者的时空分布格局及其物理、化学、生物性质对自然水循环的洼地储留、产/汇流、蒸散发过程具有直接作用。

一方面，除大气温度外，大气 CO_2 含量也会影响植被叶片气孔行为，导致蒸腾作用发生变化，改变植被对水分的利用率。对于部分地区和植被来说，与温度相比，大气 CO_2 含量对植被水分利用率的影响更大。Kadmiel 等 (2011) 分析以色列 3 个监测点的 30 年树木年轮断面和纤维素 $δ^{13}C$ 及 $δ^{18}O$ 含量变化，结果表明：与温度增长趋势相比，水的利用率与大气 CO_2 含量具有更强的相关性。Roel (2011) 采用碳同位素标记方法研究热带雨林光合作用对大气 CO_2 含量和气象因子变化的响应，结果表明：在过去 80 年中，热带雨林对大气 CO_2 含量升高具有强烈响应；可利用水量显著增加了 40%，但叶片内部 CO_2 含量基本未变，表明光合作用率并没有随其改变，可利用水量增加可能是由于气孔传导率变小，进而对水循环具有较大影响。叶片内部 CO_2 含量与年降水量具有较好的相关性，但受温度、辐射和云量影响不大。

另一方面，植被碳含量影响植被根系的生理特征，包括根的长度、须根数量以及深度，改变水分在根系与土壤之间的流动过程。由于水分由高水势向低水势进行移动，只有根系水势低于土壤水势时，植被才会吸水，其水分利用率才会随之升高。Ma 等 (2010) 发现苹果砧木相对增长速率与水分利用率有关，与异速生长形式关系不大；若不考虑灌溉方式，砧木对水分的利用率与 $δ^{13}C$ 含量密切相关。Aster 等 (2011) 研究发现，$δ^{13}C$ 含量较低的植被具有较高的水势，在湿润年份生长较快，该类物种具有低效水分利用率和随机水分调节机制；另外，水势较低的植被在旱季生长较好且 $δ^{13}C$ 含量增长较慢，表明其对水分的高效利用和持久的水分调节机制。同时，植被类型及其物候学特征也是影响 $δ^{13}C$ 和水分利用率的重要因子。Tan 等 (2009) 研究发现在长白山生态系统中，杂草、灌丛的 $δ^{13}C$ 含量和水分利用率均小于乔木；对于灌丛来说，常绿类>落叶类；对于草木植物来说，一年生>两年生>多年生。

20 世纪 50 年代以来，研究人员对水循环与碳循环的许多关键过程有了比较深入的理解，并提出了许多较为成熟的基于过程的碳循环或水循环的生物物理、生物地球化学和生物地理学模式，其研究方法主要包括原型观测和数值模拟两个方面，具体研究进展如下。

(3) 原型观测

目前,原型观测主要采用三种方法研究生态系统碳/水循环机理:野外长期定位观测、天然梯度研究和小尺度控制实验(胡中民等,2006)。每种方法各有优势(表2-1),但单独采用任一方法都不能很好地全面阐释碳水循环相互作用机制及其对环境变化的响应,也不能预测未来演变趋势(Dunne et al.,2004)。此外,遥感反演具有空间的连续性和时间的重返性,结合野外试验的定位观测,可直接反演或通过构建经验模型反演区域碳循环与水循环关键要素;成像光谱技术已成为研究大气与陆地之间碳/水通量的关键工具(周剑等,2009;Thomas et al.,2011),但是,受限于资料的时间非连续性,只能从宏观上大概反映出区域碳水循环的规律。

表2-1 原型观测方法特点对比

方法	优点	缺点
野外长期定位观测	有助于考察碳水循环关键要素对中短期环境变化的响应特征,并可以避免人为因素影响	不能重复且难于控制,在阐释环境因子对碳水循环的作用机理方面存在局限性
天然梯度研究	有助于开展气候变化对生态系统长期影响的相关研究	无法分析气候变化对生态系统碳水循环影响的内在机理;难以定量区分各环境因子的作用
小尺度控制实验	考察碳水循环对短期气候条件变化的响应特征并探究其内在机理	不能完全模拟天然状态;时间尺度小;且对长期响应预测能力较差

资料来源:胡中民等,2006

(4) 数值模拟

20世纪50年代以来,区域碳水耦合数值模拟主要在陆地生态系统碳循环模拟模型与水文模型的耦合研发方面陆续开展研究。根据生态系统模型分类,两者的耦合问题也由于其类型特点各有不同(表2-2)。

表2-2 陆地生态系统碳循环模拟模型及其与水文模型的耦合问题

模型分类	基本类型	代表模型	主要特点	与水文模型耦合问题
基于静态植被的陆地生态系统模型	生物地理模型	Holdridge、Box、DOLY、BIOME系列及MAPSS等	模拟陆地生态系统类型的分布格局,明晰气候和植被之间的关系;基于环境限制要素与植被分布的统计关系模拟植被分布	属于非过程的机理模型,难以实现与基于过程的水文模型的耦合,且两者的尺度差异较大,尚未有相关研究
	生物地球化学模型	BIOME-BGC、TEM、CENTURY、CASA及CEVSA等	在固定植被类型和土壤类型基础上,根据生理学、生物化学机理模拟碳和营养物质的循环;模拟过程较复杂、参数多,无法实现植被动态变化的模拟	考虑了植被生长过程中的水循环,可以与水文模型进行耦合研究碳水循环的相互作用过程
	陆面生物物理模型	SiB、LSM、VIC、BATS、CLASS、BEST等	物理机制较明确,能模拟植被与土壤、大气之间的水、热和CO_2通量/动量的交换;具有合理的陆面参数化方案;对植被和土壤的生化过程描述较为简单,空间尺度较大	常与全球气候模式耦合模拟,也可以与大尺度的水文模型进行耦合研究

续表

模型分类	基本类型	代表模型	主要特点	与水文模型耦合问题
基于动态植被的陆地生态系统模型	动态植被模型	LPJ、DGVM、TRIFFD 等	利用植被动力学原理，构建模拟框架，模拟生态系统物质循环、冠层生理过程以及植被的动态变化过程	可以实现与水文模型的耦合，通常用来研究未来气候变化背景下植被变化对水文循环的影响
	动态植被-生物地球化学耦合模型	HYBRID、LPJ-TEM 等	以动态植被类型为基础，能够较为详细地模拟水、碳和营养物质的循环过程	可以与水文模型的优化模块进行耦合，实现变化环境下水、碳、营养物质（N、P等）的动态模拟
	动态植被-陆面生物物理耦合模型	IBIS 等	使用动态变化的植被类型，考虑植被生理特性变化与大气反馈作用，实现植被和气候变化的双向耦合，可以模拟预测未来气候和植被的变化	加强了植被与大气之间的"互动"，可以构建碳水耦合模型

资料来源：Evrendilek et al., 2007; Luyssaert et al., 2010; Yu et al., 2009; Demarty et al., 2007; Su et al., 2007; Zaks et al., 2007; Pan et al., 2002; Mu et al., 2007; Sitch et al., 2003; Zhu et al., 2006; Tan et al., 2009; Neilson, 1995; Hashimoto et al., 2010; Cook et al., 2009; Adams et al., 2004; Zhao et al., 2010; Quaife et al., 2008; Del et al., 2008; Cao and Woodward, 1998; Pan et al., 2010; Cowling et al., 2009; Delire et al., 2008; Ciais et al., 2010; Petters et al., 2001; Pan, 2004; Mao et al., 2010; Nakatsuka and Maksyutov, 2009; Piao et al., 2009; Bonan, 1995

为明晰流域碳水循环之间的相互作用关系，精确模拟流域的碳水循环过程，根据研究需求和区域背景，陆地生态系统模型与流域水文模型的耦合从以下几个方向相继展开：①生物地球化学模型与水文模型耦合。由于生物地球化学模型可模拟植被生长与水分循环，其与流域水文模型耦合可模拟流域的碳水循环相互作用过程，其代表模型如 RHESSys（Tague and Band, 2004）、MACAQUE 和 TOPOG（Vertessy and Hatton, 1993）等。②陆面生物物理模型与水文模型耦合。现有的很多分布式水文模型都考虑了陆面生物物理过程，如分布式水文模型 WEP 能模拟植被和土壤的蒸散发过程（贾仰文等，2005）。谢正辉等（2004）利用 VIC 模型构建大尺度的陆面水文模型。③动态植被模型与流域水文模型耦合。动态植被模型与流域水文模型耦合可以将碳循环反映在水文模拟过程中，如袁飞等（2007）将 LPJ 模型模拟出的植被动态变化信息作为新安江水文模型的输入，研究气候变化背景下植被变化对水文循环过程的影响。④生态系统模块与基于物理机制的分布式水文模型的耦合。部分水文模型根据研究需求耦合了生态系统模块，如 MIKE SHE 模型设置土壤作物系统仿真模块，SWAT 模型设置植物生长模块（赖格英等，2012）等。但是，由于碳水耦合模型涉及参数较多，对于气象、植被和土壤等输入参数的敏感性较强，且其校验参数的长序列实测值较难获取。现阶段，碳水耦合模型大多数面向大尺度区域（流域）研发的，对于小时空尺度下的碳水循环模拟精确度不足。

2.2.2 发展趋势

区域碳水耦合机制在理论方面还有待于完善，亟须构建统一物理机制下的理论框架，以满足实践需求；而在关键支持技术方面，虽然近几十年的野外监测、3S 技术和模型模拟技术促进了碳水耦合模拟研究的发展，但单一技术手段具有局限性，需要在理论框架指导下综合利用上述技术的优势构建模拟平台。

在理论研究方面，区域碳水耦合机制至今还未形成一个完整的理论框架。首先，在驱动机制方面，针对单一因子对碳循环或水循环的影响研究较多，没有考虑多因子作用，尤其缺乏考虑区域气候变化和人类活动背景下基于碳水循环相互作用机制的各驱动因子贡献率方面的研究；其次，在区域碳水循环相互作用机制方面，大部分研究只涉及自然水循环，较少考虑甚至忽略人工水循环（即取水—输水—用水—耗水—排水—再生水处理及利用），以致割裂了碳水循环中的自然和社会经济系统；同时，现阶段涉及碳水循环产生的生态与环境、社会经济效应的研究还不多，尤其是其对气候变化和人类活动的反馈作用机制方面。因此，亟须根据区域碳水循环特征和关键生态/水安全问题，构建统一物理机制下的区域碳水耦合框架，包括区域碳水循环的驱动机制识别、相互作用机制和关键效应辨识三个层面。

在关键支撑技术方面，现阶段的区域碳水耦合模拟侧重于单独依靠野外试验与实验、遥感反演和碳水耦合模型开展研究。但是，上述三种技术或受限于时间尺度，或受限于空间尺度，或受限于输入参数及经验系数不准确等。同时，现阶段的研究也没有在统一物理机制下的碳水耦合理论框架指导下开展，部分研究过于注重某个碳水循环要素对其他要素的影响，没有从整个循环体系开展研究。基于上述原因，单独使用任一技术都不能很好地全面阐释碳水循环的驱动机制、相互作用机制及其关键响应。因此，亟须在区域碳水耦合理论框架指导下，利用野外试验与实验以初步识别区域小时空尺度的碳水循环演变规律；采用遥感反演初步识别区域大时空尺度的碳水循环演变规律；在此基础上，以其部分数据作为输入，利用碳水耦合模型模拟不同时空尺度下的碳水循环演变，以弥补上述两种技术的时空尺度限制。总之，如何综合三种关键技术的优势进行区域碳水耦合模拟将成为未来的技术难点之一。

2.3 水资源合理配置研究现状及发展趋势

2.3.1 研究现状

水资源配置以水资源系统为研究对象，旨在解决区域水资源供需平衡问题，进而协调社会经济系统与生态环境系统之间的关系。国际上开展水资源配置研究始于 20 世纪 40 年代中期，以单一水利工程的优化调度为主，随后逐渐发展到流域（区域）水资源优化配置。而我国水资源配置起步较晚，开始于 20 世纪 80 年代 "六五" 时期的水资源评价，后经历了 "七五" 时期 "四水转化" 与地表水地下水联合配置（鲁学仁，1992）、"八五"

时期基于宏观经济的水资源配置（许新宜等，1997；Willis et al.，1989）、"九五"时期面向生态的水资源配置（王浩等，2003a，2003b；中国工程院"西北水资源"项目组，2003）、"十五"时期广义水资源配置等发展阶段。现阶段，又分别开展了基于ET的水资源配置（周祖昊等，2009）、水质水量联合配置（张永勇等，2009；Lei et al.，2009；Peng et al.，2009）等理论与技术研究。国内外水资源配置研究在内容、目标、范畴、方法和机制方面都得到了较快发展（王浩和游进军，2008）。

水资源配置模型是实现区域水资源合理配置的核心支撑技术。借助数学算法的发展与应用以及计算机技术的领先优势，水资源配置模型不断得以发展（图2-3）。根据水资源配置的发展速度可分为：①萌芽阶段（20世纪40~60年代）：水资源分析研究相继展开，需水概念及其计算逐渐应用到水资源配置领域；该阶段的水资源配置主要集中在水库调度方面，还没有全面考虑区域水资源系统。②初步形成阶段（20世纪70~90年代）：计算机模拟和系统分析技术的发展及其应用促进了水资源管理系统模型的发展；其研究内容从单一的水量管理转变为水量与水质的统一管理；研究目标逐渐转变为生态环境与经济社会的可持续发展；配置原则不断拓展，欧美国家更注重社会公平、市场机制等原则；该阶段也是我国水资源配置模型的起步时期，华士乾、陈志凯、王浩、甘泓、马宏志和尹明万等人取得了多方面的技术创新。③发展阶段（21世纪初至今）：优化技术和规划管理软件的迅速发展及其在水资源领域的应用，大大推动了水资源配置模型的发展（裴源生等，2006），在该时期，我国的水资源配置模型得到了飞速发展，在广义水资源配置模型、基于ET的水资源与水环境综合规划模型、基于水循环的水资源配置模拟等方面取得了多方面成果。

近年来，GIS与优化算法的发展及应用不断补充水资源配置的技术体系，注重经济发展、水循环演变与水资源系统的协调配置，并与水资源管理紧密联系起来。比如Zhu和Wang（2011）将混合退火遗传算法优化计算方法应用于南水北调工程沿线湖泊的水资源配置；为促进基于协作的水资源合理配置过程和基于群体决策的规划研究，Huang等（2011）研发了具有较强收敛性的多层动态模型；Xia等（2009）在分析近20年矿区水文-地质过程和河流概况的基础上，运用面向大尺度的多目标决策系统，以实现区域水资源的可持续利用与社会、环境和经济系统的协调发展；Hughes和Mallory（2009）研发了一种水资源配置与运行调度规则，其考虑了供水限制对于各用水户与整个社会的影响，结果表明，社会经济评价方法对于供水约束与常规的供水效益评价具有重要意义。Claudio等（2010）研发了适用于复杂水资源体系评价和方案优选的优化模拟方法。Assaf（2009）利用STELLA动态环境系统模拟含水层动态演变，并结合经济准则构建交互决策支持系统模型。Yates等（2009）基于WEAP21研发的气候变化下水资源管理模型应用于加利福尼亚州的Sacramento流域，模型能够重现局地和区域水平衡，包括控制性和非控制性河流、水库库容、农业和城市用水、地表水与地下水的分配过程。

随着水资源配置模型的发展与成熟，逐渐开发出众多适用性较强的软件工具。其中，丹麦的MIKEBASIN、美国的WMS、AQUARIUS、RIVERWARE、奥地利的WATERWARE、澳大利亚的ICMS和IQQM是应用比较成熟的代表性流域模拟与水资源管理的模型软件（Zagona et al.，2001；Tahir and Geoff，2001；Fedra，2002；Jha and Das，2003）。

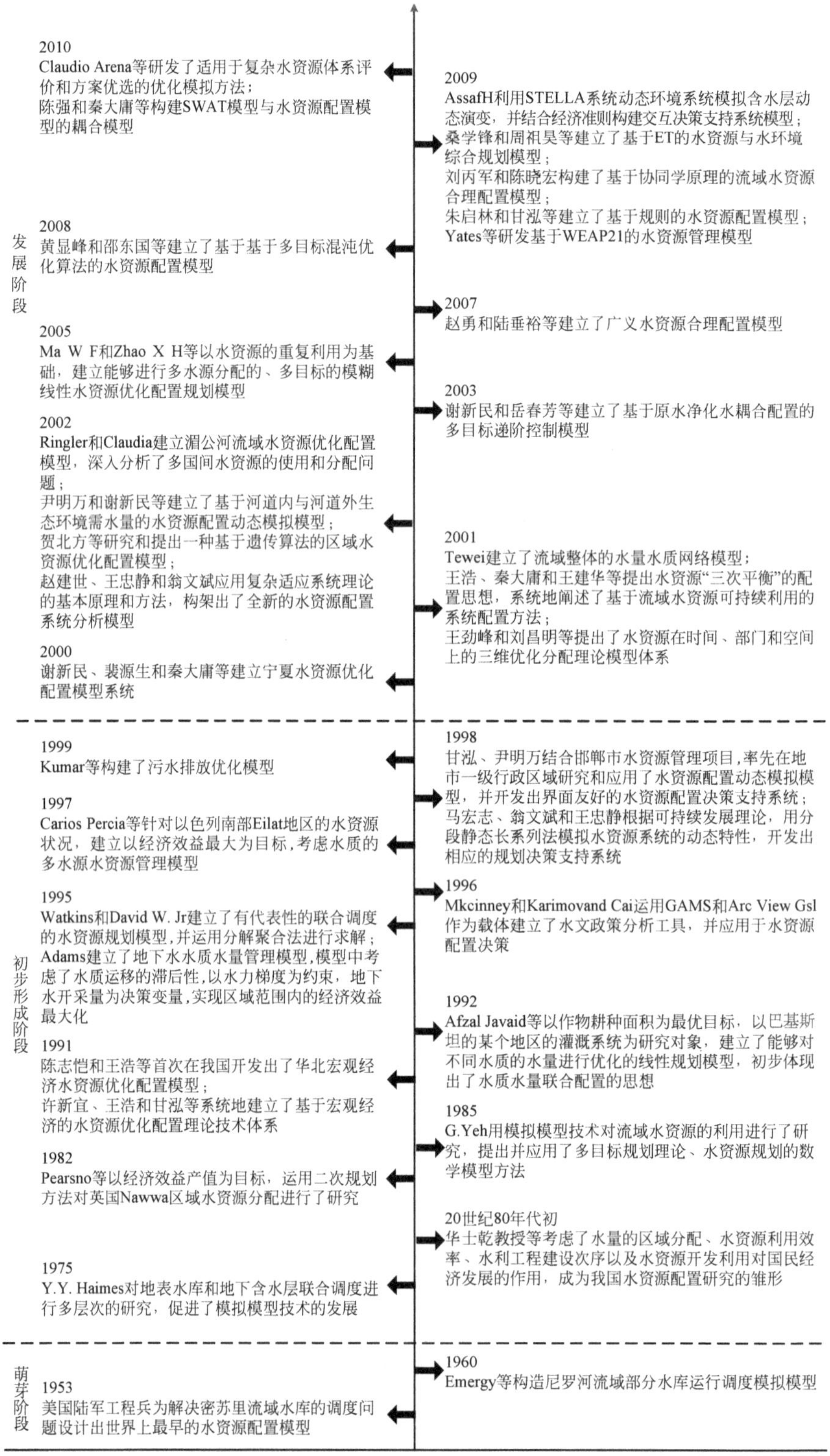

发展阶段

2010
Claudio Arena等研发了适用于复杂水资源体系评价和方案优选的优化模拟方法；
陈强和秦大庸等构建SWAT模型与水资源配置模型的耦合模型

2009
Assaf H利用STELLA系统动态环境系统模拟含水层动态演变，并结合经济准则构建交互决策支持系统模型；
桑学锋和周祖昊等建立了基于ET的水资源与水环境综合规划模型；
刘丙军和陈晓宏构建了基于协同学原理的流域水资源合理配置模型；
朱启林和甘泓等建立了基于规则的水资源配置模型；
Yates等研发基于WEAP21的水资源管理模型

2008
黄显峰和邵东国等建立了基于基于多目标混沌优化算法的水资源配置模型

2007
赵勇和陆垂裕等建立了广义水资源合理配置模型

2005
Ma W F和Zhao X H等以水资源的重复利用为基础，建立能够进行多水源分配的、多目标的模糊线性水资源优化配置规划模型

2003
谢新民和岳春芳等建立了基于原水净化水耦合配置的多目标递阶控制模型

2002
Ringler和Claudia建立湄公河流域水资源优化配置模型，深入分析了多国间水资源的使用和分配问题；
尹明万和谢新民等建立了基于河道内与河道外生态环境需水量的水资源配置动态模拟模型；
贺北方等研究和提出一种基于遗传算法的区域水资源优化配置模型；
赵建林、王忠静和翁文斌应用复杂适应系统理论的基本原理和方法，构架出了全新的水资源配置系统分析模型

2001
Tewei建立了流域整体的水量水质网络模型；
王浩、秦大庸和王建华等提出水资源"三次平衡"的配置思想，系统地阐述了基于流域水资源可持续利用的系统配置方法；
王劲峰和刘昌明等提出了水资源在时间、部门和空间上的三维优化分配理论模型体系

2000
谢新民、裴源生和秦大庸等建立宁夏水资源优化配置模型系统

初步形成阶段

1999
Kumar等构建了污水排放优化模型

1998
甘泓、尹明万结合邯郸市水资源管理项目，率先在地市一级行政区域研究和应用了水资源配置动态模拟模型，并开发出界面友好的水资源配置决策支持系统；
马宏志、翁文斌和王忠静根据可持续发展理论，用分段静态长系列法模拟水资源系统的动态特性，开发出相应的规划决策支持系统

1997
Carios Percia等针对以色列南部Eilat地区的水资源状况，建立以经济效益最大为目标，考虑水质的多水源水资源管理模型

1996
Mkcinney和Karimovand Cai运用GAMS和Arc View Gsl作为载体建立了水文政策分析工具，并应用于水资源配置决策

1995
Watkins和David W. Jr建立了有代表性的联合调度的水资源规划模型，并运用分解聚合法进行求解；
Adams建立了地下水水质水量管理模型，模型中考虑了水质运移的滞后性，以水力梯度为约束，地下水开采量为决策变量，实现区域范围内的经济效益最大化

1992
Afzal Javaid等以作物耕种面积为最优目标，以巴基斯坦的某个地区的灌溉系统为研究对象，建立了能够对不同水质的水量进行优化的线性规划模型，初步体现出了水质水量联合配置的思想

1991
陈志恺和王浩等首次在我国开发出了华北宏观经济水资源优化配置模型；
许新宜、王浩和甘泓等系统地建立了基于宏观经济的水资源优化配置理论技术体系

1985
G.Yeh用模拟模型技术对流域水资源的利用进行了研究，提出并应用了多目标规划理论、水资源规划的数学模型方法

1982
Pearsno等以经济效益产值为目标，运用二次规划方法对英国Nawwa区域水资源分配进行了研究

20世纪80年代初
华士乾教授等考虑了水量的区域分配、水资源利用效率、水利工程建设次序以及水资源开发利用对国民经济发展的作用，成为我国水资源配置研究的雏形

1975
Y.Y. Haimes对地表水库和地下含水层联合调度进行多层次的研究，促进了模拟模型技术的发展

萌芽阶段

1960
Emergy等构造尼罗河流域部分水库运行调度模拟模型

1953
美国陆军工程兵为解决密苏里流域水库的调度问题设计出世界上最早的水资源配置模型

图 2-3 水资源配置模型发展历程

2.3.2 发展趋势

随着水资源问题的日益突出，水资源优化配置和综合管理的研究领域也在不断扩展，并在理论与方法上逐步得到完善。但要综合应对气候变化、减缓人类活动对生态环境的不利影响、满足气候变化综合应对的要求，目前需要深入研究的方向如下。

(1) 基于低碳发展模式的水资源合理配置

为应对全球气候变化，控制温室气体排放源及排放过程，各国相继提出并实施低碳发展模式。在2009年12月7~18日召开的哥本哈根会议上，中国承诺，到2020年单位GDP二氧化碳排放量比2005年下降40%~45%。如何革新传统水资源开发利用与模式，进而减缓和适应气候变化，已成为资源环境学科领域的重大前沿和热点问题，是我国水利实现低碳发展模式的战略要求，将进一步促进水利改革的发展。为综合应对低碳发展模式，需要基于低碳发展模式的水资源合理配置通过对涉水能源和资源开发过程中的水资源进行联合配置，减少人工碳排放量、提高生态系统的碳捕获能力，减缓区域气候变化对生态环境的影响（严登华等，2010）。

(2) 面向极端天气事件的水资源合理配置

水资源开发利用已由传统的"以需定供"模式发展到面向多水源、全属性、多目标功能的联合集成配置阶段，以充分发挥水资源在量、质、能等方面的综合效益。在全球气候变化影响下，我国极值天气事件频发，洪涝、干旱、暴雨、风暴潮、台风等波及范围渐广，发生频率渐增，影响区域供水和用水安全。在此背景下，以区域水资源基本演变规律为基础，要求水资源合理配置从评价体系到配置方案设计过程中充分考虑极值天气事件对区域总体水资源的影响，提出不同尺度下的极端干旱和洪涝灾害的应急配置预案，提高水资源系统的稳定性（秦天玲等，2011）。

2.4 区域碳水耦合机制的基本认知

2.4.1 区域碳水耦合的内涵

传统的碳水耦合研究重点关注自然生态系统中的植被和土壤物理、化学、生物过程之间的相互作用机制。区别于传统模式，本研究的区域碳水耦合以社会经济系统和生态环境系统为主要研究对象，以碳循环与"自然–人工"二元水循环为主线，不仅关注两个循环要素之间的内部联系（图2-4），还将社会经济系统及其各行业的碳排放量与用水过程联系起来，将生态环境系统的碳捕获量与生态需水联系起来，进而将碳循环耦合到水资源系统中，实现区域碳水耦合概念的外延。

2.4.2 水循环

水循环即"自然–人工"二元水循环。流域内的水体在太阳能和大气运动驱动下，通

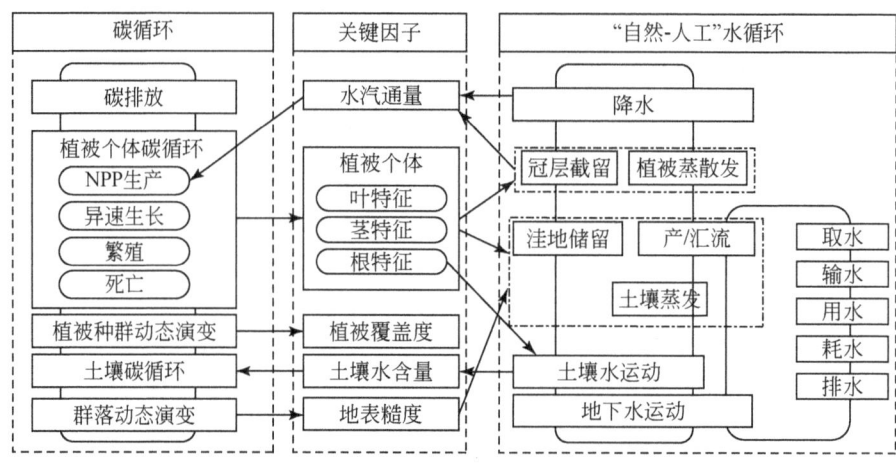

图 2-4 碳循环与水循环的相互作用机制

过植被蒸散发和土壤蒸发以水汽形式进入大气圈；在适当条件下，在地球引力作用下以降水的形式落到地表。经过冠层截留、洼地储留后，剩余降水在水平方向上通过地表产流，由坡面汇流和河道汇流形成地表径流；在垂直方向上，经过入渗过程进入土壤，形成壤中流；经垂向运动，土壤水又进入地下水；同时，地表水与地下水又存在水量交换过程；最后，地表径流再经流域出口流出，上述过程为自然水循环过程。作为自然水循环的侧支循环，人工水循环主要包括"人工取水—原水分配与调度—用水—耗水—污水排放与处理—再生水配置与调度"过程，与地表产流、河道汇流及地下水过程关系密切。

2.4.3 碳循环

碳循环以二氧化碳为对象，从碳排放与碳捕获两方面考虑。碳排放过程主要涉及人工碳源与自然碳源，前者包括农业、工业和生活活动释放的二氧化碳；后者主要考虑陆地生态系统中植被和土壤的呼吸作用所释放的二氧化碳。碳捕获过程主要考虑植被通过光合作用吸收大气中的二氧化碳，将其转化为生物量，经其自身呼吸作用消耗后产生净第一性生产力，经过异速生长过程将其分配给叶片、茎和根，植物生长发育、繁殖过程又会消耗一部分。由于环境胁迫作用，植被部分组织或整个植被会死亡进入地表及土壤中的枯落物中，经微生物分解生成二氧化碳进入大气中。

2.4.4 水循环对碳循环的影响

水分是生态系统中至关重要的环境因子。"自然-人工"二元水循环改变区域水分条件，影响到生态系统的形成、发展和演替，直接作用于生态系统的碳排放和碳捕获过程，影响到区域碳的净碳排放量（图2-4）。

从自然水循环来看，大气水汽通量和冠层截留水量直接制约光合作用过程，土壤水含量通过影响植被蒸散发过程，作用于净初级生产力和植被生化过程（包括物质代谢及运输、发育繁殖、死亡和有机质分解等），导致动物和微生物群落格局的再分布，影响到植被和土壤对碳的捕获能力。不可忽视的是，陆地水体本身也具有吸收二氧化碳的功能，水循环本身也伴随着碳捕获过程（Ford and Williams，1989；Yoshimura and Inokura，1997）。由于水体碳捕获研究还未成熟，本研究重点考虑陆地生态系统的碳捕获过程。

从人工侧支水循环来看，随着人类经济社会发展和需水量的增加，在一定时空尺度上挤占了生态与环境用水，导致生态系统的退化，使得区域碳捕获能力降低，以及碳的净排放量增加。与此同时，由于区域产业结构及水资源在经济社会系统中的配置发生变化，改变了区域碳"源"的构成及排放特征。此外，在取水、输水、用水和排水过程中耗能改变，影响区域碳的净排放量。另外，由于水的生态环境属性，水生态建设将改变区域碳的整体捕获能力。同时，相对于其他运输模式来说，水路运输单耗能较低，如何降低水运对河道及其相邻生态系统的碳捕获能力也是水利应对低碳发展模式的关键之一。但是，上述两点并不作为本研究的重点。

2.4.5 碳循环对水循环的影响

作为碳循环中的主要碳库，植被和土壤也是"自然-人工"二元水循环的重要生态因子，二者的时空分布格局及其物理、化学、生物性质对自然水循环的洼地储留、产/汇流、蒸散发过程具有直接作用，影响径流的时空分布和区域水环境纳污能力，限制了人工水循环中的人工取用水量和排污总量，改变了区域水循环通量。

从景观格局方面来看，碳循环中的净初级生产力过程、植被异速生长和土壤呼吸作用导致区域生态系统类型和布局发生变化，改变下垫面条件和土壤理化生性质。在水平方向上，上述过程主要影响坡度、坡向和地表糙度，导致产/汇流的时间、流向及过程发生变化；在垂向上，又会影响根的特征（包括长度、深度、数量和密度），改变土壤微粒特征，进而影响入渗和土壤水运动过程；而植被落叶过程又决定了地表枯枝落叶层厚度，后者又是土壤蒸发的重要作用因子。

从植被结构和生理过程来看，叶片质地与茎/叶面积对冠层截留过程具有直接影响；在水分和温度环境要素胁迫下，植被会控制气孔行为和根系吸水过程，以调节蒸散发过程，进而影响土壤水的水平和垂向运动。

2.5 基于低碳发展模式的水资源合理配置理论基础

2.5.1 内涵

基于低碳发展模式的水资源合理配置（rational allocation of water resources towards low-carbon development mode，RAWRLC）的基本内涵是：在流域或特定区域范围内，遵循高效性、公平性、协调性和可持续性原则，利用各种政策、法规、规划和工程措施，以区域碳水耦合机制为理论基础，结合碳水耦合模拟，通过多水源多用户的联合配置，充分发挥水资源的自然、社会、生态、经济及环境属性功能，整体提高区域水资源的经济社会及生态环境效率与效益，最大限度减少区域碳的净排放量。

2.5.2 总体任务

RAWRLC 的总体任务是：

1）在识别区域水循环、碳循环演变规律及相互作用机制的基础上，建立水源与用水户之间、供用水与碳平衡之间的关系。

2）将水资源在用户（群）之间进行分配，确立基于低碳发展模式的水资源配置方案，并提出综合保障及对策措施。

2.5.3 基本特征

相对于基于宏观经济的水资源配置、面向生态的水资源配置、基于"三次平衡"的水资源配置及广义水资源配置，RAWRLC 具有以下基本特征：

1）将水资源系统、碳循环系统、经济社会及生态环境系统相耦合，客观表达区域水循环与碳平衡之间的关系；通过水资源配置，在提高区域水资源经济社会及生态环境效益与效率的同时，减少区域碳排放，增强区域碳捕捉能力。

2）通过识别区域经济社会系统"碳的净排放"和生态环境系统"碳的净捕获"特征，以减少区域碳的净排放量为总体目标，为水资源在区域经济社会系统和生态环境系统之间的配置提供定量化依据。

3）通过取水许可（或供水）约束，优化区域宏观经济与产业构成及布局，实现经济社会系统内各行业（用水户）水资源高效利用与碳减排的双重目标。

4）通过识别经济社会系统内各行业的用水效率与碳排放关系，定量化表达区域生态建设价值，明晰区域生态保护与建设的责任主体，补充区域生态补偿的标准依据。

2.5.4 配置目标

RAWRLC 的总体目标满足最严格水资源管理和气候变化综合应对要求，对流域水资源进行合理配置，充分提高区域水资源的利用效率与效益，减少区域水资源供用耗排过程的碳排放，提高极端气候事件下水资源的整体保障程度。具体目标如下：

1）提出不同水平年区域和行业间（包括生态用水户）水资源整体配置方案，构建供耗水控制指标。

2）建立水资源利用与碳减排的约束关系，并给出不同区域和行业的碳减排及分配方案。

3）提出应急水源配置方案及满足各用户水资源风险管理需要的供水应对策略。

2.5.5 配置原则

实现水资源的安全、高效与可持续利用是 RAWRLC 的基本原则，其中，可持续性原则又包括低碳性原则和公平性原则。

1）安全性原则。安全性主要是指水资源利用安全，重点是极端气候事件背景下的供水安全。在水资源合理配置中，要确保各区域、各行业供水保障程度；同时，在常态或主要水平年水资源配置中，居安思危，通过合理配置应急水源，以提高应急情形下水资源重点区域、行业（或用户）的用水保障程度。

2）高效性原则。高效性原则包括供/用水的高效率和高效益两方面。在水资源配置中，通过工程和非工程措施，减少输水和用水过程中的水量损失；合理确定低效用水户的供水量，尽量减少水资源的无效损失和低效利用；通过节水生态工程建设，实现水资源生态利用效率与效益。

3）低碳性原则。低碳性原则就是在水资源配置过程中，严格控制经济社会用水户的供水约束，最大限度地减少区域碳排放量；提高生态需水的保障程度及碳捕获能力；同时，以各配置单元碳减排指标为约束，建立碳"源"与碳"汇"的动态制约关系。

4）公平性原则。公平性原则指在水资源配置过程中，要最大限度地达到区域间、用户间、代际间的公平，即区域间、用户间和代际间的缺水率相对平衡；除应急状态下，严禁使用非再生水资源。同时，要实现区域间与广义水资源开发利用相关的碳减排控制指标的公平。

2.6 本章小结

本章初步识别水资源开发利用、水电开发、水生态建设和航运等水利水电开发利用活动对区域碳平衡的影响，分析了区域碳水耦合模拟、水资源合理配置两方面的理论与技术研究现状，并对二者的未来发展趋势进行展望。结合现有理论与技术基础，提出碳水耦合的内涵，从物理机制角度辨识了水循环与碳循环的相互影响，对区域碳水耦合机制的基本理论进行认知；并阐述基于低碳发展模式的水资源合理配置的基本理论，剖析其内涵、总体任务、基本特征、配置目标与配置原则，为整体研究框架构建与技术创新提供理论指导。

第3章 基于低碳发展模式的水资源合理配置技术框架及关键技术

3.1 基于低碳发展模式的水资源合理配置技术框架

本章在现代水文学、水资源学、生态学、环境学、系统科学、复杂科学等多学科理论与技术的指导下,以野外原型观测、数值模拟与现代地理信息技术为关键支撑,按照"系统构建—机制识别—要素预测—配置分析"的研究思路与路线(图3-1)予以完成。

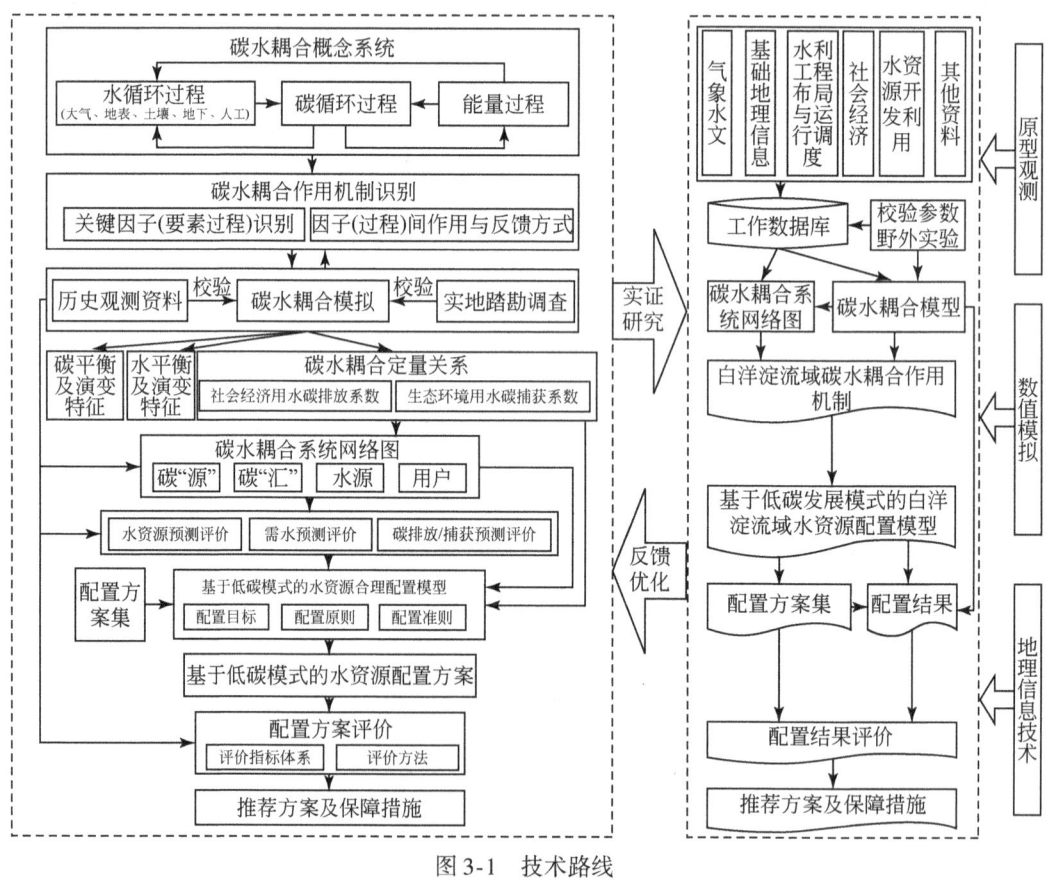

图 3-1 技术路线

将区域社会经济系统作为碳"源",生态系统作为碳"汇",基于二者与"自然-人工"水循环的相互作用关系构建碳水耦合概念系统,并绘制区域碳水耦合系统网络图,利用碳水耦合模型模拟碳/水循环要素，结合野外原型试验，在系统网络图指导下定量化识别碳水耦合机制，预测未来需水量和碳排放量，并结合水利工程布局与运行调度和水资源开发利用情况，构建不同规划水平年的水资源合理配置方案集，利用基于低碳发展模式的水资源合理配置模型对各方案进行模拟，对比模拟结果，提出推荐方案。将上述研究思路应用在白洋淀流域，进而反馈优化区域碳水耦合与基于低碳发展模式的水资源合理配置理论与技术体系。

1）系统构建。基于"自然–人工"二元水循环、碳循环和能量流动的物理机制构建碳水耦合概念系统，即辨识区域碳"源"、碳"汇"、水源和不同行业用户，进而识别关键因子及其相互作用与反馈方式。

2）机制识别。利用碳水耦合模型模拟碳/水循环，结合监测数据分析其时空演变特征，识别碳/水循环要素时空演变特征，并揭示社会经济用水与碳排放、生态环境用水与碳捕获之间的定量关系，进一步明晰碳水耦合机制。

3）要素预测。根据白洋淀流域碳水耦合机制，在区域碳水耦合系统网络图指导下，以不同水平年的社会经济发展指标、水资源和生态环境规划指标为目标，基于生产总值、人口增长、产业结构和能源强度等数据预测未来水资源、需水和碳排放演变。

4）配置分析。依据碳水耦合模拟结果、未来需水和碳排放预测结果构建白洋淀流域的水资源配置方案集，采用基于低碳发展模式的水资源合理配置模型对各方案进行动态优化模拟，通过方案优选，提出推荐方案及其保障措施。

3.2 区域碳水耦合机制识别的关键技术

区域碳水耦合模拟以碳水耦合概念系统为模拟框架，以碳水耦合作用机制为理论基础，以历史观测资料为数据基础，初步分析区域碳循环与水循环关键要素的历史演变，并结合野外实地勘探考察结果，补充模型输入与校验数据，构建碳水耦合模型，进而开展碳水耦合模拟，明晰区域碳平衡与水平衡的演变特征。

3.2.1 区域碳水耦合系统概化

区域碳水耦合系统概化是基于低碳发展模式的水资源合理配置模型构建的前提和基础，其核心任务是在系统识别水源、用水户、碳"源"、碳"汇"的基础上，确立配置单元与节点，系统建立水源与用水户的关系、碳排放与碳捕获之间的关系，以及水循环与碳循环的相互作用关系。

(1) 对象识别

水源包括常规水源和非常规水源，常规水源包括本地水和过（入）境水，其中，本地水包括地表水和地下水；非常规水源包括雨洪水、再生水和海水。用水户包括生产用水户、生活用水户和生态用水户（即"三生"用户），其中生产用水户包括工业用水户、农业用水户和第三产业用水户，生态用水户重点考虑天然生态系统维系与修复用水、人工生态系统建设用水及水质改善用水,包括存量和通量水资源(图3-2)。

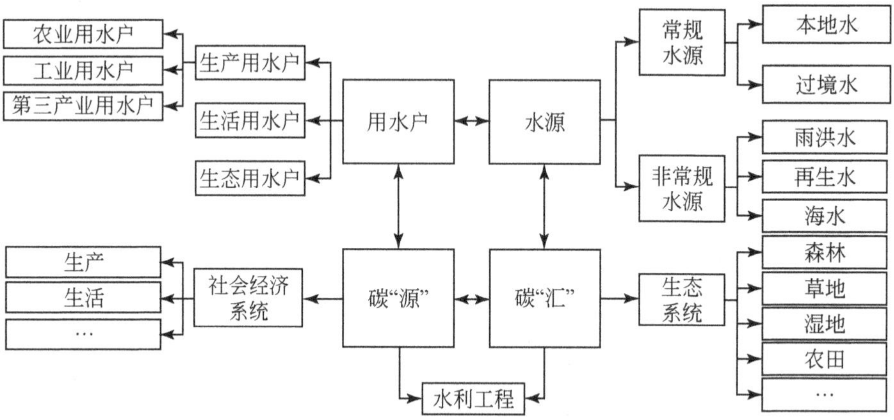

图 3-2 对象识别

碳"源"与碳"汇"的划分以不同时段配置单元碳的净排放量为依据:当区域碳的净排放量为负值时,为碳"汇";为正值时则为碳"源"。其中,社会经济系统主要表现为碳排放系统,而生态系统则主要表现为碳捕获系统(图3-2)。此外,区域碳水耦合系统的配置对象还需将各涉水工程对应的取水–输水–用水–耗水–排水–再生水处理–再生水利用过程中的水资源量、碳排放量及其潜在的碳"汇"作用进一步分解至各碳排放单元中。

(2) 单元划分

配置单元结合区域水源、用水户、碳"源"、碳"汇"的空间分布及水利工程供水范围及布局,并围绕区域水资源管理与碳减排需求进行划分。在传统水资源配置"流域分区套行政单元"的空间剖分思路基础上,基于碳水耦合模拟模型的单元格空间尺度,结合区域植被类型和土地利用类型的空间分布特征,利用马赛克法识别配置单元中的碳"源"与碳"汇";对于重点社会经济活动区域(如经济开发区、高新技术开发区、综合开发区等)、重点碳减排控制区域、国家级与省级生态环境保护区,需要单独设立配置单元。

(3) 系统概念图

区域碳水耦合系统概念图能够表征出配置单元中主要生态系统碳捕获、社会经济系统的行业碳排放与生态需水供给、生产生活用水之间的关系,直观反映出水资源系统内各要素与碳循环的相互作用(图3-3)。在碳水耦合系统概念图指导下,针对不同区域水资源系统和碳循环特征进行系统网络图绘制。

碳水耦合系统网络图绘制的基本任务是在确定配置对象和划分配置单元的基础上,给出基本配置单元和关键配置节点,建立起水循环与碳循环耦合过程之间的关系。区域碳水耦合系统网络图以广义水资源配置的系统概念图为基础,并细化非灌溉天然生态系统用户类型;同时,将碳循环过程耦合其中,以配置单元作为碳平衡的计算节点,以蓄、引、提、排、再生水处理及利用等水利工程为节点的矢量连接线,进而计算各节点的碳平衡变化,包括输入(吸收)、排放和存量过程。

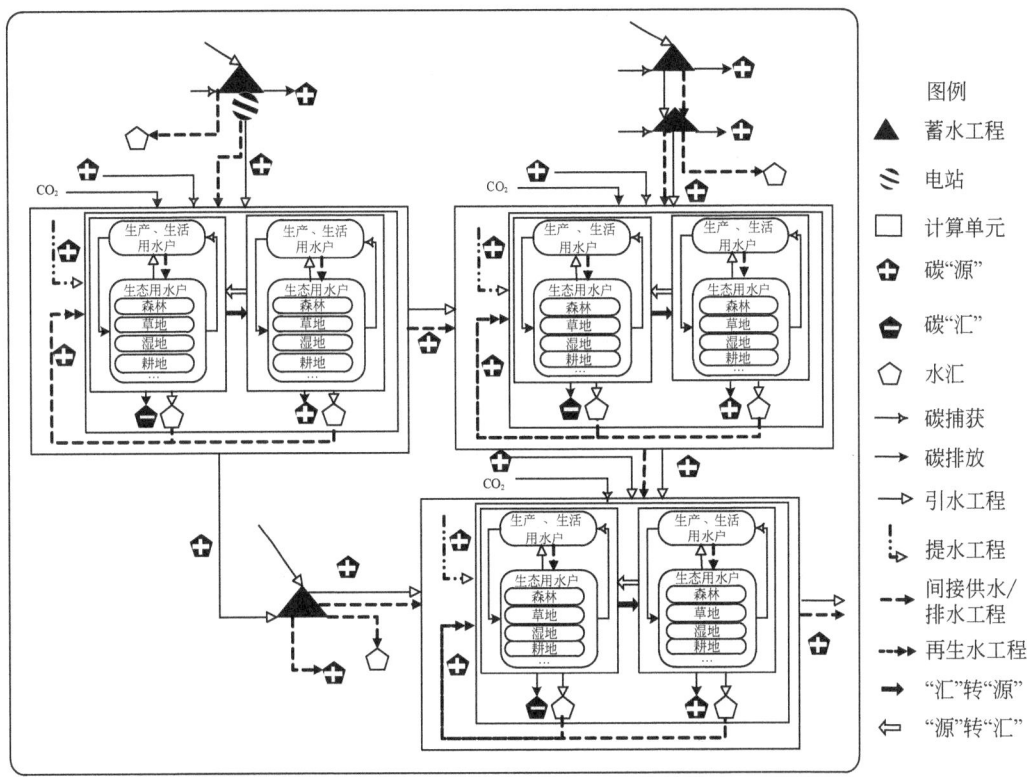

图 3-3 区域碳水耦合系统概念图

3.2.2 原型观测与遥感解译

结合区域碳水耦合系统概化图，收集气象、水文水资源、土地利用、土壤、植被、遥感和社会经济等基础资料构建工作数据库，并开展野外原型观测，以初步识别碳水耦合要素的演变特征。

1)"自然-人工"二元水循环：从降水、蒸散发、径流、水库蓄变量、地下水水位等实测数据明晰自然水循环要素过程；依据供水、用水、耗水、排水及污水处理基本观测与统计资料了解人工水循环过程；结合野外勘探结果，对不同季节土壤水变化进行分析。

2) 碳"源"/"汇"识别：对比土地利用资料，以明确不同时期的生态系统分布，并结合植被类型分布整体识别区域碳"汇"格局；从 MODIS 和 Landsat 等遥感影像提取植被信息，结合野外观测的叶面积指数识别碳"汇"演变；碳"源"变化以能源消费情况与生产情况为数据基础，重点关注能源消费、工业产品生产和垃圾处理过程的碳排放量。

3.2.3 碳水耦合模型构建

根据区域碳水循环的演变特征，选择合适的水文模型和生态模型原型，提出模块化建模策略，构建区域碳水耦合模型。利用 GIS 平台对气象、水文、土地利用、土壤、植被和遥感资料提取信息，并进行预处理，根据基础信息选取模拟的时空尺度。结合历史监测资料和野外实测资料，选取典型水循环要素与碳循环要素进行多尺度校验，如径流量、叶面积指数等，并根据碳水耦合物理机制，对模型进行调试，以达到模拟精度要求。利用碳水耦合模型对区域碳循环和水循环进行模拟，识别其演变特征。基于工作数据库及模拟结果，定量化评价社会经济系统的碳排放系数和生态环境的碳捕获系数，以明确区域整体的碳水耦合关系。

3.3 基于低碳发展模式的水资源合理配置关键技术

3.3.1 技术框架

基于低碳发展模式的水资源合理配置技术框架包括四个基本层次：基础信息整备层、预测分析层、模型构建与方案分析层、方案优选与对策措施层（图3-4），具体如下。

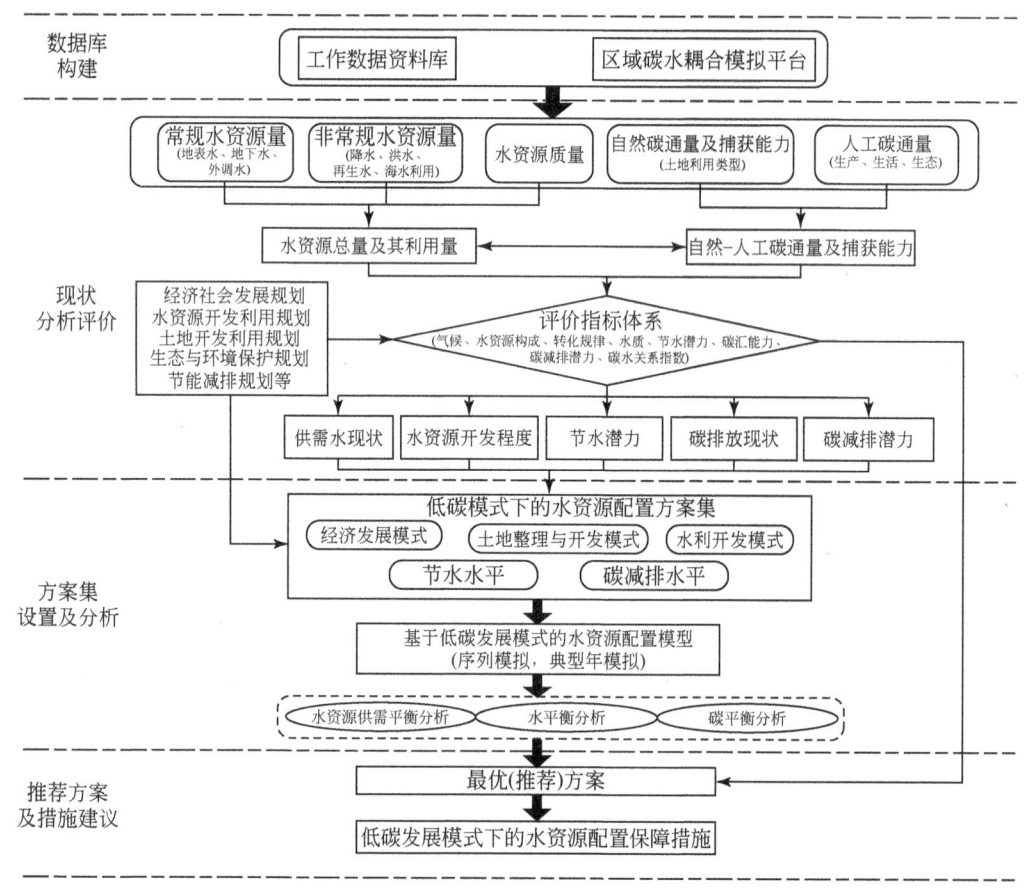

图 3-4 基于低碳发展模式的水资源合理配置技术框架

信息整备层：以区域气候、水文与生态环境等基本工作数据为基础，结合碳水耦合模拟的水循环要素（包括供水、用水和耗水）和碳循环要素（包括碳排放和碳捕获），构建工作数据库。

预测分析层：在社会经济、水/土资源、生态环境等规划的指导下，预测农业、工业、生活、生态环境需水量和不同行业的碳排放量，进而对未来不同水资源分区的需水、碳排放做出预测与分析，为方案设置做准备。

模型构建与方案分析层：参照水资源宏观经济模式、水资源多目标模式、水环境分析模型和水资源配置模型构建基于低碳发展模式的水资源合理配置模型。根据现状分析评价，考虑经济发展模式、供水模式、用水模式和水利开发等情景，设置水资源配置方案集，并运用水资源配置模型对各方案进行水资源供需平衡、碳平衡的模拟分析。

方案优选及对策措施层：在权衡生态环境、经济和社会发展的综合效益后，基于区域配置目标比选出基于低碳发展模式的水资源合理配置推荐方案，并在产业结构调整、能源结构调整、供水结构、地下水开采限制等方面提出相应的保障措施及建议。

3.3.2 关键技术

(1) 构建基于低碳发展模式的水资源合理配置模型

参照水资源宏观经济模式、水资源多目标模式和水资源配置模型构建基于低碳发展模式的水资源合理配置模型（谢新民等，2000；2002）。首先，将研究区域基于植被功能类型重新划分土地利用单元，依据地表水与地下水、各碳库的碳量转换关系，利用碳水耦合模型模拟出不同时空尺度下的降水量、蒸散发量、产流量、汇流量、碳排放量及其捕获量等基本数据，计算水资源总量及可利用量、自然与人工系统的碳通量及其捕获量。以上述水资源量、碳排放与碳捕获量作为模型基本输入，建立基于GIS的水资源、碳排放与碳捕获的水资源合理配置模型。

(2) 区域碳排放与需水预测分析

以目前监测和评价方面的数据与相关资料为基础，在外延式和低碳式社会经济发展模式下，根据不同层次用水单位用水量与碳排放量的关系设置其用水定额及其碳排放量，调整产业结构，结合下垫面条件变化，对社会、经济、生态环境发展进行预测。重点关注人口、城镇化、宏观经济发展、水资源及土地资源的开发利用模式，进而预测农业、工业、生活、生态环境需水量和不同能源消耗部门的碳排放量，并对区域整体需水与碳排放量进行预测分析。

(3) 设置基于低碳发展模式的水资源合理配置方案集

针对人工碳排放量偏高、水利工程供水能力下降、水资源利用效率偏低、客水资源利用不充分、地下水开采严重等问题，为保障研究区域低碳发展模式和水资源供需平衡，需设置水资源合理配置方案，包括经济社会发展情景、供水模式情景、节水水平情景和水利工程情景等基本情景。在研究需求和政策规划要求的指导下，设置模拟评价水平年。根据研究需求和区域实际情况对子方案中的基本要素进行具体设置和合理组合，构成基于低碳发展模式的水资源合理配置方案集。

（4） 基于低碳发展模式的水资源合理配置方案的评价优选

利用水资源配置模型对上述方案进行系统供需平衡分析、水平衡分析、碳平衡分析。其中，供需平衡分析包括城镇、农村、河道和生态系统供需水平衡分析；水平衡分析包括水库水量平衡、河渠水量平衡分析、节点水量平衡分析、地下水水量平衡、污水排放及回用平衡等（尹明万等，2000）；碳平衡分析包括"自然-人工"系统碳平衡分析、各土地利用类型单元碳通量及碳捕获能力分析、各层次用水部门和单位的碳排放量分析等。以气候特征、水资源构成及时空分布、阶段性低碳排放目标、碳水关系指数和水质状况为评价指标，进行系统比较分析评价，得到基于低碳发展模式下的水资源合理配置推荐方案。

（5） 推荐方案保障措施及建议

为适应低碳发展模式，水资源的可持续开发利用需要进行统一管理。基于低碳发展模式下的水资源合理配置推荐方案需在一定的技术及管理保障措施下实施，包括：①依据"自然-人工"系统的碳水定量关系，确定区域低碳发展潜力与目标；②改善能源体系，发展低碳和无碳能源，减少从能源供应部门到使用终端的系统碳排放量；③调整产业结构与生态布局，降低高碳排放单位的水资源配置标准，利用生态补偿提高生态系统碳捕获能力；④充分合理地调动和利用水利工程供水，实现生态实时调度，保障生态需水和系统正常功能；⑤改善防渗漏技术，提高客水资源利用率，并调整客水与当地水资源价格；⑥提高人工系统内的水资源回用率，尤其是工业用水，改进中水回用技术；⑦限制地下水开采，划分地下水保护区和开采行政区；⑧协调流域上下游关系，系统管理和监督流域水资源量、水质和生态环境质量等。

3.4 本章小结

本章从系统构建、机制识别、要素预测和配置分析层面梳理研究思路，并提出基于低碳发展模式的水资源合理配置技术路线，为整体研究提供技术指导。从区域碳水耦合系统概化、原型观测与遥感解译、碳水耦合模型构建三个方面剖析了区域碳水耦合机制识别的关键技术；并从基础信息整备、机制识别与评价预测、模型构建与方案分析、方案优选与对策四个层面构建了基于低碳发展模式的水资源合理配置技术框架，在配置模型构建、配置方案集设置、推荐方案优选与保障措施方面做出了初步分析。

第 4 章 区域碳水耦合模拟模型

4.1 模型功能需求分析及建模总体思路

4.1.1 模型功能需求分析

从学科发展方向来看，区域碳水耦合模拟是变化环境下生态水文模拟的重要组成部分之一，也是资源与环境领域研究的前沿和热点问题；从实践应用方面来看，碳水耦合模拟又是开展水资源及生态评价的关键支撑技术，能够为水资源规划和生态规划提供支持。由于实验室观测方法较易获取微尺度信息，而不同尺度下的野外试验观测方法研究往往会得到不一致的观测结果（张志强等，2006），因此有必要采用碳水耦合模型对多时空尺度下的要素作用过程进行有效耦合，从而将系统中各过程的异质性整合于其中。结合野外原型观测试验、室内实验分析与地理信息技术，构建流域/区域碳水耦合模型，将成为解决上述科研和实践问题的重要技术手段。

但是，由于地理、水文水资源、生态与环境等相关学科的分工和关注重点不同，当前国内外大部分研究将碳/水循环过程的大气过程、地表过程和土壤过程进行分离式模拟、预测和评价，在一定意义上割裂了碳水耦合系统的整体性和碳/水循环相互作用机制的物理系统性。因此，急需在统一物理机制下，整体研究能量驱动下的碳水耦合作用机制。其中，统一物理机制主要涉及过程表达、模拟要素、模型参数和时空尺度方面（Yan et al.，2012）。为满足机理识别和综合调控的要求，统一物理机制下的碳水耦合模型需要具备历史仿真模拟和情景模拟分析功能。

（1）历史仿真模拟功能

定量化识别流域/区域碳水耦合作用机制是开展基于低碳发展模式的水资源合理配置的关键依据，需要对流域水循环要素、碳循环要素及其相互作用关系的历史演变规律进行系统识别。因此，碳水耦合模型需具备碳水循环演变的历史仿真模拟功能。

（2）情景模拟分析功能

结合历史模拟结果，根据实际需求，基于低碳发展模式的水资源合理配置将设置不同情景下的配置方案，再将方案应用到碳水耦合模型中进行情景分析，并根据配置目标与原则挑选出推荐方案。因此，碳水耦合模型需要具有情景模拟分析功能，以支撑方案优选，进而开展推荐方案的后效性评估。

4.1.2 建模总体思路

本节在"五统一"（过程、参数、表达、时间、空间统一）的物理机制下，以位于大气圈、生物圈、地表、土壤圈和岩石圈边界处的植被和土壤"集合体"为主要研究对象，以能量流动过程、"自然-人工"二元水循环过程和碳循环过程为主线构建区域碳水耦合模拟框架（图4-1）。

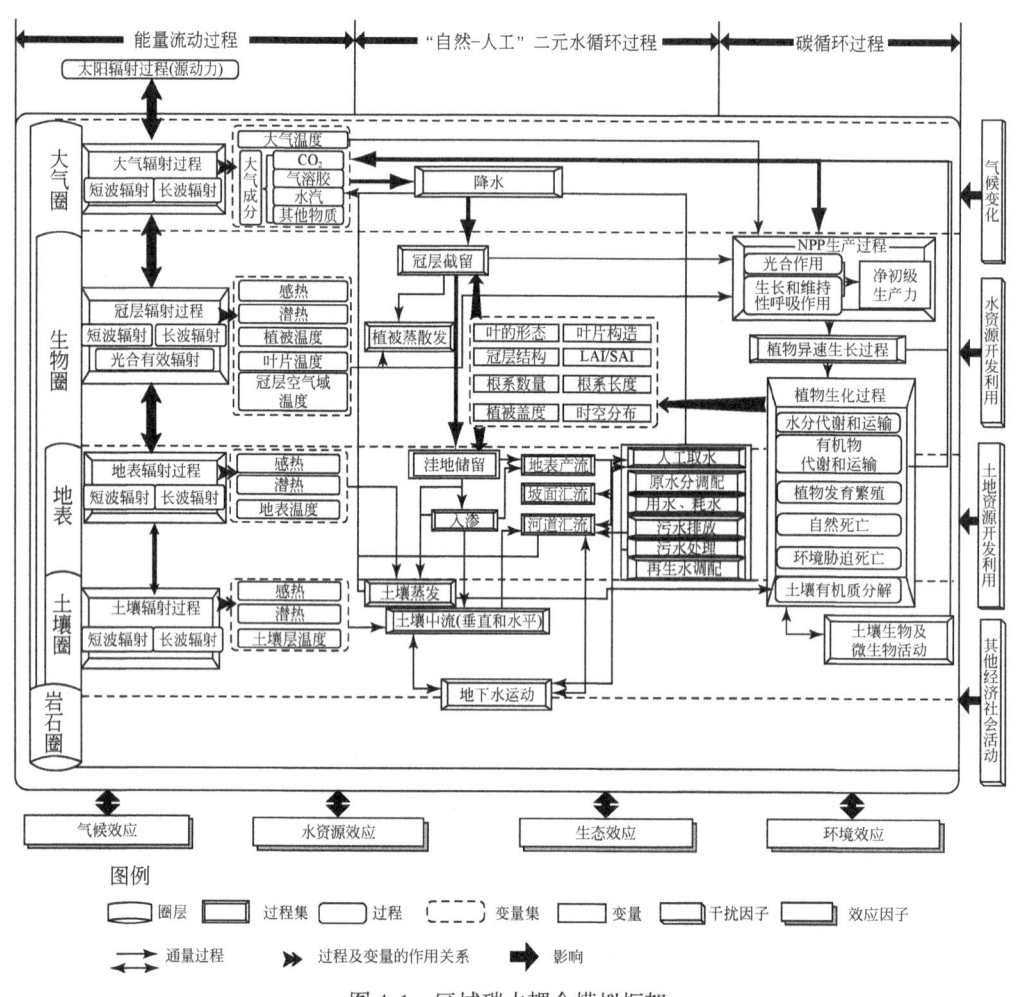

图 4-1　区域碳水耦合模拟框架

其中，能量流动过程重点关注直接影响碳水循环要素的通量和存量，如直接影响净初级生产力的光合有效辐射，决定蒸散发的感热、潜热、冠层空气域、植被和土壤温度变化等要素；由于社会经济用水对生态用水的挤占导致区域碳排放和碳捕获过程发生变化，因此水循环要素除了关注自然水循环要素外，还需将取水、输水、用水、排水和再生水利用等要素考虑在内；对于碳循环来说，碳水耦合模拟重点模拟社会经济系统的碳排放、植被对二氧化碳排放/捕获过程以及植被自身的异速生长和土壤分解过程。

4.2 区域碳水耦合模型物理概化

4.2.1 空间结构

(1) 水平结构

模型将流域划分为正方形网格,采用马赛克法对基于植被功能类型的单元进行空间剖分,将各单元格划分为水域、裸地、植被域和不透水域,再根据研究区植被类型亚类、CLM 及 CLM-DGVM 的植被功能类型对植被域进行重组 (图 4-2)。

(2) 垂向结构

1) 总体垂向结构。模型将陆地生态系统垂直方向概化为大气层、植被域(冠层、茎和根)、枯枝落叶层和土壤层。如图 4-3 所示,除了水循环中的垂向过程,如降水、冠层截留、蒸散发、洼地储留、入渗、土壤水运动、地下水运动等,该模型还考虑大气层与植被域之间存在着碳交换和能量交换(详见冠层垂向结构):从碳循环角度来说,社会经济系统中各种生产和生活活动排放的 CO_2 被植被吸收,实现对大气碳的捕

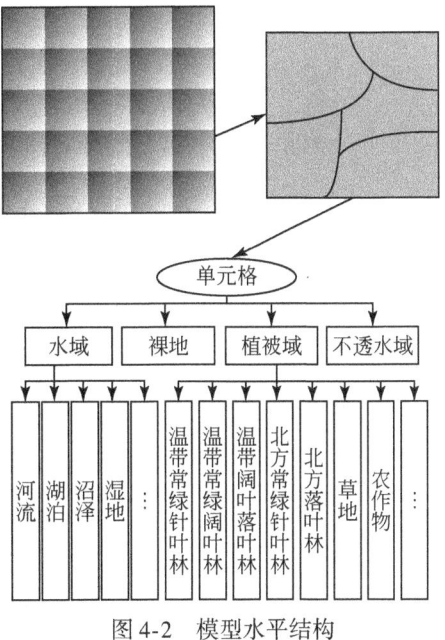

图 4-2 模型水平结构

获;从能量交换过程来说,冠层中的叶片利用光合有效辐射对吸收的 CO_2 进行固定,将其转化为有机物质,模型中处理为物质增量。植被再通过异速生长过程将物质增量按照一定比例分配到茎的边材和根中,边材再转化为心材。叶片和茎枯落后成为地表枯枝落叶层,而该层未分解部分和腐化的根部将进入土壤分解。在地表枯枝落叶和土壤中,依据不同分解速率,将分解有机碳的土壤库分为碳的快速分解库和慢速分解库。在以上过程中,植被的维持性呼吸、生长性呼吸和土壤异养呼吸作用产生的 CO_2 再重新回到大气中,形成陆地生态系统的碳循环。

2) 冠层垂向结构。根据叶片气孔结构和冠层结构,考虑能量过程对植被的影响,该模型将单元格内的冠层区域概化为"大型气孔"模式,土壤分为表层土壤、根际区土壤和底层土壤(图 4-4)。一方面,植被吸收部分直接辐射、散射辐射和长波辐射,反射一部分辐射并释放出逸散长波辐射,导致叶片尺度和冠层尺度的感热、潜热发生变化,改变植被蒸发和蒸腾作用,后者还受土壤热通量影响,进一步影响区域水汽通量的时空分布;另一方面,吸收的太阳辐射在叶片内转化为光合有效辐射,以驱动光合作用过程。叶片气孔吸收 CO_2 的能力受冠层空气域温度、湿度和大气压制约。

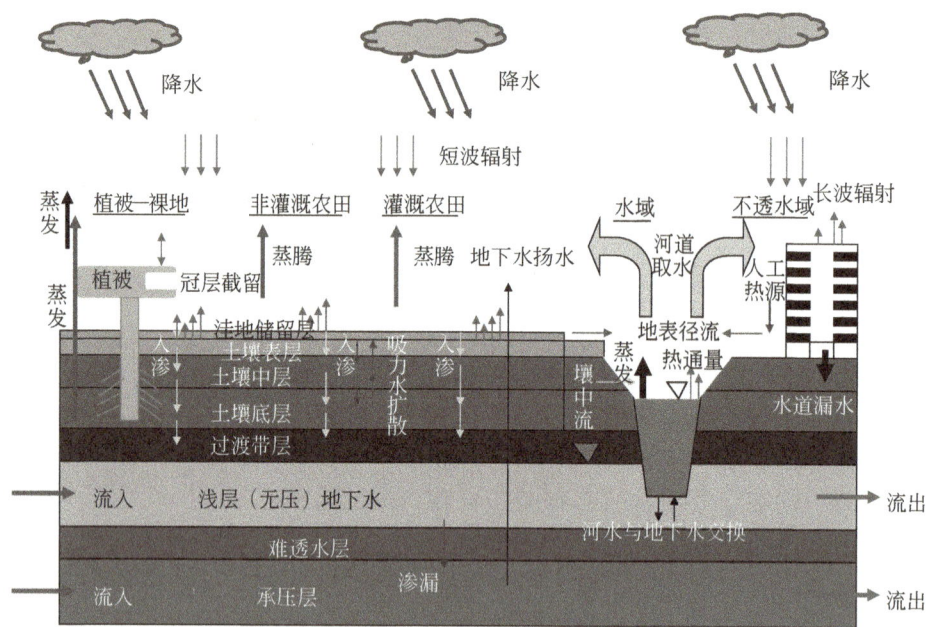

图 4-3 模型总体垂向结构（根据 WEP 与 CLM-DGVM 模型垂向结构绘制）

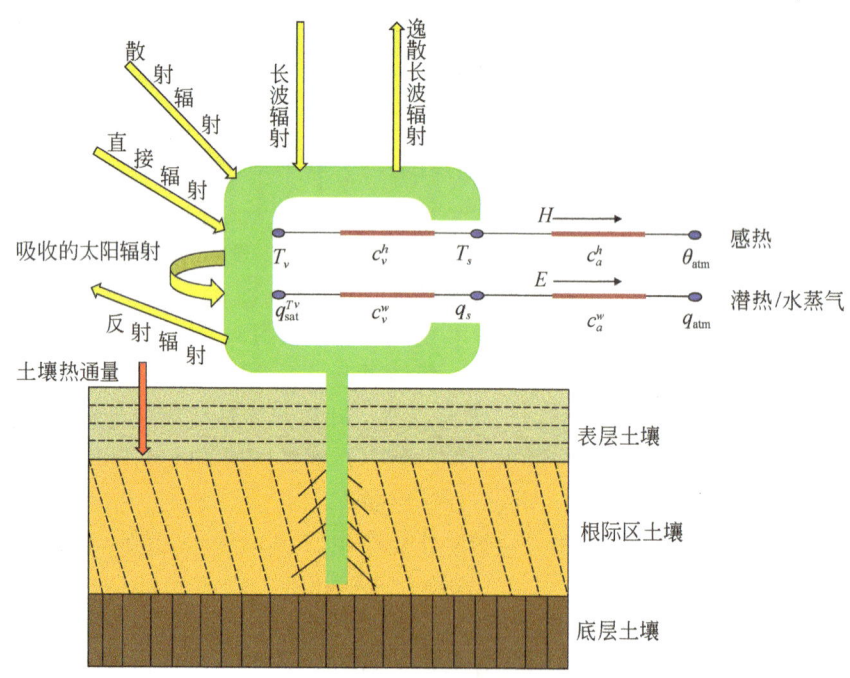

图 4-4 模型垂向结构

注：根据 CLM 与 SIB 模型中的植被结构修改。q_{atm} 为大气相对湿度（kg/kg）；T_v 为植被温度（K）；T_s 为冠层温度（K）；q_s 为冠层相对湿度（kg/kg）；θ_{atm} 为大气温度（K）；$q_{sat}^{T_v}$ 为植被温度下的饱和空气压；c_a^h 为冠层空气到大气之间的感热传导率（m/s）；c_v^h 为叶片表面到冠层空气的感热传导率（m/s）；c_a^w 为冠层空气到大气的水汽传导率（m/s）；c_v^w 为叶片到冠层空气的水汽传导率（m/s）；H 和 E 为感热和潜热通量（W/m²）。

4.2.2 时空尺度嵌套

碳水耦合模型基于单元格内各要素的次小时模拟与计算得到净辐射量、感热/潜热通量、冠层热通量、蒸散发量、土壤含水量、入渗量、地表径流量和净初级生产力（NPP）等变量值，并在此基础上根据水循环和碳循环的物理机制过程调用相关日尺度模块对上述变量进行模拟统计得到净辐射日累积量、日蒸散发量、日径流量、叶面积指数和NPP，最后根据模拟需求获取月和年尺度上的蒸散发量、径流量、叶面积指数和NPP，并进行空间尺度上的后处理（图4-5）。

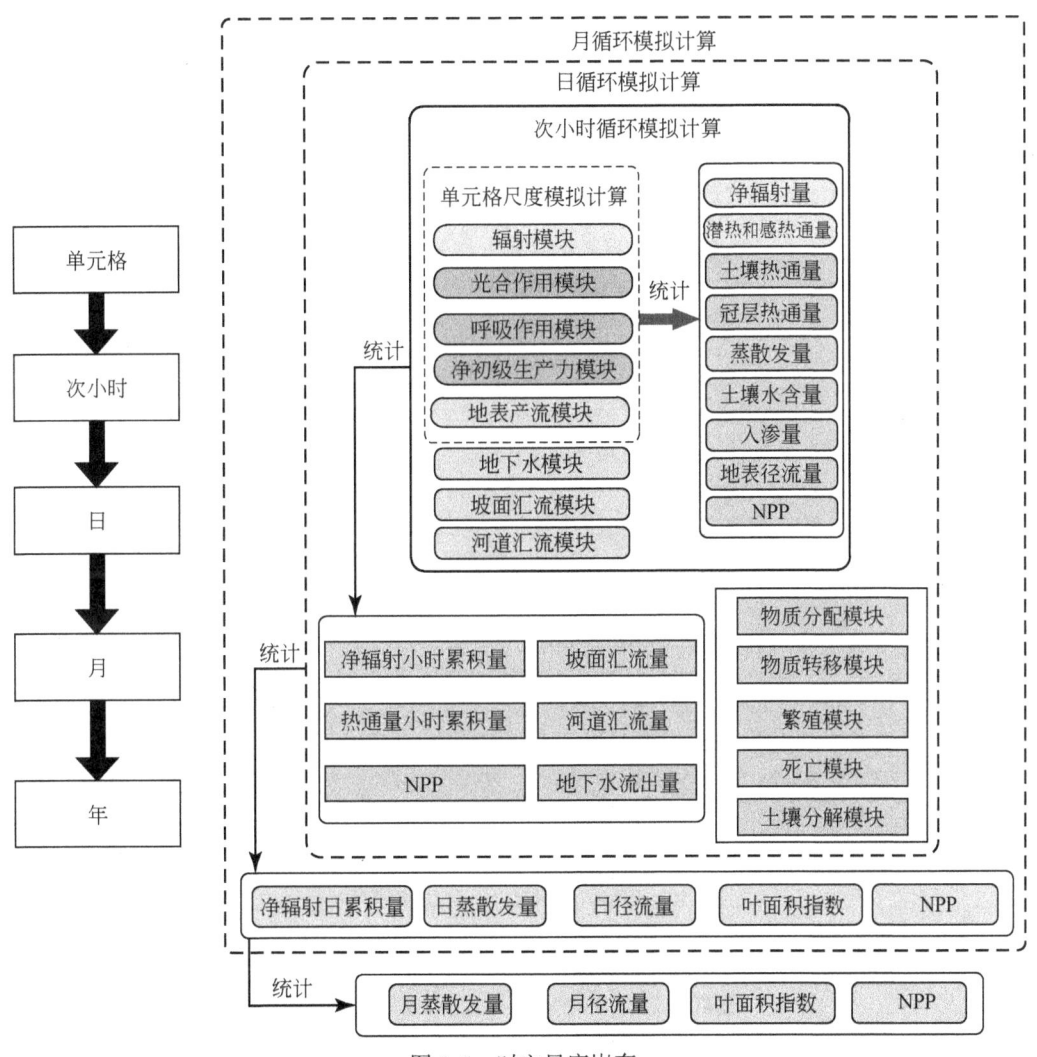

图4-5 时空尺度嵌套

4.3 要素过程模拟

碳水耦合模型重点关注能量流动、水循环（自然水循环和社会水循环）和碳循环过程。其中，能量流动过程重点模拟地表辐射过程、感热通量、潜热通量以及土壤热通量等；碳循环过程关注社会经济系统的碳排放，生态系统的 NPP 产生，物质分配及其流转、植物死亡、土壤有机质分解等基本过程；自然水循环过程侧重于模拟积雪与融雪过程、冠层截留过程、植被蒸散发与土壤蒸发、土壤水过程、地下水过程、地表产流、坡面汇流、河道汇流等水文过程，而社会水循环过程主要通过对历史资料的统计，见表4-1。

表4-1 能量流动、碳循环和水循环要素模拟方法概况与模块调用

主线	要素过程		原理与模拟方法	原始模型模块调用
能量流动	长波辐射		利用能量收支平衡定律计算植被和地表系吸收的辐射通量、冠层有效光合辐射通量；采用 two-stream 方法计算冠层辐射传输	调用 CLM（Hoffman et al., 2004）的 SurfaceRadiation 模块和 Twostream 模块
	短波辐射			
	感热通量		根据冠层和地表能量平衡，计算地表和植被的感热、潜热和动量粗糙系数；地表和植被逸散通量的初值；地表湿度变量	调用 CLM 的 Biogeophysics 模块、FrictionVelocity 模块和 Canopy 模块
	潜热通量			
	土壤热通量		利用土壤热容量、土壤层厚度及地表温度相关函数计算土壤热通量	
碳循环	人工	碳排放	基于能源消费量的碳排放系数法计算人工系统的碳排放量	调用碳排放计算模块
	自然	NPP	模拟光合作用和呼吸作用，进而计算干物质增量和净初级生产力；鉴于日照时数是影响日光合作用率的主要因子，将其纳入到干物质计算中	调用 DGVM（Alo and EN, 2008）的 Canopy 模块和 NPP 模块
		物质分配	以"管模型"理论、叶质量与根质量的比例关系、高度与顶冠面积之间的比例关系等三个基本假设为前提，物质增量在叶片、边材和根部进行分配	调用 DGVM 的 Allocation 模块
		物质转移	根据植被类型叶片、边材和根的寿命值计算进入地表枯枝落叶中生物量和边材转心材总量	调用 DGVM 的 Turnover 模块
		死亡	将非常绿型植被的落叶过程概化为强制落叶过程，即考虑自然死亡和热胁迫死亡的同时，从某月开始将全部的叶片生物量转移至地上枯枝落叶库中	调用 DGVM 的 Morality 模块
		土壤有机质分解	枯枝落叶通过自身分解和土壤异养呼吸被分解成有机物。其中，模型假设土壤分解具有快、慢过程，其分解速率取决于温度、土壤含水量及分解时间	调用 DGVM 的 Soil decomposition 模块

续表

主线	要素过程		原理与模拟方法	原始模型模块调用
水循环	自然	积雪融雪	温度指标法	调用 WEP（Jia et al., 2005）的融雪模块
		地表产流	霍顿坡面产流和饱和坡面产流	调用 WEP 的 Surface 模块
		入渗	Green-Ampt 模型	调用 WEP 的入渗模块
		土壤水运动	Havercamp、Mualem 公式	调用 WEP 的 Soil Water 模块
		地下水运动	Boussinesq 方程、达西定律、储流函数法等	调用 WEP 的 Groundwater 模块
		蒸散发	土壤与植被：计算空气动力学阻抗、温度和湿度阻抗以及叶片边界阻抗，以描述大气、冠层空气域、叶片和地表之间的水汽通量变化；水域：Penman-Monteith 公式	调用 CLM 的蒸散发模块和 DGVM 中的 Canopy 模块
		坡面汇流	Kinematic Wave 模型	调用 WEP 的汇流模块
		河道汇流	Kinematic Wave 模型和 Dynamic Wave 模型	调用 WEP 的汇流模块
	人工	取水、输水、用水、耗水、排水	基于历史资料统计的人工模拟水循环	建立人工水循环模块

4.3.1 能量流动

(1) 地表辐射

地表总净辐射是植被和地面吸收的总太阳辐射与总净长波辐射之差。

1) 太阳辐射。植被（$\vec{S}_v$）和地面（$\vec{S}_g$）吸收的总太阳辐射：

$$\vec{S}_v = \sum_\Lambda S_{atm}\downarrow_\Lambda^\mu \vec{I}_\Lambda^\mu + S_{atm}\downarrow_\Lambda \vec{I}_\Lambda \tag{4-1}$$

$$\vec{S}_g = \sum_\Lambda S_{atm}\downarrow_\Lambda^\mu e^{-K(L+S)}(1-\alpha_{g,\Lambda}^\mu) + (S_{atm}\downarrow_\Lambda^\mu I\downarrow_\Lambda^\mu + S_{atm}\downarrow_\Lambda I\downarrow_\Lambda)(1-\alpha_{g,\Lambda}) \tag{4-2}$$

$$\vec{I}_\Lambda^\mu = 1 - I\uparrow_\Lambda^\mu - (1-\alpha_{g,\Lambda})I\downarrow_\Lambda^\mu - (1-\alpha_{g,\Lambda}^\mu)e^{-K(L+S)} \tag{4-3}$$

$$\vec{I}_\Lambda = 1 - I\uparrow_\Lambda - (1-\alpha_{g,\Lambda})I\downarrow_\Lambda \tag{4-4}$$

式中，$S_{atm}\downarrow_\Lambda^\mu$ 和 $S_{atm}\downarrow_\Lambda$ 分别代表直接辐射和散射辐射（W/m²）；$I\uparrow_\Lambda^\mu$ 和 $I\uparrow_\Lambda$ 分别为单位面积上直接和散射辐射通量中向上的散射辐射；$I\downarrow_\Lambda^\mu$ 和 $I\downarrow_\Lambda$ 分别代表单位面积上直接和散射辐射通量中植被层以下向下的散射辐射；$\alpha_{g,\Lambda}^\mu$ 和 $\alpha_{g,\Lambda}$ 分别为直接辐射和散射辐射的地表反射率；L 和 S 分别为叶面积指数和茎面积指数。

对于裸地来说，$e^{-K(L+S)} = 1$，$\vec{I}_\Lambda^\mu = \vec{I}_\Lambda = 0$，$I\downarrow_\Lambda^\mu = 0$，且 $I\downarrow_\Lambda = 1$，所以

$$\vec{S}_g = \sum_\Lambda S_{atm}\downarrow_\Lambda^\mu(1-\alpha_{g,\Lambda}^\mu) + S_{atm}\downarrow_\Lambda(1-\alpha_{g,\Lambda}) \tag{4-5}$$

$$\vec{S}_v = 0 \tag{4-6}$$

则

$$\sum_\Lambda (S_{atm}\downarrow_\Lambda^\mu + S_{atm}\downarrow_\Lambda) = (\vec{S_v} + \vec{S_g}) + \sum_\Lambda (S_{atm}\downarrow_\Lambda^\mu I\uparrow_\Lambda^\mu + S_{atm}\downarrow_\Lambda I\uparrow_\Lambda) \quad (4-7)$$

其中，等式右侧后一项为反射的太阳辐射。

2) 长波辐射。地表净长波辐射为

$$\vec{L} = L\uparrow - L_{atm}\downarrow \quad (4-8)$$

式中，$L\uparrow$ 为向上的地表长波辐射（W/m²）；$L_{atm}\downarrow$ 为向下的大气短波辐射（W/m²）。

从地表放射到大气中的长波辐射为

$$L\uparrow = \delta_{veg}L_{veg}\uparrow + (1-\delta_{veg})(1-\varepsilon_g)L_{atm}\downarrow + (1-\delta_{veg})\varepsilon_g\sigma(T_g^n)^4 + 4\varepsilon_g\delta(T_g^n)^3(T_g^{n+1} - T_g^n) \quad (4-9)$$

式中，$L_{veg}\uparrow$ 为植被和土壤生态系统向上的长波辐射，其叶面积 L 和茎面积 S 之和大于等于 0.05；当 $L+S<0.05$ 时，$\delta_{veg}=0$，否则为 1；ε_g 为地表发射率；T_g^{n+1} 和 T_g^n 分别为前后两个时间步长内的雪/土壤温度。

对于裸地来说，上述公式可简化为

$$L\uparrow = (1-\varepsilon_g)L_{atm}\downarrow + \varepsilon_g\sigma(T_g^n)^4 + 4\varepsilon_g\delta(T_g^n)^3(T_g^{n+1} - T_g^n) \quad (4-10)$$

式中，等式右侧第一项为地表反射的大气长波辐射；第二项为地表放射的长波辐射；最后一项为随地表温度变化的地表散射辐射变量。

对于植被覆盖区，地表向上放射的长波辐射为

$$L\uparrow = L_{veg}\uparrow + 4\varepsilon_g\delta(T_g^n)^3(T_g^{n+1} - T_g^n) \quad (4-11)$$

其中，

$$\begin{aligned} L_{veg}\uparrow &= (1-\varepsilon_g)(1-\varepsilon_v)(1-\varepsilon_v)L_{atm}\downarrow + \\ &\quad \varepsilon_v[1+(1-\varepsilon_g)(1-\varepsilon_v)]\delta(T_v^n)^3[T_v^n + 4(T_v^{n+1}-T_v^n)] + \\ &\quad \varepsilon_g(1-\varepsilon_v)\delta(T_v^n)^4 \\ &= (1-\varepsilon_g)(1-\varepsilon_v)(1-\varepsilon_v)L_{atm}\downarrow + \\ &\quad \varepsilon_v\delta(T_v^n)^4 + \varepsilon_v(1-\varepsilon_g)(1-\varepsilon_v)\delta(T_v^n)^4 + \\ &\quad 4\varepsilon_v\delta(T_v^n)^3(T_v^{n+1}-T_v^n) + \\ &\quad 4\varepsilon_v(1-\varepsilon_g)(1-\varepsilon_v)\delta(T_v^n)^3(T_v^{n+1}-T_v^n) + \\ &\quad \varepsilon_g(1-\varepsilon_v)\delta(T_v^n)^4 \end{aligned} \quad (4-12)$$

式中，ε_v 为植被发射率；T_v^{n+1} 和 T_v^n 为相邻时间步长的植被温度。等式右侧第一项为冠层透射、地表反射和通过冠层透射到大气的大气长波辐射；第二项为冠层直接放射到大气中的长波辐射；第三项为冠层向下放射的长波辐射、地表反射的长波辐射和冠层向大气放射的长波辐射；第四项为由于冠层温度变化，冠层直接放射到大气中的长波辐射增量或减量；第五项是由于冠层温度变化，冠层向下放射、地表反射和冠层透射的长波辐射增量或减量；最后一项为地表放射和冠层透射到大气中的长波辐射。

地表向上的长波辐射为

$$L_g\uparrow = (1-\varepsilon_g)L_v\downarrow + \varepsilon_g\delta(T_g^n)^4 \quad (4-13)$$

式中，$L_v\downarrow$ 为植被向下放射的长波辐射。

$$L_v\uparrow = (1-\varepsilon_v)L_{atm}\downarrow + \varepsilon_v\delta(T_v^n)^4 + 4\varepsilon_v\sigma(T_v^n)^3(T_v^{n+1}-T_v^n) \tag{4-14}$$

地表净长波辐射为

$$\overrightarrow{L_g} = \varepsilon_g\delta(T_g^n)^4 - \delta_{veg}\varepsilon_g L_v\downarrow - (1-\delta_{veg})\varepsilon_g L_{atm}\downarrow \tag{4-15}$$

式中，$\overrightarrow{L_g}$ 为用于计算土壤温度的地表净长波辐射。只要得到土壤温度，$4\varepsilon_v\sigma(T_v^n)^3(T_v^{n+1}-T_v^n)$ 与 $\overrightarrow{L_g}$ 加和可计算出地表热通量。

植被净长波辐射为

$$\overrightarrow{L_v} = [2-\varepsilon_v(1-\varepsilon_g)]\varepsilon_v\delta(T_v)^4 - \varepsilon_v\varepsilon_g\delta(T_g^n)^4 - \varepsilon_v[1+(1-\varepsilon_g)(1-\varepsilon_v)]L_{atm}\downarrow \tag{4-16}$$

（2）感热、潜热与水汽通量

1）植被覆盖区的感热、潜热通量和温度变化。对于植被覆盖区域来说，感热通量（H）和水汽通量（E）分为植被通量和地表通量两部分，与植被温度（T_v）、地表温度（T_g）、植被表面温度（T_s）和相对湿度（q_s）。由于植被温度与通量之间的关系，采用 Newton-Raphson 迭代公式，利用前一个时间步长的地表和植被温度计算植被温度、感热通量和水汽通量。

假设冠层空气不存储热能，那么 $z_{0h}+d$ 高度处的植被表面与 $z_{atm,h}$ 处大气之间感热通量 H 是植被感热 H_v 和地表感热通量 H_g 之和。

$$H = H_v + H_g \tag{4-17}$$

$$H = -\rho_{atm}C_p\frac{(\theta_{atm}-T_s)}{r_{ah}} \tag{4-18}$$

$$H_v = -\rho_{atm}C_p(T_s-T_v)\frac{(L+S)}{r_b} \tag{4-19}$$

$$H_g = -\rho_{atm}C_p\frac{(T_s-T_g)}{r'_{ah}} \tag{4-20}$$

式中，ρ_{atm} 为大气密度（kg/m³）；C_p 为空气热容[J/(kg·K)]；θ_{atm} 为大气位温（K）；r_{ah} 为感热传输的动力学阻抗（s/m）。

T_s 为 $z_{0h}+d$ 高度处植被表面温度，即冠层空气域温度；L 和 S 分别为叶面积指数和茎面积指数；r_b 是叶片边界层阻抗（s/m）；r'_{ah} 为地表 z'_{0h} 与 $z_{0h}+d$ 高度处的冠层空气之间的热量传导的动力阻抗（s/m）。

以上四式可计算植被温度：

$$T_s = \frac{c_a^h\theta_{atm}+c_g^h T_g+c_v^h T_v}{c_a^h+c_g^h+c_v^h} \tag{4-21}$$

式中，冠层空气到大气之间的感热传导率 c_a^h（m/s）为

$$c_a^h = \frac{1}{r_{ah}} \tag{4-22}$$

地面到冠层空气的感热传导率 c_g^h（m/s）为

$$c_g^h = \frac{1}{r'_{ah}} \qquad (4-23)$$

叶片表面到冠层空气的感热传导率 c_v^h（m/s）为

$$c_v^h = \frac{L+S}{r_b} \qquad (4-24)$$

因此，植被感热通量就变为一个与 θ_{atm}、T_g 和 T_v 相关的函数。类似地，根据 T_s 可得到地表感热通量 H_g。

$$H_g = -\rho_{atm} C_p [c_a^h \theta_{atm} + c_v^h T_v - (c_a^h + c_v^h) T_g] \frac{c_g^h}{c_a^h + c_v^h + c_g^h} \qquad (4-25)$$

假设冠层空气不能存储水汽，$z_{0w}+d$ 高度处的冠层空气与 $z_{atm,w}$ 高度处的大气之间的水汽通量可当做是植被和地表的水汽通量之和。

$$E = E_v + E_g \qquad (4-26)$$

其中，

$$E = -\rho_{atm} \frac{(q_{atm} - q_s)}{r_{aw}} \qquad (4-27)$$

$$E_v = -\rho_{atm} \frac{(q_s - q_{sat}^{T_v})}{r_{total}} \qquad (4-28)$$

$$E_g = -\rho_{atm} \frac{(q_s - q_g)}{r'_{aw}} \qquad (4-29)$$

式中，q_{atm} 为大气相对湿度（kg/kg）；r_{aw} 为水汽传输的空气动力学阻抗（s/m）；$q_{sat}^{T_v}$ 为植被温度下的饱和空气压；q_g 为地表相对湿度；r'_{aw} 为地表 z'_{0w} 和冠层空气域 $z_{0w}+d$ 之间的水汽通量阻抗；r_{total} 为叶片到冠层空气域的水汽通量总阻抗，包括叶片边界层阻抗 r_b、阳生叶气孔阻抗 r^{sun} 和阴生叶气孔阻抗 r^{sha}。

植被水汽通量由以下几部分组成：湿叶和茎的水汽通量 E_v^w（冠层截留的水汽蒸发）和干叶表面的蒸腾作用通量 E_v^t。

$$E_v = E_v^w + E_v^t \qquad (4-30)$$

$$E_v^w = -\rho_{atm} f_{wet}(L+S) \frac{(q_s - q_{sat}^{T_v})}{r_b} \qquad (4-31)$$

$$E_v^t = E_v^{pot} r_{dry}^n, \quad E_v^{pot} > 0 \text{ 且 } \beta_t > 1 \times 10^{-10} \qquad (4-32)$$

$$E_v^t = 0, \quad E_v^{pot} \leq 0 \text{ 且 } \beta_t \leq 1 \times 10^{-10} \qquad (4-33)$$

式中，潜在蒸发为

$$E_v^{pot} = -\frac{\rho_{atm}(q_s - q_{sat}^{T_v})}{r_b} \qquad (4-34)$$

潜在蒸腾作用为

$$r''_{dry} = \frac{f_{dry} r_b}{L} \left(\frac{L^{sun}}{r_b + r_s^{sha}} + \frac{L^{sha}}{r_b + r_s^{sha}} \right) \qquad (4-35)$$

式中，β_t 为限制蒸腾作用的土壤含水率函数；f_{wet} 为湿叶和湿茎函数；f_{dry} 为干叶片函数；L^{sun}

和 L^{sha} 为阳生和阴生叶片的叶面积指数。

则冠层相对湿度 q_s 为

$$q_s = \frac{c_a^w q_{atm} + c_g^w q_g + c_v^w q_{sat}^{T_v}}{c_a^w + c_g^w + c_v^w} \tag{4-36}$$

冠层空气域到大气的水汽传导率 c_a^w 为

$$c_a^w = \frac{1}{r_{aw}} \tag{4-37}$$

叶片到冠层空气域的水汽传导率 c_v^w 为

$$c_v^w = \left(\frac{L+S}{r_b}\right) r'' \tag{4-38}$$

地表到冠层空气域的水汽传导率 c_g^w 为

$$c_g^w = \frac{1}{r'_{aw}} \tag{4-39}$$

潜在蒸散发权重值 r'' 赋值情况如下：

$$\begin{cases} r'' = f_{wet} + r''_{dry} & E_v^{pot} > 0, \beta_t > 1 \times 10^{-10} \\ r'' = f_{wet} & E_v^{pot} > 0, \beta_t \leq 1 \times 10^{-10} \\ r'' = 1 & E_v^{pot} < 0 \end{cases} \tag{4-40}$$

同时，r'' 不能超过可利用水量，即

$$r'' \leq \frac{E_v^t + \dfrac{W_{can}}{\Delta t}}{E_v^{pot}} \tag{4-41}$$

式中，W_{can} 为冠层含水量（kg/m²）；Δt 为时间步长（s）。

植被水汽通量 E_v 就变成一个与 q_{atm}、q_g 和 $q_{sat}^{T_v}$ 有关的函数：

$$E_v = -\rho_{atm} \left[c_a^w q_{atm} + c_g^w q_g - (c_a^w + c_g^w) q_{sat}^{T_v} \right] \frac{c_v^w}{c_a^w + c_v^w + c_g^w} \tag{4-42}$$

类似地，可得到地表以上到冠层的水汽通量 E_g 的表达式：

$$E_g = -\rho_{atm} \left[c_a^w q_{atm} + c_g^w q_g - (c_a^w + c_v^w) q_g \right] \frac{c_g^w}{c_a^w + c_v^w + c_g^w} \tag{4-43}$$

地表（z'_{0h}/z'_{0w}）与冠层空气[$(z_{0h}+d)/(z_{0w}+d)$]之间的热量（湿度）动力学阻抗为

$$r'_{ah} = r'_{aw} = \frac{1}{C_s U_{av}} \tag{4-44}$$

其中，叶片表面的风速系数 U_{av}（在此可等同于摩擦速率）（m/s）为

$$U_{av} = V_a \sqrt{\frac{1}{r_{am} V_a}} = u_* \tag{4-45}$$

表层土壤与冠层空气域之间的湍流传热系数 C_s 可由冠层和表层土壤的传热系数差值得到。

$$C_s = C_{s,\,bare} W + C_{s,\,dense}(1-W) \tag{4-46}$$

$$W = e^{-(L+S)} \quad (4\text{-}47)$$

式中，$C_{s,\text{dense}}$ 为冠层的传热系数，取值 0.004。

裸土的传热系数计算方法如下：

$$C_{s,\text{bare}} = \frac{k}{a}\left(\frac{z_{0m,\text{g}} U_{\text{av}}}{v}\right)^{-0.45} \quad (4\text{-}48)$$

式中，空气动力粘度 $v = 1.5 \times 10^{-5} \text{m}^2/\text{s}$；$a = 0.13$。

叶片边界层阻抗 r_b 为

$$r_b = \frac{1}{C_v}(U_{\text{av}}/d_{\text{leaf}})^{-1/2} \quad (4\text{-}49)$$

式中，$C_v = 0.01 \text{m/s}^{1/2}$，为冠层表面与冠层空气域之间的湍流热传递系数；$d_{\text{leaf}}$ 是风速方向上的叶片尺度特征参数。

冠层以下土壤热通量对地表温度的偏导数用来计算土壤温度和更新土壤表面变量：

$$\frac{\partial H_g}{\partial T_g} = \frac{\rho_{\text{atm}} C_p}{r'_{\text{ah}}} \frac{c_a^h + c_v^h}{c_a^h + c_v^h + c_g^h} \quad (4\text{-}50)$$

$$\frac{\partial E_g}{\partial T_g} = \frac{\rho_{\text{atm}}}{r'_{\text{aw}}} \frac{c_a^w + c_v^w}{c_a^w + c_v^w + c_g^w} \frac{dq_g}{dT_g} \quad (4\text{-}51)$$

其中，由于不能进行确定性分析，因此计算中忽略偏微分 $\frac{\partial r'_{\text{ah}}}{\partial T_g}$ 和 $\frac{\partial r'_{\text{aw}}}{\partial T_g}$。

用于计算 r_{am}，r_{ah} 和 r_{aw} 的粗糙率分别为 $z_{0m} = z_{0m,v}$，$z_{0h} = z_{0h,v}$ 和 $z_{0w} = z_{0w,v}$。植被高度变化值 d 和粗糙度均与植被高度相关。

$$z_{0m,v} = z_{0h,v} = z_{0w,v} = z_{\text{top}} R_{z0m} \quad (4\text{-}52)$$

$$d = z_{\text{top}} R_d \quad (4\text{-}53)$$

式中，z_{top} 是冠层顶高（m）；R_{z0m} 和 R_d 分别为动量粗糙长度和植被高度变化值，皆与冠层高度相关。

冠层能量平衡：

$$-\vec{S}_v + \vec{L}_v(T_v) + H_v(T_v) + \lambda E_v(T_v) = 0 \quad (4\text{-}54)$$

式中，$\vec{S}_v$ 为植被吸收的太阳辐射；$\vec{L}_v$ 为植被吸收的净长波辐射；H_v 和 λE_v 分别为植被的感热和潜热通量，λ 取 2.501×10^6。

$\vec{L}_v$、H_v 和 λE_v 与植被温度 T_v 有关。Newton-Raphson 法适用于求解非线性等式的根，可得出 T_v：

$$\Delta T_v = \frac{\vec{S}_v - \vec{L}_v - H_v - \lambda E_v}{\frac{\partial \vec{L}_v}{\partial T_v} + \frac{\partial H_v}{\partial T_v} + \frac{\partial \lambda E_v}{\partial T}} \quad (4\text{-}55)$$

式中，$\Delta T_v = T_v^{n+1} - T_v^n$。

偏微分为

$$\frac{\partial \vec{L_v}}{\partial T_v} = 4\varepsilon_v \delta [2 - \varepsilon_v(1-\varepsilon_g)]T_v^3 \tag{4-56}$$

$$\frac{\partial H_v}{\partial T_v} = \rho_{atm} C_p (c_a^h + c_g^h) \frac{c_v^h}{c_a^h + c_v^h + c_g^h} \tag{4-57}$$

$$\frac{\partial \lambda E_v}{\partial T_v} = \lambda \rho_{atm} C_p (c_a^w + c_g^w) \frac{c_v^w}{c_a^w + c_v^w + c_g^w} \frac{dq_{sat}^{T_v}}{dT_v} \tag{4-58}$$

由于偏微分 $\frac{\partial r_{ah}}{\partial T_v}$ 和 $\frac{\partial r_{aw}}{\partial T_v}$ 不能进行确定性分析,因此忽略。但是,在迭代过程中 ζ 变化四次以上,其值取 -0.01,有助于防止出现其在稳态与非稳态之间不断转换。水汽通量 E_v、蒸腾通量 E_v^t 和感热通量 H_v 随叶片温度变化。

$$E_v = -\rho_{atm}\left[c_a^w q_{atm} + c_g^w q_g - (c_a^w + c_g^w)\left(q_{sat}^{T_v} + \frac{dq_{sat}^{T_v}}{dT_v}\Delta T_v\right)\right]\frac{c_v^w}{c_a^w + c_v^w + c_g^w} \tag{4-59}$$

$$E_v^t = -r_{dry}''\rho_{atm}\left[c_a^w q_{atm} + c_g^w q_g - (c_a^w + c_g^w)\left(q_{sat}^{T_v} + \frac{dq_{sat}^{T_v}}{dT_v}\Delta T_v\right)\right]\frac{c_v^h}{c_a^w + c_v^w + c_g^w} \tag{4-60}$$

$$H_v = -\rho_{atm} C_p \left[c_a^h \theta_{atm} + c_g^h T_g - (c_a^h + c_g^h)(T_v + \Delta T_v)\right]\frac{c_v^h}{c_a^h + c_v^h + c_g^h} \tag{4-61}$$

2)无植被覆被区域的感热和潜热通量。若叶面积与茎面积指数 $L + S < 0.05$,按照无植被覆盖区进行处理。从概念上来看,主要包括裸地、湿地和冰雪覆盖区域。对于此类区域,表面温度($\theta_s = T_s$)即地表温度 T_g,则其感热通量 $H_g(\text{W/m})$ 为

$$H_g = -\rho_{atm} C_p \frac{(\theta_{atm} - T_g)}{r_{ah}} \tag{4-62}$$

式中,ρ_{atm} 为大气密度(kg/m³);C_p 为空气热容 [J/(kg·K)];θ_{atm} 为大气位温(K);r_{ah} 为感热传导的动力学阻抗(s/m)。

水汽通量 E_g 为

$$E_g = \rho_{atm} \frac{(q_{atm} - q_g)}{r_{aw}} \tag{4-63}$$

式中,q_{atm} 为大气相对湿度(kg/kg);q_g 为土壤表面相对湿度(kg/kg);r_{aw} 为水汽传输的动力学阻抗(s/m)。

假设土壤表面湿度 q_g 与饱和湿度具有相关性:

$$q_g = \alpha q_{sat}^{T_g} \tag{4-64}$$

式中,$q_{sat}^{T_g}$ 是地表温度 T_g 下的饱和湿度;α 是考虑土壤与雪的因子。

$$\alpha = \alpha_{soi,1}(1 - f_{sno}) + \alpha_{sno} f_{sno} \tag{4-65}$$

式中,f_{sno} 为积雪覆盖比;$\alpha_{sno} = 1.0$,对于湿地和冰川覆盖区域来说 $\alpha = 1.0$;$\alpha_{soi,1}$ 与土壤层有关,是表层土壤基质势 ψ 的函数。

$$\alpha_{soi,1} = \exp\left(\frac{\psi_1 g}{1 \times 10^3 R_{WV} T_g}\right) \tag{4-66}$$

式中,R_{WV} 为水汽气体常数 [461.5 J/(kg·K)];g 为重力加速度(9.81m/s);ψ_1 为表层

土壤水基质势（mm）。

$$\psi_1 = \psi_{\text{sat},1} s_1^{-B_1} \geq -1 \times 10^8 \tag{4-67}$$

式中，$\psi_{\text{sat},1}$ 为饱和基质势（mm）；B_1 为克拉普·霍恩贝格系数；s_1 为表层土壤含水量。

$$s_1 = \frac{1}{\Delta z_1 \theta_{\text{sat},1}} \left[\frac{w_{\text{liq},1}}{\rho_{\text{liq}}} + \frac{w_{\text{ice},1}}{\rho_{\text{ice}}} \right] \quad 0.01 \leq s_1 \leq 1.0 \tag{4-68}$$

式中，Δz_1 为表层土壤厚度（m）；ρ_{liq} 和 ρ_{ice} 为水和冰的密度（kg/m³）；$w_{\text{liq},1}$ 和 $w_{\text{ice},1}$ 为表层土壤的水与冰含量（kg/m²）；$\theta_{\text{sat},1}$ 为表层土壤饱和体积含水率（mm³/mm³）；若 $q_{\text{sat}}^{T_g} > q_{\text{atm}}$，则 $q_{\text{atm}} > q_g$ 且 $\frac{dq_g}{dT_g} > 0$，可防止干旱地区由于 q_g 变化导致的土壤水改变。

用于计算 r_{am}，r_{ah} 和 r_{aw} 的粗糙长度为 $z_{0m} = z_{0m,g}$，$z_{0h} = z_{0h,g}$ 和 $z_{0w} = z_{0w,g}$。平面高度设为 0。土壤、冰川和湿地的动量粗糙长度 $z_{0m} = 0.01$；积雪覆盖区域（$f_{\text{sno}} > 0$）取 0.0024。总之，z_{0m} 不同于 z_{0h}，这是由于动量传导受到湍流波动压力影响，而热量和水汽通量传输过程不存在此动力学机制，主要受各层之间的分子扩散影响。

$$z_{0h,g} = z_{0w,g} = z_{0m,g} e^{-a(u_* z_{0m,g}/v)^{0.45}} \tag{4-69}$$

式中，$u_* z_{0m,g}/v$ 为粗糙度雷诺系数；空气粘度系数 $v = 1.5 \times 10^{-5} \text{m}^2/\text{s}$，$a = 1.13$。

3）区域感热通量和潜热通量更新。以上基于土壤温度计算出的裸土和冠层下土壤的感热和水汽通量作为地表强迫条件，将导致地表温度出现新变化 T_g^{n+1}，使感热和水汽通量发生改变。

$$H'_g = H_g + (T_g^{n+1} - T_g^n) \frac{\partial H_g}{\partial T_g} \tag{4-70}$$

$$E'_g = E_g + (T_g^{n+1} - T_g^n) \frac{\partial E_g}{\partial E_g} \tag{4-71}$$

将 T_g^n 代入上式可得到植被覆盖区（无植被覆盖区）的感热通量 H_g 和水汽通量 E_g。对 H'_g 和 E'_g 进行校正，若表层土壤不能发生蒸发过程，如 $E'_g > 0$ 且 $f_{\text{evap}} < 1$，其中，

$$f_{\text{evap}} = \frac{(w_{\text{ice, snl}+1} + w_{\text{liq, snl}+1})/\Delta t}{\sum_{j=1}^{\text{npft}} (E'_g)_j (wt)_j} \tag{4-72}$$

则减少地表蒸发

$$E''_g = f_{\text{evap}} E'_g \tag{4-73}$$

式中，$\sum_{j=1}^{\text{npft}} (E'_g)_j (wt)_j$ 为 E'_g 超过蒸发的单元；$(E'_g)_j$ 为第 j 列上的地表蒸发；$(wt)_j$ 为单元格占第 j 列的相对面积。$w_{\text{ice, snl}+1}$ 和 $w_{\text{liq, snl}+1}$ 为表层土壤中冰和水的含量（kg/m²）。

则导致感热通量变化：

$$H''_g = H_g + \lambda(E''_g - E'_g) \tag{4-74}$$

地表水汽通量 E''_g 由以下几部分组成：雪/土壤蒸发 q_{seva} [kg/(m²·s)]、升华 q_{subl} [kg/(m²·s)]、露化 q_{sdew} [kg/(m·s)] 和雾化 q_{frost} [kg/(m²·s)]。

$$q_{\text{seva}} = \min \left[\frac{E'_g}{\sum_{j=1}^{\text{npft}} (E'_g)_j (wt)_j} \cdot \frac{w_{\text{liq, snl}+1}}{\Delta t}, E''_g \right], E''_g \geq 0 \tag{4-75}$$

$$q_{\text{subl}} = E''_g - q_{\text{seva}}, \qquad E''_g \geqslant 0 \tag{4-76}$$

$$q_{\text{sdew}} = |E''_g|, \qquad E''_g < 0 \text{ 且 } T_g > T_f \tag{4-77}$$

$$q_{\text{frost}} = |E''_g|, \qquad E''_g < 0 \text{ 且 } T_g \leqslant T_f \tag{4-78}$$

由于 q_{seva} 造成的表层土壤水损失纳入入渗计算过程,而因 q_{frost}、q_{subl} 和 q_{sdew} 损失或获得的水量纳入地下水计算。

地表热通量 G 计算如下:

$$G = \vec{S}_g - \vec{L}_g - H_g - \lambda E_g \tag{4-79}$$

式中,$\vec{S}_g$ 为地表吸收的太阳辐射;$\vec{L}_g$ 为地表吸收的净长波辐射。

$$\vec{L}_g = \varepsilon_g \delta (T_g^n)^4 - \delta_{\text{veg}} \varepsilon_g L_v \downarrow + 4\varepsilon_g \delta (T_g^n)^3 (T_g^{n+1} - T_g^n) \tag{4-80}$$

当水汽通量转变为能量通量时,假设 λ 取值如下:

$$\lambda = \begin{cases} \lambda_{\text{sub}} & w_{\text{liq,snl}+1} = 0, \ w_{\text{ice,snl}+1} > 0 \\ \lambda_{\text{vap}} & \end{cases} \tag{4-81}$$

式中,λ_{sub} 和 λ_{vap} 分别为升华和蒸发的潜热通量 (J/kg),分别取 2.835×10^6 和 2.501×10^6。当植被水汽通量转变为能量通量时,采用 λ_{vap}。

系统能量平衡如下:

$$\vec{S}_g + \vec{S}_v + L_{\text{atm}} \downarrow - L \uparrow - H_g - \lambda_{\text{vap}} E_v - \lambda E_g - G = 0 \tag{4-82}$$

(3) Monin-Obukhov 相似理论

Monin-Obukhov 相似理论定义地表垂向动力学通量 $\overline{u'w'}$ 和 $\overline{v'w'}$ (m^2/s^2),感热 $\overline{\theta'w'}$ ($K \cdot m \cdot s^{-1}$) 和潜热 $\overline{q'w'}$ ($kg \cdot kg^{-1} \cdot m \cdot s^{-1}$),其中 u'、v'、w'、θ' 和 q' 分别为纬向水平风速、子午线水平风速、垂向风速、位温和相对湿度,用于表层土壤。该理论认为,当尺度适当时,水平风速均值、位温均值和相对湿度剖面变化取决于函数 $\zeta = \dfrac{z-d}{L}$。

$$\frac{k(z-d)}{u_*} \frac{\partial |u|}{\partial z} = \phi_m(\zeta) \tag{4-83}$$

$$\frac{k(z-d)}{\theta_*} \frac{\partial |u|}{\partial z} = \phi_h(\zeta) \tag{4-84}$$

$$\frac{k(z-d)}{q_*} \frac{\partial q}{\partial z} = \phi_w(\zeta) \tag{4-85}$$

式中,z 为表层土壤厚度 (m);d 为平面高度 (m);L 为莫宁霍夫系数 (m);k 为冯卡曼常数,取 1.38065×10^{-23} $J \cdot K^{-1} \cdot mol^{-1}$;$|u|$ 为大气风速 (m/s);ϕ_m、ϕ_h 和 ϕ_w 为 ζ 的相似函数,将地表动力、感热、潜热与 $|u|$、θ、q 剖面联系起来。在中性条件下,$\phi_m = \phi_h = \phi_w = 1$。速率 u_*、温度 θ_* 和湿度 q_* 为

$$u_*^2 = \sqrt{(\overline{u'w'})^2 + (\overline{v'w'})^2} = \frac{|\tau|}{\rho_{\text{atm}}} \tag{4-86}$$

$$\theta_* u_* = -\overline{\theta'w'} = -\frac{H}{\rho_{\text{atm}} C_p} \tag{4-87}$$

$$q_* u_* = -\overline{q'w'} = -\frac{H}{\rho_{\text{atm}}} \tag{4-88}$$

式中，$|\tau|$ 为剪切应力（$\text{kg} \cdot \text{m}^{-1} \cdot \text{s}^{-2}$）；$\overline{u'w'} = -\dfrac{\tau_x}{\rho_{\text{atm}}}$；$\overline{v'w'} = -\dfrac{\tau_y}{\rho_{\text{atm}}}$；$H$ 为感热通量（W/m^2）。

莫宁霍夫长度 L 为

$$L = -\frac{u_*^3}{k\left(\dfrac{g}{\overline{\theta}_{\text{v,atm}}}\right)\overline{\theta'_v w'}} = \frac{u_*^2 \overline{\theta}_{\text{v,atm}}}{kg\theta_{\text{v}*}} \tag{4-89}$$

式中，g 为重力加速度（m/s^2），取 9.81；$\overline{\theta}_{\text{v,atm}} = \overline{\theta}_{\text{atm}}(1 + 0.61q_{\text{atm}})$ 是位温。$L>0$ 表示稳态；$L<0$ 表示不稳定状态；$L=\infty$ 为中性状态。温标 $\theta_{\text{v}*}$ 计算如下：

$$\theta_{\text{v}*} = \theta_*(1 + 0.61q_{\text{atm}}) + 0.61\overline{\theta}_{\text{atm}} q_* \tag{4-90}$$

式中，$\overline{\theta}_{\text{atm}}$ 为大气位温。

整合计算 $\phi_m(\zeta)$、$\phi_h(\zeta)$ 和 $\phi_w(\zeta)$ 的不同等式，得到包括任意两高度（z_2，z_1，且 $z_2 > z_1$）平面的水平风速（$|u_1|$ 和 $|u_2|$）、位温（θ_1 和 θ_2）及相对湿度（q_1 和 q_2）：

$$|u|_2 - |u|_1 = \frac{u_*}{k}\left[\ln\left(\frac{z_2 - d}{z_1 - d}\right) - \psi_m\left(\frac{z_2 - d}{L}\right) + \psi_m\left(\frac{z_1 - d}{L}\right)\right] \tag{4-91}$$

$$\theta_2 - \theta_1 = \frac{\theta_*}{k}\left[\ln\left(\frac{z_2 - d}{z_1 - d}\right) - \psi_h\left(\frac{z_2 - d}{L}\right) + \psi_h\left(\frac{z_1 - d}{L}\right)\right] \tag{4-92}$$

$$q_2 - q_1 = \frac{q_*}{k}\left[\ln\left(\frac{z_2 - d}{z_1 - d}\right) - \psi_w\left(\frac{z_2 - d}{L}\right) + \psi_w\left(\frac{z_1 - d}{L}\right)\right] \tag{4-93}$$

函数 $\psi_m(\zeta)$、$\psi_h(\zeta)$ 和 $\psi_w(\zeta)$ 为

$$\psi_m(\zeta) = \int_{z_{0m}/L}^{\zeta} \frac{1 - \phi_m(x)}{x} \mathrm{d}x \tag{4-94}$$

$$\psi_h(\zeta) = \int_{z_{0h}/L}^{\zeta} \frac{1 - \phi_h(x)}{x} \mathrm{d}x \tag{4-95}$$

$$\psi_w(\zeta) = \int_{z_{0w}/L}^{\zeta} \frac{1 - \phi_w(x)}{x} \mathrm{d}x \tag{4-96}$$

式中，z_{0m}、z_{0h} 和 z_{0w} 分别为动量、感热和水蒸气传导的糙度（m）。

变量初始化：

当 $z_1 = z_{0m} + d$ 时，$|u|_1 = 0$；
当 $z_1 = z_{0d} + d$ 时，$\theta_1 = \theta_s$；
当 $z_1 = z_{0w} + d$ 时，$q_1 = q_s$。

$z_2 = z_{\text{atm},x}$ 高度处的大气变量为

$$|u|_2 = V_a = \sqrt{u_{\text{atm}}^2 + v_{\text{atm}}^2 + U_c^2} \geqslant 1 \tag{4-97}$$

$$\theta_2 = \theta_{\text{atm}}$$

$$q_2 = q_{\text{atm}}$$

通量线性变化形式整合如下：

$$V_\alpha = \frac{u_*}{k}\left[\ln\left(\frac{z_{\text{atm,m}}-d}{z_{0m}}\right) - \psi_m\left(\frac{z_{\text{atm,m}}-d}{L}\right) + \psi_m\left(\frac{z_{0m}}{L}\right)\right] \quad (4\text{-}98)$$

$$\theta_{\text{atm}} - \theta_s = \frac{\theta_*}{k}\left[\ln\left(\frac{z_{\text{atm,h}}-d}{z_{0h}}\right) - \psi_h\left(\frac{z_{\text{atm,h}}-d}{L}\right) + \psi_h\left(\frac{z_{0h}}{L}\right)\right] \quad (4\text{-}99)$$

$$q_{\text{atm}} - q_s = \frac{q_*}{k}\left[\ln\left(\frac{z_{\text{atm,w}}-d}{z_{0w}}\right) - \psi_w\left(\frac{z_{\text{atm,w}}-d}{L}\right) + \psi_w\left(\frac{z_{0w}}{L}\right)\right] \quad (4\text{-}100)$$

限制因子 $V_\alpha \geq 1$ 可防止 H 和 E 由于微风影响而变得过小。传导速率 U_c 为对流边界层大涡流对表面通量的影响如下：

$$\begin{aligned}U_c &= 0, \quad \zeta \geq 0 (\text{稳态})\\ U_c &= 0, \quad \zeta < 0 (\text{非稳态})\end{aligned} \quad (4\text{-}101)$$

式中，w_* 为对流速率标度。

$$w_* = \left(\frac{-gu_*\theta_{v*}z_i}{\theta_{v,\text{atm}}}\right)^{1/3} \quad (4\text{-}102)$$

对流层高 $z_i = 1000\text{m}$，且 $\beta = 1$。

动量线性变化方程如下：

$$\begin{aligned}\phi_m(\zeta) &= 0.7k^{2/3}(-\zeta)^{1/3}, & \zeta < -1.574(\text{极不稳态})\\ \phi_m(\zeta) &= (1-16\zeta)^{-1/4}, & -1.574 \leq \zeta < 0(\text{非稳态})\\ \phi_m(\zeta) &= 1 + 5\zeta, & 0 \leq \zeta \leq 1(\text{稳态})\\ \phi_m(\zeta) &= 5 + \zeta, & \zeta > 1(\text{极稳态})\end{aligned} \quad (4\text{-}103)$$

感热和潜热通量线性变化方程如下：

$$\begin{aligned}\phi_h(\zeta) = \phi_w(\zeta) &= 0.9k^{3/4}(-\zeta)^{1/3}, & \zeta < -0.465(\text{极不稳态})\\ \phi_h(\zeta) = \phi_w(\zeta) &= (1-16\zeta)^{-1/2}, & -0.465 \leq \zeta < 0(\text{非稳态})\\ \phi_h(\zeta) = \phi_w(\zeta) &= 1 + 5\zeta, & 0 \leq \zeta \leq 1(\text{稳态})\\ \phi_h(\zeta) = \phi_w(\zeta) &= 5 + \zeta, & \zeta > 1(\text{极稳态})\end{aligned} \quad (4\text{-}104)$$

为保证 $\phi_m(\zeta)$，$\phi_h(\zeta)$ 和 $\phi_w(\zeta)$ 函数的连续性，最简便的做法是将线性关系分为极不稳态和非稳态，即 $\phi_m(\zeta)$ 设置 $\zeta_m = -1.574$；$\phi_h(\zeta) = \phi_w(\zeta)$ 设置 $\zeta_h = \zeta_w = -0.465$。

通量的线性方程可整合得到

风速剖面：

极不稳态（$\zeta < -1.574$）

$$V_\alpha = \frac{u_*}{k}\left\{\left[\ln\frac{\zeta_m L}{z_{0m}} - \psi_m(\zeta_m)\right] + 1.14\left[(-\zeta)^{1/3} - (-\zeta_m)^{1/3} + \psi_m\left(\frac{z_{0m}}{L}\right)\right]\right\} \quad (4\text{-}105)$$

非稳态（$-1.574 \leq \zeta < 0$）

$$V_\alpha = \frac{u_*}{k}\left\{\left[\ln\frac{z_{\text{atm,m}}-d}{z_{0m}} - \psi_m(\zeta_m)\right] + \psi_m\left(\frac{z_{0m}}{L}\right)\right\} \quad (4\text{-}106)$$

稳态（$0 \leqslant \zeta \leqslant 1$）

$$V_\alpha = \frac{u_*}{k}\left\{\left[\ln\frac{z_{atm,m}-d}{z_{0m}}+5\zeta\right]-5\frac{z_{0m}}{L}\right\} \tag{4-107}$$

极稳态（$\zeta>1$）

$$V_\alpha = \frac{u_*}{k}\left\{\left[\ln\frac{L}{z_{0m}}+5\right]+5[\ln\zeta+\zeta-1]-5\frac{z_{0m}}{L}\right\} \tag{4-108}$$

其中，

$$\psi_m(\zeta) = 2\ln\left(\frac{1-x}{2}\right)+\ln\left(\frac{1+x^2}{2}\right)-2\tan^{-1}x+\frac{\Pi}{2} \tag{4-109}$$

$$x = (1-16\zeta)^{1/4} \tag{4-110}$$

温度剖面：

极不稳态（$\zeta < -0.465$）

$$\theta_{atm}-\theta_s = \frac{\theta_*}{k}\left\{\left[\ln\frac{\zeta_h L}{z_{0h}}-\psi_h(\zeta_h)\right]+1.14\left[(-\zeta_h)^{-1/3}-(-\zeta)^{-1/3}+\psi_h\left(\frac{z_{0h}}{L}\right)\right]\right\} \tag{4-111}$$

非稳态（$-0.465 \leqslant \zeta < 0$）

$$\theta_{atm}-\theta_s = \frac{\theta_*}{k}\left\{\left[\ln\frac{z_{atm,h}-d}{z_{0h}}-\psi_h(\zeta)\right]+\psi_h\left(\frac{z_{0h}}{L}\right)\right\} \tag{4-112}$$

稳态（$0 \leqslant \zeta \leqslant 1$）

$$\theta_{atm}-\theta_s = \frac{\theta_*}{k}\left\{\left[\ln\frac{z_{atm,h}-d}{z_{0h}}+5\zeta\right]-5\frac{z_{0h}}{L}\right\} \tag{4-113}$$

极稳态（$\zeta > 1$）

$$\theta_{atm}-\theta_s = \frac{u_*}{k}\left\{\left[\ln\frac{L}{z_{0h}}+5\right]+5[\ln\zeta+\zeta-1]-5\frac{z_{0h}}{L}\right\} \tag{4-114}$$

相对湿度剖面：

极不稳态（$\zeta < -0.465$）

$$q_{atm}-q_s = \frac{q_*}{k}\left\{\left[\ln\frac{\zeta_w L}{z_{0w}}-\psi_w(\zeta_w)\right]+0.8\left[(-\zeta_w)^{-1/3}-(-\zeta)^{-1/3}+\psi_w\left(\frac{z_{0h}}{L}\right)\right]\right\} \tag{4-115}$$

非稳态（$-0.465 \leqslant \zeta < 0$）

$$q_{atm}-q_s = \frac{q_*}{k}\left\{\left[\ln\frac{z_{atm,w}-d}{z_{0w}}-\psi_w(\zeta)\right]+\psi_w\left(\frac{z_{0w}}{L}\right)\right\} \tag{4-116}$$

稳态（$0 \leqslant \zeta \leqslant 1$）

$$q_{atm}-q_s = \frac{q_*}{k}\left\{\left[\ln\frac{z_{atm,w}-d}{z_{0w}}+5\zeta\right]-5\frac{z_{0w}}{L}\right\} \tag{4-117}$$

极稳态（$\zeta > 1$）

$$q_{\text{atm}} - q_{\text{s}} = \frac{q_*}{k}\left\{\left[\ln\frac{L}{z_{0w}} + 5\right] + 5[\ln\zeta + \zeta - 1] - 5\frac{z_{0w}}{L}\right\} \tag{4-118}$$

其中,

$$\psi_{\text{h}}(\zeta) = \psi_{\text{w}}(\zeta) = 2\ln\left(\frac{1+x^2}{2}\right) \tag{4-119}$$

将 u_*、θ_* 和 q_* 的初始变量代入上述等式中,利用相关变量 $|u|$、θ 和 q 可计算得到表面动量、感热和水汽通量。

离散理查森系数 R_{iB} 与 ζ 有关:

$$R_{\text{iB}} = \frac{\theta_{\text{v,atm}} - \theta_{\text{v,s}}}{\overline{\theta}_{\text{v,atm}}}\frac{g(z_{\text{atm,m}} - d)}{V_\alpha^2} \tag{4-120}$$

$$R_{\text{iB}} = \zeta\left[\ln\left(\frac{z_{\text{atm,h}} - d}{z_{0h}}\right) - \psi_{\text{h}}(\zeta)\right]\left[\ln\left(\frac{z_{\text{atm,m}} - d}{z_{0m}}\right) - \psi_{\text{m}}(\zeta)\right]^{-2} \tag{4-121}$$

对于非稳态来说,$\phi_{\text{h}} = \phi_{\text{m}}^2 = (1 - 16\zeta)^{-1/2}$;稳态条件下,$\phi_{\text{h}} = \phi_{\text{m}} = 1 + 15\zeta$,影响 $\psi_{\text{m}}(\zeta)$ 和 $\psi_{\text{h}}(\zeta)$,其反函数 $\zeta = f(R_{\text{iB}})$ 可得到一个 ζ 解。

中性条件或稳态条件($R_{\text{iB}} \geq 0$)下,

$$\zeta = \frac{R_{\text{iB}}\ln\left(\frac{z_{\text{atm,m}} - d}{z_{0m}}\right)}{1 - 5\min(R_{\text{iB}}, 0.19)}, \quad 1 \leq \zeta \leq 2 \tag{4-122}$$

非稳态条件($R_{\text{iB}} < 0$)下,

$$\zeta = R_{\text{iB}}\ln\left(\frac{z_{\text{atm,m}} - d}{z_{0m}}\right), \quad -100 \leq \zeta \leq -0.01 \tag{4-123}$$

利用以下方程解出 ζ 和 L,

$$\zeta = \frac{(z_{\text{atm,m}} - d)kg\theta_{\text{v}*}}{u_*^2\overline{\theta}_{\text{v,atm}}} \tag{4-124}$$

其中,中性条件或稳态下($\zeta \geq 0$),$0.01 \leq \zeta \leq 2$;非稳态条件下($-100 \leq \zeta \leq -0.01$),$\zeta < 0$。

相对高度大气和地表之间的位温差为

$$\theta_{\text{v,atm}} - \theta_{\text{v,s}} = (\theta_{\text{atm}} - \theta_{\text{s}})(1 + 0.61\overline{\theta}_{\text{atm}})(q_{\text{atm}} - q_{\text{s}}) \tag{4-125}$$

相对高度大气和地表之间的动量、感热和水汽通量为

$$\tau_x = -\rho_{\text{atm}}\left(\frac{u_{\text{atm}} - u_{\text{s}}}{r_{\text{am}}}\right) \tag{4-126}$$

$$\tau_y = -\rho_{\text{atm}}\left(\frac{v_{\text{atm}} - v_{\text{s}}}{r_{\text{am}}}\right) \tag{4-127}$$

$$H = -\rho_{\text{atm}}C_{\text{p}}\left(\frac{\theta_{\text{atm}} - \theta_{\text{s}}}{r_{\text{ah}}}\right) \tag{4-128}$$

$$E = -\rho_{\text{atm}}\left(\frac{q_{\text{atm}} - q_{\text{s}}}{r_{\text{aw}}}\right) \tag{4-129}$$

其中，空气动力学阻抗（s/m）为

$$r_{am} = \frac{V_a}{u_*^2}\left[\ln\left(\frac{z_{atm,m}-d}{z_{0m}}\right) - \psi_m\left(\frac{z_{atm,m}-d}{L}\right) + \psi_m\left(\frac{z_{0m}}{L}\right)\right]^2 \quad (4\text{-}130)$$

$$r_{ah} = \frac{\theta_{atm}-\theta_s}{\theta_* u_*} = \frac{1}{k^2 V_a}\left[\ln\left(\frac{z_{atm,m}-d}{z_{0m}}\right) - \psi_m\left(\frac{z_{atm,m}-d}{L}\right) + \psi_m\left(\frac{z_{0m}}{L}\right)\right]$$
$$\times \left[\ln\left(\frac{z_{atm,h}-d}{z_{0h}}\right) - \psi_m\left(\frac{z_{atm,h}-d}{L}\right) + \psi_m\left(\frac{z_{0h}}{L}\right)\right] \quad (4\text{-}131)$$

$$r_{aw} = \frac{q_{atm}-q_s}{q_* u_*} = \frac{1}{k^2 V_a}\left[\ln\left(\frac{z_{atm,m}-d}{z_{0m}}\right) - \psi_m\left(\frac{z_{atm,m}-d}{L}\right) + \psi_m\left(\frac{z_{0m}}{L}\right)\right]$$
$$\times \left[\ln\left(\frac{z_{atm,w}-d}{z_{0w}}\right) - \psi_w\left(\frac{z_{atm,w}-d}{L}\right) + \psi_m\left(\frac{z_{0w}}{L}\right)\right] \quad (4\text{-}132)$$

"2-m"高处的温度为

$$T_{2m} = \theta_s + \frac{\theta_*}{k}\left[\ln\left(\frac{2+z_{0h}}{z_{0h}}\right) - \psi_h\left(\frac{2+z_{0h}}{L}\right) + \psi_h\left(\frac{z_{0h}}{L}\right)\right] \quad (4\text{-}133)$$

"2-m"即感热出现明显下降的高度（$z_{0h} + d$）。类似的，2-m高处的相对湿度为

$$q_{2m} = q_s + \frac{q_*}{k}\left[\ln\left(\frac{2+z_{0w}}{z_{0w}}\right) - \psi_w\left(\frac{2+z_{0w}}{L}\right) + \psi_w\left(\frac{z_{0w}}{L}\right)\right] \quad (4\text{-}134)$$

(4) 饱和蒸汽压

饱和蒸汽压 e_{sat}^T（Pa）及其偏微分 $\dfrac{de_{sat}^T}{dT}$ 为温度 T（℃）函数为

$$e_{sat}^T = 100[a_0 + a_1 T + \cdots + a_n T^n] \quad (4\text{-}135)$$

$$\frac{de_{sat}^T}{dT} = 100[b_0 + b_1 T + \cdots + b_n T^n] \quad (4\text{-}136)$$

其中，冰的温度范围$-75℃ \leq T \leq 0℃$，水的温度范围$0℃ \leq T \leq 100℃$（表4-2、表4-3）。饱和蒸汽压下的相对湿度 q_{sat}^T 及其偏微分 $\dfrac{dq_{sat}^T}{dT}$ 为

$$q_{sat}^T = \frac{0.622 e_{sat}^T}{P_{atm} - 0.378 e_{sat}^T} \quad (4\text{-}137)$$

$$\frac{dq_{sat}^T}{dT} = \frac{0.622 P_{atm}}{(P_{atm} - 0.378 e_{sat}^T)^2}\frac{de_{sat}^T}{dT} \quad (4\text{-}138)$$

表 4-2　e_{sat}^T 相关系数

系数	水	冰
a_0	6.112 134 76	6.111 235 16
a_1	4.440 078 56×10^{-1}	5.031 095 14×10^{-1}
a_2	1.430 642 34×10^{-2}	1.883 698 01×10^{-2}
a_3	2.644 614 37×10^{-4}	4.205 474 22×10^{-4}
a_4	3.059 035 58×10^{-6}	6.143 967 78×10^{-6}

续表

系数	水	冰
a_5	$1.962\ 372\ 41\times10^{-8}$	$6.027\ 807\ 17\times10^{-8}$
a_6	$8.923\ 447\ 72\times10^{-11}$	$3.879\ 409\ 29\times10^{-10}$
a_7	$-3.732\ 084\ 10\times10^{-13}$	$1.494\ 362\ 77\times10^{-12}$
a_8	$2.093\ 399\ 97\times10^{-16}$	$2.626\ 558\ 03\times10^{-15}$

表 4-3 $\dfrac{\mathrm{de}_{\mathrm{sat}}^T}{\mathrm{d}T}$ 相关系数

系数	水	冰
b_0	$4.440\ 173\ 02\times10^{-1}$	$5.032\ 779\ 22\times10^{-1}$
b_1	$2.860\ 640\ 92\times10^{-2}$	$3.772\ 891\ 73\times10^{-2}$
b_2	$7.946\ 831\ 37\times10^{-4}$	$1.268\ 017\ 03\times10^{-3}$
b_3	$1.212\ 116\ 69\times10^{-5}$	$2.494\ 684\ 27\times10^{-5}$
b_4	$1.033\ 546\ 11\times10^{-7}$	$3.137\ 034\ 11\times10^{-7}$
b_5	$4.041\ 250\ 05\times10^{-10}$	$2.571\ 806\ 51\times10^{-9}$
b_6	$-7.880\ 378\ 59\times10^{-13}$	$1.332\ 688\ 78\times10^{-11}$
b_7	$-1.145\ 968\ 02\times10^{-14}$	$3.941\ 167\ 44\times10^{-14}$
b_8	$3.812\ 945\ 16\times10^{-17}$	$4.980\ 701\ 96\times10^{-17}$

4.3.2 水循环

(1) 天然水循环

1) 积雪与融雪过程。该模块采用简单实用的"温度指标法"或"度日因子法"模拟积雪融雪日或月变化。

2) 冠层截留过程。降水（P）经过林冠后，被分成冠层截留（I）、穿透雨（T）和树干茎流（S）三部分。

根据水量平衡原理：

$$I = P - T - S \tag{4-139}$$

观测发现，若研究区茎流发生较少，可视作为0，上式可简化为

$$I = P - T \tag{4-140}$$

冠层截留系数 CIR 为

$$\mathrm{CIR} = \frac{I}{P} \times 100\% \tag{4-141}$$

冠层最大截留深为

$$E(P) = \begin{cases} \left(1 - \dfrac{\text{VEG}}{\text{LAI}}\right) \times P, & P \leq P^* \\ \alpha \times \text{LAI} \times \left(1 - \dfrac{\text{VEG}}{\text{LAI}}\right), & P > P^* \end{cases} \quad (4\text{-}142)$$

式中，$E(P)$ 为林冠截留量；VEG 为植被盖度，取值范围为 0~1；α 为叶面上平均最大持水深度；P 为降水量；P^* 为临界降水量，由如下公式确定：

$$P^* = \alpha \times \text{LAI} \quad (4\text{-}143)$$

一般流域的植被条件下，一次降雨过程中被截留的量常小于 10mm，但发育完好的森林地区，植被冠层截留系数可达到 15%~25%。

3）地表过程。水循环地表过程模拟中主要包括洼地储留、蒸发、地表入渗和地表产流四个环节。

洼地储留量与地被物层的持水能力相关，若地被物层保存很好，盖度大、厚度深，那么蓄积量多。不同植被类型之间，由于下木层组成不同，以及分布的海拔、坡向不同，林内光照条件存在差异，地被物的组成、盖度、厚度、蓄积量不同，导致其持水能力也不相同。据研究，在中等或平缓山坡上的填洼量一般为 5~15mm，农田为 10~40mm，而对于平整的土表面，常小于 10mm。洼地储留量的计算采用了经验公式和经验系数等统计学的方法。

地表蒸发过程详见能量流动中的水汽通量计算。

降雨时的地表入渗过程受降雨强度和非饱和土壤层水分运动所控制。采用 Green-Ampt 铅直一维入渗模型模拟降雨入渗及超渗坡面径流。

地表产流过程受下垫面条件影响。水域的地表径流量可取为降雨与蒸发之差，而裸地-植被域（透水域）的地表径流则根据降雨强度是否超过土壤的入渗能力分为霍顿坡面径流和饱和坡面径流两种情况计算。

4）土壤过程。水循环的土壤过程主要包括壤中径流、土壤蒸发和深层入渗过程。

在山地丘陵等地形起伏地区，同时考虑坡向壤中径流及土壤渗透系数的各向变异性。壤中径流包括从山坡斜面饱和土壤层中流入溪流的壤中径流，以及从山间河谷平原不饱和土壤层流入河道的壤中径流两部分。

土壤蒸发过程详见能量流动中的水汽通量计算。

深层入渗：Green-Ampt 入渗模型一开始应用于均质土壤降雨时的入渗计算，后来又扩展到稳定降雨条件下的二层土壤的入渗计算。考虑到由自然力和人类活动（如农业耕作）等引起的土壤分层问题，实际降雨条件下的多层 Green-Ampt 模型被研发出来，即通用 Green-Ampt 模型。

5）地下水过程。地下水运动按照多层模型考虑。将非饱和土壤层的补给、地下水取水及地下水出流作为源项，按照 Bousinessq 方程进行浅层地下水二维数值计算。在河流下游及四周，按照达西定律来计算河流水和地下水两者的相互补给量。另外考虑到包气带过厚可能会造成地下水补给滞后问题，在表层土壤与浅层地下水之间设一过渡层，用储留函数法处理。

6）坡面/河道汇流。坡面汇流采用基于数字高程（DEM）的运动波（kinematic wave）

模型计算坡面汇流。利用 DEM 和 GIS 工具，按最大坡度方向定出各计算单元的坡面汇流方向，并确定出在河道上的入流位置。

河道汇流。利用 GIS 对 DEM 进行处理，生成数字河道网，根据流域地图对主要河流进行修正。收集河道纵横断面及河道控制工程数据，根据具体情况按运动波模型或动力波（dynamic wave）模型进行一维数值计算。

（2）人工水循环

人工水循环过程包括取水、输水、用水、耗水、排水等过程，主要依据历史资料的统计整理，再按照子流域权重分配。

4.3.3 碳循环

（1）碳排放

根据 IPCC（2007b）计算指南，结合能源消费量、能源结构和能源碳排放系数，第 t 年的区域碳排放量计算公式如下所示。

$$Ce_t = \sum_{j=1}^{4} E(t) q_{tj} c_j \tag{4-144}$$

式中，Ce_t 是第 t 年的碳排放量；$E(t)$ 为第 t 年的能源消费量；q_{tj} 是第 t 年 j 类能源的消费量在能源消费总量中的百分比；c_j 是 j 类能源的碳排放系数。

（2）净初级生产力

1）光合作用。光合作用速率受到叶片中核酮糖二磷酸羧化酶（Ribulose Diphosphate-carboxylase，简称 Rubsico 酶）储量、光能转变速率和产物输出速率的综合影响。因此，选取三者最小值来表征光合作用速率。

Rubsico 酶限制的光合速率（W_c）采用叶片 Rubsico 酶储备量来表征叶片进行羧化过程的实际能力（V_{max}）和潜在潜力（V_{maxpot}），将其概化为一个温度和土壤水的综合函数，可计算实际光合作用率（W_{ca}）和潜在光合作用率（W_{cp}）。

光能转变限制的固碳速率（W_j）是光合有效辐射（ϕ）和光系统转变光能的综合函数，而光合有效辐射与叶片的阳生叶和阴生叶密切相关。

产物输出利用速率是最大羧化速率的经验函数。其中，具体参数计算参考 CLM-DGVM 光合作用的计算方法。在此基础上，增加阳生叶和阴生叶光合作用率（A_{asun} 和 A_{asha}），进而利用阳/阴生叶面积指数（L_{sun}/L_{sha}）计算总光合作用率：

$$A = A_{asun} \times L_{sun} + A_{asha} \times L_{sha} \tag{4-145}$$

2）自养呼吸。植被自养呼吸释放的能量主要供给叶片、边材、心材和根的生长过程，分为生长性和维持性呼吸作用。

$$R_a = R_g + R_m \tag{4-146}$$

$$R_g = 0.25(A - R_m) \tag{4-147}$$

$$R_m = \sum R_{tissue} \tag{4-148}$$

$$R_{\text{tissue}} = r \times k \times \frac{C_{\text{tissue}}}{cn_{\text{tissue}}} \times \varphi \times g(T) \times \frac{2 \times 10^6 P}{28.5 \times \text{FPC}} \qquad (4\text{-}149)$$

式中，R_a 为植被生长过程的呼吸作用 [μmol CO_2/($m^2 \cdot s$)]；R_m 为各器官维持呼吸作用 R_{tissue}（tissue，代表叶、边材和根）之和 [μmol CO_2/($m^2 \cdot s$)]；r 为植被呼吸作用的从属系数 (g C/g N)；k 为速率常数 ($6.34 \times 10^{-7} s^{-1}$)；$P$ 为单元格中的植被个体数量，根据野外样方调查取均值；φ 为叶片生物气候参数，即含碳量(g)与生物量(μg)的转化系数(μg/g)，取 0.5；28.5 为 CO_2 摩尔数与生物量之间的转化系数（μg/μmol）；FPC 为植被盖度；C_{tissue} 分别为植被个体各器官的碳量 (g)；cn_{tissue} 为各器官的生物量比值，分别取 29、330 和 29 (g C/g N)；$g(T)$ 是一个温度函数：

$$g(T) = e^{308.56\left(\frac{1}{56.02} - \frac{1}{t_{\text{soir}} - 227.13}\right)} \qquad (4\text{-}150)$$

其中，t_{soir} 为根际区的土壤温度，单位为 K。

3）净第一性生产力（NPP）。干物质增量（Δm）是光合作用率与呼吸作用率的差值函数，进而能够计算净第一性生产力（NPP）的日变量（g C/m^2）。鉴于日照时数是影响日光合作用率的主要因子，将其纳入到干物质计算中，改善原有的计算方式。

$$\Delta m = 28.5 \left(\frac{\Delta h}{24} \times A - R_a\right) \times 86400 \qquad (4\text{-}151)$$

$$\text{NPP} = \Delta m \times 0.5 \times 10^{-6} \qquad (4\text{-}152)$$

式中，Δh 为日照时数；28.5 为 CO_2 与生物量的换算系数；0.5×10^{-6} 为生物量（μg）与碳量（g）之间的换算系数。

(3) 物质分配

借鉴 CLM-DGVM 的分配模拟过程，本模型的分配过程以"管模型"理论、叶质量与根质量的比例关系和高度与顶冠面积之间的比例关系等三个基本假设为前提，物质增量在叶片、边材和根部进行分配。

首先，假设物质增量只是在叶片与根之间进行分配。

物质增量

$$\Delta m = \Delta C_{\text{leaf}} + \Delta C_{\text{root}} \qquad (4\text{-}153)$$

假设

$$k_{\text{lmtorm}} = \text{lr}_{\max}\omega \qquad (4\text{-}154)$$

则

$$\Delta C_{\text{root}} = (C_{\text{leaf}} + \Delta C_{\text{leaf}})/k_{\text{lmtorm}} - C_{\text{root}} \qquad (4\text{-}155)$$

则叶片物质增量

$$\Delta C_{\text{leaf}} = \frac{\Delta m - C_{\text{leaf}}/k_{\text{lmtorm}} + C_{\text{root}}}{1 + 1/k_{\text{lmtorm}}} \qquad (4\text{-}156)$$

式中，$\text{lr}_{\max}$ 为无土壤水假设下叶质量与根质量的比值；ω 为十日实际光合作用率与潜在光合作用率的比值。

基于三个基本假设以及上述假设，利用植被密度、茎的体积、胸径等相关系数获得关于叶片生物增量的函数。设 ΔC_{leaf} 为自变量，将 $f(\Delta C_{\text{leaf}})$ 为因变量，利用 Bisection 方法求

解 ΔC_{leaf}，进行叶片物质量的更新。

$$f(\Delta C_{leaf}) = k_{allom2}^{\frac{2}{k_{allom3}}} \times \frac{C_{sapwood} + \Delta m - \Delta C_{leaf} - (C_{leaf} + \Delta C_{leaf})/k_{lmtorm} + C_{root} + C_{heart}}{\frac{1}{4}\Pi} -$$

$$C_{sapwood} + \Delta m - \Delta C_{leaf} - \left[\frac{(C_{leaf} + \Delta C_{leaf})/k_{lmtorm} + C_{root}}{(C_{leaf} + \Delta C_{leaf}) \times SLA \times \rho_{woddens}/k_{latosa}}\right]^{1+\frac{1}{2k_{allom3}}}$$

(4-157)

式中，异速生长系数 $k_{allom2} = 40$，$k_{allom3} = 0.5$；k_{latosa} 为叶面积与边材面积比，取 8000.0；Π 取 3.14159；SLA 为比叶面积（m^2/g）；$\rho_{woddens}$ 为树的密度（g/m^3），取 2.0×10^5。

SLA 的计算公式如下：

$$SLA = 2 \times 10^{-4} \times \frac{e^{6.15}}{(12a_{leaf})^{0.46}} \quad (4-158)$$

式中，a_{leaf} 是活叶寿命。

(4) 物质流转

根据不同植被类型叶片、边材和根的寿命值，可以计算进入地面枯枝落叶层上下空间内固化碳的总量和边材转变成心材的总量。

生物流转总量 ΔC_{turn} 为

$$\Delta C_{turn} = \sum C_{tissue} f_{tissue} \quad (4-159)$$

式中，f_{tissue} 为各器官碳的流转次数，即植物器官生命周期的倒数。

C_{tissue} 随每个器官碳的流转总量减少而减少，各器官碳变量计算如下：

$$\Delta C_{leaf} = C_{leaf} f_{leaf}/turn_{pl} \quad (4-160)$$

$$\Delta C_{sapwood} = C_{sapwood} f_{sapwood}/turn_{ps} \quad (4-161)$$

$$\Delta C_{root} = C_{root} f_{root}/turn_{pr} \quad (4-162)$$

由于模拟时间尺度为十天，需要调节流转系参数，采用 $turn_{pl}$、$turn_{ps}$ 和 $turn_{pr}$ 分别代表增加叶片、边材和根的生物量转移系数。

边材（$C_{sapwood}$）转变成心材（$C_{heartwood}$）的同时，叶和根也转变为地表和地下枯枝落叶层（$C_{L,ag}$ 和 $C_{L,bg}$）：

$$\Delta C_{heartwood} = C_{sapwood} f_{sapwood} \quad (4-163)$$

$$\Delta C_{L,ag} = C_{leaf} f_{leaf} P \quad (4-164)$$

$$\Delta C_{L,bg} = C_{root} f_{root} P \quad (4-165)$$

(5) 死亡

依据各植被类型的生长过程，该模型将非常绿型植被的落叶过程概化为强制落叶过程，即考虑自然死亡和热胁迫死亡的同时，从某月开始将全部的叶片生物量转移至地上枯枝落叶库中（表4-4）。而常绿型植被只考虑自然死亡和热胁迫死亡，不加入强制落叶过程。

表 4-4 非常绿型植被强制落叶时间

植被类型	强制落叶起始时间
热带阔叶落叶林	12 月
温带阔叶落叶林	12 月
北方落叶林	11 月
草	11 月
农作物	11 月

注：不同物种根据实际情况调整时间。

其中，自然死亡率（$mort_{greff}$）和热胁迫死亡率（$mort_{heat}$）之和为总死亡率（mort），是有效积温、最大死亡系数（k_{mort1}）、植被生长率（k_{mort2}）的综合函数，与碳的流转量密切相关。

进而更新单元格内的植被数量：

$$P = P - P \times \text{mort} \tag{4-166}$$

（6）物质分解

枯枝落叶通过自身分解和土壤异养呼吸被分解成有机物。其中，模型假设土壤分解具有快、慢过程，其分解速率取决于温度、土壤含水量及分解时间。分解后的碳通量70%进入大气中，30%留在土壤中。后者的98.5%进入快分解碳库，剩余部分进入慢分解碳库。再计算土壤分解进入大气中的碳通量，更新土壤快/慢碳库及异养呼吸量。

温度和湿度是枯枝落叶和土壤碳库分解的重要影响因子，首先需要明确二者的效应系数。

湿度效应系数（$W_{\_res}$）和温度效应系数（$T_{\_res}$）的计算过程与 CLM-DGVM 相似，在此不详细介绍。基于湿度和温度效应系数，可进一步获取枯枝落叶自身分解速率、土壤快/慢碳库的分解系数。

枯枝落叶自身分解速率：

$$k_l = 0.5 \times T_{\_res} \times W_{\_res} \times \Delta d \times \text{solk} \tag{4-167}$$

快分解系数：

$$k_{l\_f} = 0.03 \times T_{\_res} \times W_{\_res} \times \Delta d \times \text{solk} \tag{4-168}$$

慢分解系数：

$$k_{l\_l} = 0.001 \times T_{\_res} \times W_{\_res} \times \Delta d \times \text{solk} \tag{4-169}$$

式中，Δd 为该模块的模拟时间步长（d），取 10。

地表枯枝落叶和土壤碳库含量按照以下衰减公式进行计算。

$$C = C_0 (1 - e^{-k}) \tag{4-170}$$

式中，C 为碳库含碳量；C_0 为碳库初始含碳量；k 为分解系数；由于土壤对不同植被叶片的分解有所差异，增加土壤分解校正系数 solk。

若将式（4-170）中的 C_0 分别替换为地表枯枝落叶自身、土壤快/慢碳库的初始含碳量，且将式（4-167）、式（4-168）和式（4-169）代入上式中，即可得到枯枝落叶、土壤快/慢碳库的更新含碳量。

4.4 模 型 校 验

4.4.1 校验策略

由于区域碳水耦合模型结构复杂，参数系统较为庞大，且不同计算单元参数的空间变异性也较大，所以需要对一些关键参数进行率定。模型整体校验策略如下。

1）选取的校验参数较易获取。由于我国生态监测研究起步较晚，现阶段的碳循环要素监测体系设施还相当不完备，缺乏关键过程的长系列观测资料，尚不能支持模型长期校验。而水循环要素的观测相对比较成熟，水文站点长系列的历史系列资料可以用于碳水耦合模型的校验。

2）基于参数的物理意义逐一校验。模型的构建基于统一的物理机制，每个参数都有明确的物理意义，比如地表洼地最大储留深对超渗产流和蓄满产流机制有影响；光合作用过程的温度阈值会影响净初级生产力，进而与异速生长参数一同影响生长过程，并改变叶面积指数。因此，采用参数自动优化和手动试错相结合的调试方法。

3）参数率定需参照野外原型观测试验。由于模型空间结构采用正方形网格型，模拟单元中的特征参数具有一定的空间异质性，所以模型采取假设和简化处理。野外原型观测试验可以为部分关键参数提供阈值范围，如单位面积内的植被高度及数量、土壤饱和导水系数等，从而减少调参的盲目性，以提高模型调试效率。

4.4.2 校验准则

结合研究需求、区域特征和基础资料，选取径流量和叶面积指数作为水循环和碳循环的校验参数，具体校验准则如下。

(1) 水循环要素

校验准则为：①径流量的模拟值与实测值之间的相对误差接近0；②Nash-Sutcliffe效率系数接近1。

两个参数的计算意义和具体公式如下。

1）相对误差：相对误差是径流模拟值与观测值之差百分比的绝对值，其值越小，则认为模拟效果越好，具体计算公式如下所示。

$$R_e = |R_s - R_o|/R_o \times 100\% \tag{4-171}$$

式中，R_e 为相对误差（%）；R_o 为实测月径流量均值（m³/s）；R_s 为模拟月径流量均值（m³/s）。

2）Nash-Sutcliffe效率：Nash-Sutcliffe效率越高，表明径流量的模拟值与实测值拟合的越好，模型模拟效果越好，具体计算过程如下所示。

$$R^2 = 1 - \frac{\sum_{i=1}^{n}(R_s - R_o)^2}{\sum_{i=1}^{n}(R_o - \overline{R})^2} \tag{4-172}$$

式中，R^2 为 Nash 效率，取值范围为 0～1；$\overline{R}$ 为多年平均月径流量。

(2) 碳循环要素

同水循环要素类似，校验准则为模拟期日的叶面积指数误差尽可能小。

$$\text{LAI}_e = |\text{LAI}_s - \text{LAI}_o|/\text{LAI}_o \times 100\% \tag{4-173}$$

式中，LAI_e 为叶面积指数的相对误差（%）；LAI_o 为叶面积指数的日观测值；LAI_s 为叶面积指数的日模拟值。

4.5 本章小结

本章以构建区域碳水耦合模拟模型为核心内容。从历史模拟与情景模拟两方面分析区域碳水耦合模型的功能，并根据碳水耦合机制理论提出建模的总体思路，即以能量流动、"自然-人工"二元水循环和碳循环过程为主线构建区域碳水耦合模型模拟框架，并从空间和时间尺度实现模型概化：将流域划分为正方形网格，依据要素过程其时间尺度分为次小时、日、月、年尺度。选取三条主线的关键要素及其模拟方法，利用模块化建模方式构建模型。由于区域碳水耦合模型结构复杂，参数系统较为庞大，根据基本数据来源情况，选取月径流量与日叶面积指数为模型校验的参数，并提出校验准则。

第5章 基于低碳发展模式的水资源合理配置模型

5.1 模型功能需求分析与建模策略

5.1.1 模型功能需求分析

水资源合理配置是开展水资源规划、实施水资源综合调控和科学管理区域水资源的关键支撑技术之一,而水资源配置模型是上述技术的核心工具。配置模型不仅有助于明晰流域整体及各水资源分区的供水、用水、耗水和再生水处理与利用过程,还可以优化配置区域水源与用水户之间的关系,进而降低缺水率、增加供水保证率和鲜水利用率,以发挥水资源的资源和生态环境属性,提高水资源利用率和效益。不同于上述水资源配置模型的基本传统功能,基于低碳发展模式的水资源配置模型还需结合气候变化应对需求及低碳发展模式解决以下几方面的关键科学问题。

(1) 如何将碳循环要素耦合到水资源系统中

传统的水资源合理配置模型研究对象大多以水资源为主,并没有涉及"碳"这一要素。为了降低碳的净排放量,基于低碳发展模式的水资源合理配置模型需将碳排放与碳捕获过程考虑其中,并将其耦合到整个水资源系统中,这就要求在区域碳水耦合系统框架下探寻水资源要素与碳循环要素之间的关系,尤其是明晰社会经济用水与碳排放、生态环境用水与碳捕获之间的关系。

(2) 如何协调社会经济系统与生态环境用水之间的关系

我国北方大部分流域属缺水区,且社会经济用水挤占生态环境用水,导致生态用水不能得到保障。但是,生态环境用水可直接影响生态系统的碳捕获过程,而社会经济系统供水与生产和生活活动的碳排放过程具有一定关系。因此,如何协调社会经济与生态环境用水之间的关系将综合影响区域碳的净排放过程。

(3) 如何利用碳水关系指数配置区域水资源

碳水关系指数包括社会经济系统的碳排放系数与生态系统的碳捕获系数,即单方水的碳排放量/捕获量。结合生产、生活和生态用水,需要配置模型计算出碳水关系指数,尤其是第一、第二和第三产业,以明确重点区域内部节水对象和关键控制行业,并确定一定供水条件下的碳捕获能力,进而从水资源的角度真正实现"源-汇"一体化配置。

5.1.2 建模策略

RAWRLC 模型是一种多水源、多用户、多控制要素的水资源配置模型。采用多目标决策与模拟相结合的方法，通过对长系列水资源配置要素进行决策与模拟，给出不同供需水与碳减排组合情景下的水资源配置方案。考虑到水资源的年内和年际变化及生态系统的时间演替/演变特征，以月为模拟时间步长。

5.2 模型结构

模型采用模块化编程技术，将数据前处理模拟模块、优化模拟模块和后处理模块整合为一体；其中，优化模拟模块是模型的核心模块。数据前处理模拟模块主要包括长系列供需水数据、碳排放与碳捕获数据的格式化处理以及水利工程运行调度规则等；数据后处理模块是根据用户需求进行格式化输出，包括不同配置方案中不同区域、不同用水户的实际供水量、耗水量、缺水率、碳排放、碳捕获与碳净排放等优化模拟结果（图 5-1）。其中，配置单元的碳捕获量需结合碳循环模拟模型日输出数据的时空统计结果进行计算。

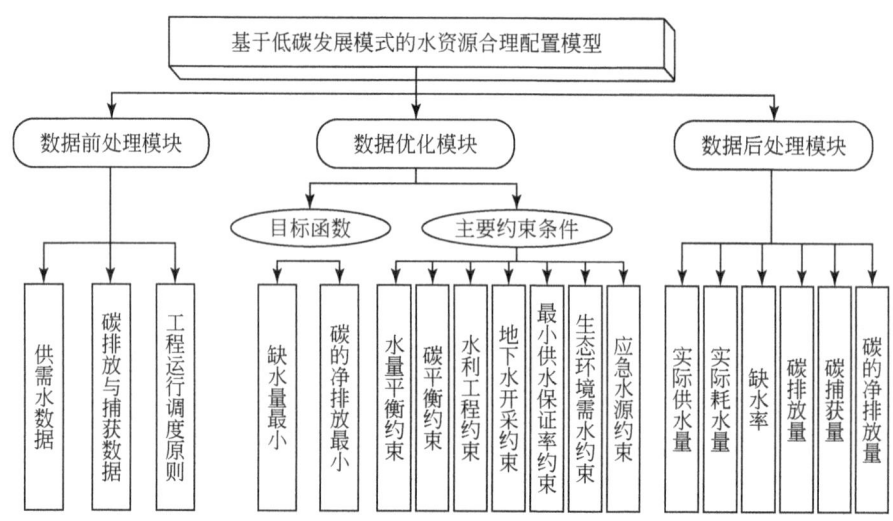

图 5-1 基于低碳发展模式的水资源合理配置模型结构图

5.3 目标函数与约束条件

5.3.1 目标函数

根据基于低碳发展模式的水资源合理配置的目标与原则，选取一定供水条件下区域碳水耦合系统配置单元内部及其单元之间的缺水量和碳的净排放量最小为关键目标因子，构建目标函数 f。其中，$f_1(x)$ 为单元缺水量最小函数，即供水与需水的差值，负值代表缺水；$f_2(x)$ 为单元碳的净排放量最小函数，即碳排放量与碳捕获量的差值；为体现公平性原则，设置 $f_3(x)$ 和 $f_4(x)$，分别代表相邻单元碳的净排放量之差最小和缺水量之差最小的函数。

$$f = \{f_i(x)\} = \{f_1(x), f_2(x), f_3(x), f_4(x)\} \tag{5-1}$$

$$f_1(x) = \min \sum_{t=1}^{T} \sum_{m=1}^{M} W(t,m,x) \tag{5-2}$$

$$f_2(x) = \min \sum_{t=1}^{T} \sum_{m=1}^{M} C_{\text{net}}(t,m,x) \tag{5-3}$$

$$f_3(x) = \min |\Delta C_{\text{net}}| = \min |C_{\text{net}}(t,m+1,x) - C_{\text{net}}(t,m,x)| \tag{5-4}$$

$$f_4(x) = \min |\Delta W| = \min |W(t,m+1,x) - W(t,m,x)| \tag{5-5}$$

式中，$W(t,m,x)$ 代表第 t 时段第 m 个计算单元供水量 x 下的缺水量；ΔW 代表相邻配置单元第 t 时段供水量 x 下的缺水量之差；$C_{\text{net}}(t,m,x)$ 表示第 t 时段第 m 个计算单元供水量 x 下的碳的净排放量；ΔC_{net} 表示第 t 时段相邻两个计算单元供水量 x 下的碳的净排放量之差。

5.3.2 约束条件

（1）水量平衡约束

1）区域耗水总量约束

$$\sum W_{\text{con}}(t) \leqslant W_{\text{avail}}(p) \tag{5-6}$$

式中，$W_{\text{con}}(t)$ 表示第 t 时段可消耗的水资源量；$W_{\text{avail}}(p)$ 表示来水频率为 p 时可消耗的水资源量。

2）计算单元水量平衡约束

$$W(t,m,x) = \sum_{n=1}^{N} k_1(n) [W_{\text{demand}}(t,m,n) - W_{\text{rivers}}(t,m,n) - W_{\text{reseviors}}(t,m,n) \\ - W_{\text{undergs}}(t,m,n) - W_{\text{reuses}}(t,m,x,n) - W_{\text{p\&fs}}(t,m,n)] \tag{5-7}$$

式中，$W(t,m,x)$ 表示供水量 x 下第 t 时段第 m 个计算单元 N 个行业的总缺水量，x 来源于河道、水库、地下水、再生水和雨洪资源；$k_1(n)$ 为第 n 个用水行业在计算单元总需水中的权重；$W_{\text{demand}}(t,m,n)$ 表示第 t 时段第 m 个计算单元第 n 个行业的需水量；$W_{\text{rivers}}(t,m,n)$ 表示第 t 时段第 m 个计算单元第 n 个行业的河道供水量；$W_{\text{reseviors}}(t,m,n)$ 表示第 t 时段第 m 个计算单元第 n 个行业的水库供水量；$W_{\text{undergs}}(t,m,n)$ 表示第 t 时段第 m 个计算单元第 n 个行业的地下水供水量；$W_{\text{reuses}}(t,m,n)$ 表示第 t 时段第 m 个计算单元第 n 个行业的再生水回用量；$W_{\text{p\&fs}}(t,m,n)$ 表示第 t 时段第 m 个计算单元第 n 个行业的雨洪资源可利用量。

3）水库水量平衡

$$\text{VR}(t+1,r) = \text{VR}(t,r) + \Delta\text{VR}(t,r) - \text{VRD}(t,r) - \text{VRL}(t,r) \tag{5-8}$$

式中，$\text{VR}(t,r)$ 和 $\text{VR}(t+1,r)$ 表示第 t 时段第 r 个水库枢纽的初、末库容；$\Delta\text{VR}(t,r)$、

$VRD(t,r)$ 和 $VRL(t,r)$ 分别为第 t 时段第 r 个水库的存蓄水变化量、下泄水量和水量损失。

(2) 碳平衡约束

$$C_{\text{net}}(t,m,x) = C_{\text{release}}(t,m,x) - C_{\text{capture}}(t,m,x)$$
$$= \sum_{n=1}^{N} C_{\text{release}}(t,m,x,n) - \sum_{p=1}^{q} C_{\text{capture}}(t,m,x,p) \leq 0 \quad (5\text{-}9)$$

其中，

$$C_{\text{capture}}(t,m,x,p) = \text{NPP}_d(m,x,p) \times t_{\text{turn}} \quad (5\text{-}10)$$

式中，$C_{\text{net}}(t,m,x)$、$C_{\text{release}}(t,m,x)$ 和 $C_{\text{capture}}(t,m,x)$ 表示供水量 x 下第 t 时段第 m 个计算单元碳的净排放量、排放量和捕获量；$C_{\text{release}}(t,m,x,n)$ 表示供水量 x 下第 t 时段第 m 个计算单元第 n 个行业的碳排放量；$C_{\text{capture}}(t,m,x,p)$ 表示供水量 x 下第 t 时段第 m 个计算单元中第 p 个碳"汇"的碳捕获量；$\text{NPP}_d(m,x,p)$ 为供水量 x 下第 m 个计算单元中第 p 个碳"汇"的日净初级生产力（kg C），具体计算方法见第四章 4.3.3 节；t_{turn} 为 t 时段与日的时间转换系数。

(3) 碳水关系指数约束

$$\text{NRW}(t,m,x) = \text{RW}(t,m,x) - \text{CW}(t,m,x) \quad (5\text{-}11)$$

$$\text{RW}(t,m,x) = \frac{C_{\text{release}}(t,m,x)}{W_s(t,m,x)} = \sum_{n=1}^{N} \frac{C_{\text{release}}(t,m,x,n)}{W_s(t,m,x,n)} \leq \text{RW}_{\max} \quad (5\text{-}12)$$

$$\text{CW}(t,m,x) = \frac{C_{\text{capture}}(t,m,x)}{W_s(t,m,x)} = \frac{\sum_{p=1}^{q} C_{\text{capture}}(t,m,x,p)}{\sum_{n=1}^{N} W_s(t,m,x,n)} \geq \text{CW}_{\min} \quad (5\text{-}13)$$

式中，$\text{NRW}(t,m,x)$ 供水量 x 下第 t 时段第 m 个计算单元中单方水碳的净排放效益；$\text{CW}(t,m,x)$ 为供水量 x 下第 t 时段第 m 个计算单元中单方水的碳捕获效益；$\text{RW}(t,m,x)$ 为供水量 x 下第 t 时段第 m 个计算单元中单方水的碳排放效益；$C_{\text{release}}(t,m,x)$、$C_{\text{capture}}(t,m,x)$ 和 $W_s(t,m,x)$ 表示供水量 x 下第 t 时段第 m 个计算单元的碳排放量、碳捕获量和用水量；$\text{RW}_{\max}$ 表示第 m 个计算单元的碳排放量与可用水量的历史序列最大值，即单方水的碳排放效益极大值；$\text{CW}_{\min}$ 表示第 m 个计算单元的碳捕获量与可用水量的历史序列最小值，即单方水的碳捕获效益极小值。

(4) 水利工程碳排放/捕获效应

$$\text{PRC}_{\text{pri}}(t,m) = \frac{C_{\text{pri\_release}}(t,m)}{W_{\text{pri}}(t,m)} \leq \max \text{PRC}_{\text{pri}} \quad (5\text{-}14)$$

$$\text{PCC}_{\text{pri}}(t,m) = \frac{C_{\text{pri\_capture}}(t,m)}{W_{\text{pri}}(t,m)} \geq \min \text{PCC}_{\text{pri}} \quad (5\text{-}15)$$

式中，$\text{PRC}_{\text{pri}}(t,m)$ 和 $\text{PCC}_{\text{pri}}(t,m)$ 表示第 m 个计算单元中第 t 时段水利工程 pri（包括蓄水、引水、提水、排水和再生水处理与利用工程）的单方水的碳排放/捕获效益；$W_{\text{pri}}(t,m)$、$C_{\text{pri\_release}}(t,m)$ 和 $C_{\text{pri\_capture}}(t,m)$ 表示第 m 个计算单元中第 t 时段水利工程的涉水量、工程的碳排放效益及碳捕获效益；$\max \text{PRC}_{\text{pri}}$ 和 $\min \text{PCC}_{\text{pri}}$ 表示水利工程中单方水的碳排放效益

历史序列最大值及碳捕获效益历史序列最小值。

（5）地下水水位约束

$$\mathrm{Ug}_{\min}(t,m) \leqslant \mathrm{Ug}(t,m) \leqslant \mathrm{Ug}_{\max}(t,m) \tag{5-16}$$

式中，$\mathrm{Ug}_{\min}(t,m)$ 表示第 t 时段第 m 个计算单元的最浅地下水埋深；$\mathrm{Ug}(t,m)$ 表示第 t 时段第 m 个计算单元的地下水埋深；$\mathrm{Ug}_{\max}(t,m)$ 第 t 时段第 m 个计算单元的最深地下水埋深。

（6）最小供水保证率约束

$$s_1(t,m,n) \geqslant s_{\min}(t,m,n) \tag{5-17}$$

式中，$s_1(t,m,n)$ 表示第 t 时段第 m 个计算单元第 n 个行业的供水保证率；$s_{\min}(t,m,n)$ 表示第 t 时段第 m 个计算单元第 n 个行业的最低供水保证率。

（7）生态环境需水约束

生态环境需水主要考虑坡面生态需水、河道生态需水和环境需水三方面。

1）坡面生态需水约束

$$\mathrm{Wsed}(t,m,k) \geqslant \mathrm{Wsed}_{\min}(t,m,k) \tag{5-18}$$

式中，$\mathrm{Wsed}(t,m,k)$ 和 $\mathrm{Wsed}_{\min}(t,m,k)$ 表示第 t 时段第 m 个计算单元第 k 类坡面生态系统生态需水量的实际值和最小值。

2）河道生态流量过程约束

$$\mathrm{Wred}(t,m) \geqslant \mathrm{Wred}_{\min}(t,m) \tag{5-19}$$

式中，$\mathrm{Wred}(t,m)$ 和 $\mathrm{Wred}_{\min}(t,m)$ 表示第 t 时段第 m 个计算单元中河道生态需水量的实际值和最小值。

3）环境用水约束

$$\mathrm{Wevd}(t,m) \geqslant \mathrm{Wevd}_{\min}(t,m) \tag{5-20}$$

式中，$\mathrm{Wevd}(t,m)$ 和 $\mathrm{Wevd}_{\min}(t,m)$ 表示第 t 时段第 m 个计算单元环境需水量的实际值和最小值。

5.4 模型求解

多目标规划求解方法主要有线性加权法、分层序列法、功效系数法、极小-极大法、理想点法、遗传算法、约束法、模糊评判法、目标到达法等。由于涉及碳与水通量两类目标函数，依据上述各类方法的特点，基于低碳发展模式的水资源合理配置模型选择基于理想点和遗传算法的多目标规划求解法进行求解，具体过程如下：

首先，先应用遗传算法分别对 $f_i(x)$ 进行求解，得到一个非劣解，并求得每个目标函数的最优值 f_i^*，将其作为对应目标函数逼近的理想点，得到求距离理想点距离最短的单目标函数 $\min \varphi[f(x)] = \sqrt{\sum_{i=1}^{4}[f_i(x)-f_i^*]^2}$；再应用遗传算法求解得到多目标决策的一个非劣解作为满意解，并分别求多目标函数的目标值。

5.5 本章小结

基于低碳发展模式的水资源合理配置模型的基本任务是将碳循环要素耦合到水资源系统中，协调社会经济系统与生态环境用水之间的关系，进而利用碳水关系指数配置区域水资源。该模型采用多目标决策与模拟相结合的方法，通过对长系列水资源配置要素进行决策与模拟，利用模块化编程技术将数据前处理模拟模块、优化模拟模块和后处理模块整合为一体，以缺水量和碳的净排放量最小为关键目标因子，设置水量平衡、碳平衡、碳水关系指数、水利工程碳排放/捕获效益、地下水水位、最小供水率、生态环境用水等约束条件。

第6章 不同社会经济发展模式下的碳排放与需水预测

6.1 社会经济发展模式构建

区域需水和碳排放均受到经济增长速率及产业结构的影响。因此,考虑到未来社会经济发展模式,需水和碳排放预测分别在外延式和低碳经济发展模式下开展预测。在外延发展模式下,经济增长速率、产业结构、人口数量、城镇化水平、能源强度和能源结构分别采用基准年数据,即现状年基础数据;在低碳发展模式下,经济增长率取最优增长速率,产业结构、能源强度和能源结构均以区域低碳为发展目标进行设置。

6.2 碳排放预测方法与基础模型

区域碳排放预测需要明确未来经济增长速率、生产总值、能源消耗总量及其消费结构变化,进而计算出各类能源的消费量,结合不同能源的碳排放系数预测区域未来碳排放量(刘慧雅等,2011),如图6-1。

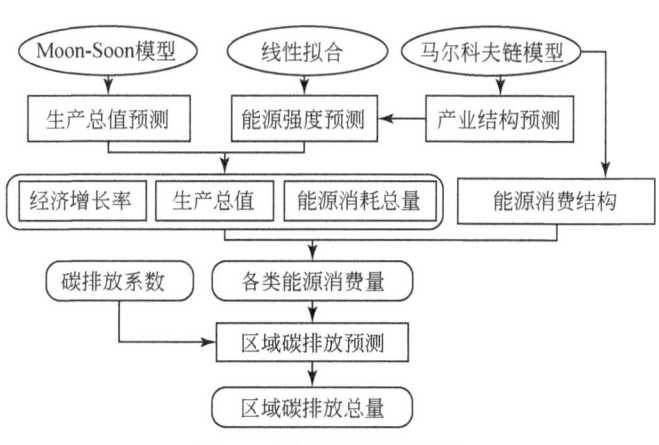

图6-1 碳排放预测流程图

其中,生产总值与经济增长速率引用朱永彬等(2009)改进的Moon-Soon模型(或Cobb-Douglas函数)(Moon and Soon,1996)计算;能源强度预测需要基于能源强度演变的历史序列进行指数拟合,根据其变化速率预测未来发展趋势;产业结构与能源消费结构则采用马尔科夫链模型开展预测。

6.2.1 Cobb-Douglas 动力学关系模型

为了研究经济增长与能源消耗之间的关系，Moon 和 Soon（1996）构造了含有能源消耗的 Cobb-Douglas 动力学关系模型。该模型是预测能源消耗量的基本模型，具体如下：

$$Y(t) = AK(t)^{\alpha}E(t)^{1-\alpha}, \quad 0 < A < 1 \tag{6-1}$$

式中，$Y(t)$ 为第 t 年的生产总值；$K(t)$ 为第 t 年的资本投入；$E(t)$ 为第 t 年的能源消耗量。

假设能源满足未来消费的最大期望值这一社会目标，根据动态最优理论，可推出经济稳态最优增长率为

$$g = -\frac{1}{\delta}[\rho - (1-b\tau)A^{1/\alpha}\tau^{(1-\alpha)/\alpha}] \tag{6-2}$$

式中，δ 为风险厌恶系数；ρ 为时间偏好率；b 为给定的世界市场能源价格；τ 为能源强度。

朱永彬等（2009）将劳动力和科技进步两个要素纳入上述函数中，从而改进后的 Cobb-Douglas 函数为

$$Y(t) = Ae^{vt}K(t)^{\alpha}E(t)^{1-\alpha}L(t)^{\gamma}, \quad 0 < A < 1, \quad 0 < \alpha < 1 \tag{6-3}$$

$$Y(t) = (A_0 e^{vt})^{1/\alpha}\tau(t)^{(1-\alpha)/\alpha}(\omega(t)N_0 e^{nt})^{\gamma/\alpha}K(t), \quad 0 < A < 1 \tag{6-4}$$

则改进后的经济稳态最优增长率为

$$g(t) = \left(n - \frac{\rho}{\delta}\right) + \frac{1}{\delta}(\varepsilon - \theta)(A_0 e^{vt})^{1/\alpha}\tau(t)^{(1-\alpha)}[\omega(t)N_0 e^{nt}]^{\gamma/\alpha} \tag{6-5}$$

式中，$\tau(t)$ 为第 t 年的能源强度（tce/万元）；$L(t)$ 为第 t 年的就业人数（万人）；N_0 为初始年的人口数量（万人）；$\omega(t)$ 为劳动参与率，即就业率；n 为未来人口年均增长率；α 为资本产出弹性系数；γ 为劳动力产出弹性系数；v 为全要素生产率的增长率；ε 设为误差项，$\varepsilon = 1-\delta$。

6.2.2 能源强度模型

能源强度是指能源消费量与生产总值（GDP）之比，即

$$\tau(t) = E(t)/Y(t) \tag{6-6}$$

式中，$E(t)$ 为第 t 年的能源消费量（10^4 tce）；$Y(t)$ 为第 t 年的生产总值（亿元）。

结合经济增长理论，能源强度会随科学技术进步呈现指数下降趋势，未来能源强度预测模型可满足：

$$\tau(t) = \tau_0 e^{v_\tau t} \tag{6-7}$$

式中，τ_0 为初始年的能源强度；v_τ 为能源强度的增长率。

6.2.3 马尔科夫链模型

利用马尔科夫链模型对产业和能源结构进行预测。其中，产业主要分为第一产业、第

二产业和第三产业；能源分为煤炭、石油、天然气和非碳能源（即可再生能源）四类。马尔科夫过程是基于一种特殊的随机过程（刘琼等，2005）。若随机过程 $Z(t)$ 在时刻 $(t+1)$ 状态的概率分布只与时刻 t 的状态有关，与之前的状态无关，则称其为一个马尔科夫链，记条件概率（王顺庆，2000）：

$$P\{X(t+1)=j|X(t)=i\}=P_{ij}(t) \tag{6-8}$$

式中，$P_{ij}(t)$ 为在时刻 t 的一步转移概率。

若随机过程的状态空间是有限的，即 $I=\{0,1,2,\cdots,T\}$，则此过程为有限的马尔科夫链。在 t 时刻，由一步转移概率 $P_{ij}(t)$ 构成的一步转移概率矩阵为

$$P=P_{ij}(t)=\begin{bmatrix} P_{11} & P_{12} & \cdots & P_{1T} \\ P_{21} & P_{22} & \cdots & P_{2T} \\ \vdots & \vdots & & \vdots \\ P_{T1} & P_{T2} & \cdots & P_{TT} \end{bmatrix} \tag{6-9}$$

上述模型需要满足以下两个限制条件：

1) $\sum_{j=1}^{T} P_{ij}=1(i,j=0,1,\cdots,T)$，每行元素之和等于 1；

2) $0 \leqslant P_{ij} \leqslant 1(i,j=0,1,\cdots,T)$，每个元素大于等于零。

通常马尔科夫链具有无后效性和齐次特征，满足以下基本方程：

$$X(t)=X(t-1)P_{ij}=X(0)P_{ij}^{t} \tag{6-10}$$

6.3 需水预测方法

区域需水预测以人口发展、城镇化进程、经济增长速度、产业结构、土地利用、生态环境保护目标为基础，根据未来发展规划、相关标准中的用水定额或推算定额计算生产需水、生活需水和生态需水（图 6-2）。其中，生产需水主要涉及第一产业、第二产业和第三产业；生活需水重点关注城镇和农村用户；生态需水研究对象包括自然生态系统和人工生态系统两方面。

6.3.1 人口发展与城镇化进程预测

(1) 人口发展

人口增长包括自然增长和机械增长两部分，前者与出生率和死亡率有关，后者与迁入和迁出人口有关。由于区域未来人口机械增长数不确定，因此只考虑自然增长速率，计算公式如下：

$$P=P_0(1+k)^t \tag{6-11}$$

式中，P 表示规划水平年的总人口数（人）；P_0 表示规划基准年的总人口数（人）；t 表示规划年期；k 表示规划期间人口自然增长率。

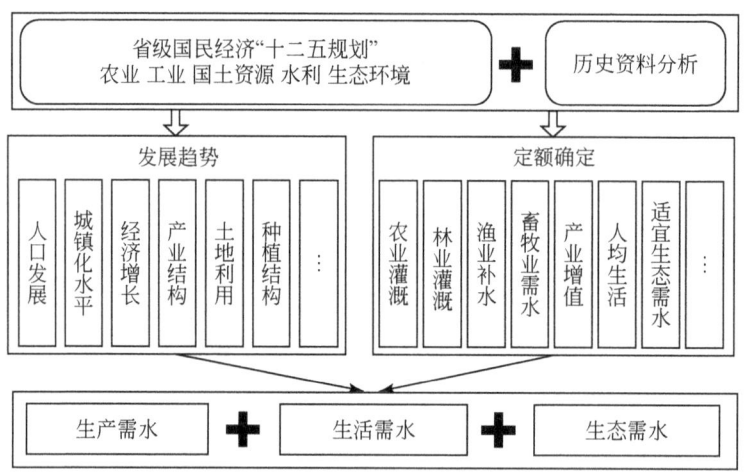

图 6-2 需水预测方法

(2) 城镇化进程

人口城镇化率是衡量一个地区经济发展的一个重要指标。城镇化呈现为一个较为复杂的变化过程。城镇化率的预测方法主要有两类：一类是相关系数法；二类是趋势外推法，即通过分析历史资料，归纳出城镇化的发展趋势，从而推出未来不同水平年的城镇化率。本次预测采用趋势外推预测法，结合省级"十二五"规划，根据流域 2000~2010 年的城镇化特点预测未来发展趋势。

6.3.2 区域社会经济发展指标预测

国民经济发展预测包括区域生产总值预测、产业结构预测、工业总产值预测、建筑业及第三产业预测，均需要参照省级的"十二五"规划相关指标。其中，与规划目标相比较，调整 Cobb-Douglas 动力学关系模型计算出的经济增长速率对区域生产总值进行预测；产业结构则采用马尔科夫链进行预测；农业结构、工业总值、建筑业增加值和第三产业增加值均参考"十二五"规划中的相关指标预测未来发展趋势。

6.3.3 生产需水预测计算

在社会经济发展指标预测成果基础上，预估三产需水：第一产业包括农业、林业、牧业和渔业；第二产业包括工业和建筑业；第三产业是除第一、第二产业以外的其他行业，主要涉及服务业、金融业、交通、医疗和教育等部门。

(1) 第一产业

第一产业需水包括农业灌溉需水（D_{agr}）、渔业需水（D_{fis}）和畜牧业需水（D_{ani}）。其中，农业灌溉需水占较大比重。

$$D_{pri} = D_{agr} + D_{fis} + D_{ani} \tag{6-12}$$

农业灌溉需水主要受耕地面积、种植结构、灌溉面积和有效灌溉系数的影响，且受降水影响较大。可采用以下公式进行预测：

$$D_{\mathrm{agr}} = \sum_{i=1}^{n} G_{\mathrm{irrig}} \times A_i \tag{6-13}$$

$$G_{\mathrm{irrig}} = N_{\mathrm{irrig}}/\eta \tag{6-14}$$

$$\eta = \eta_f \times \eta_c \tag{6-15}$$

式中，G_{irrig} 为农田综合毛灌溉定额（m³/亩）；A_i 为第 i 种作物的种植面积（亩）；N_{irrig} 为净灌溉定额（m³/亩）；η 为灌溉水利用效率；η_f 为田间水利用效率；η_c 为渠系水利用效率。

畜牧业需水则需要根据牲畜数量和单位用水定额计算未来需水量；渔业采用单位面积需水量和渔场发展面积计算未来需水量。

（2）第二产业

第二产业需水量主要包括工业和建筑业需水量，可采用未来产业生产值和单位产值的需水定额计算，具体如下：

$$D_{\mathrm{gsec}} = D_{\mathrm{nsec}}/[\eta_s \times (1 + r_s)] \tag{6-16}$$

$$D_{\mathrm{nsec}} = Y_{\mathrm{sec}} \times N_{\mathrm{sec}}/10\,000 \tag{6-17}$$

式中，D_{gsec} 为第二产业的毛用水量（万 m³）；D_{nsec} 为第二产业的净用水量（万 m³）；Y_{sec} 为第二产业的生产总值（m³/万元）；N_{sec} 为第二产业的净用水定额（m³/万元）；η_s 为供水系统水利用系数；r_s 为工业用水重复利用率。

（3）第三产业

与第二产业类似，第三产业需水量可采用其未来生产总值和单位产值的需水定额计算，具体如下：

$$D_{\mathrm{gthi}} = D_{\mathrm{nthi}}/\eta_t \tag{6-18}$$

$$D_{\mathrm{nthi}} = Y_{\mathrm{thi}} \times N_{\mathrm{thi}}/10\,000 \tag{6-19}$$

式中，D_{gthi} 为第三产业的毛用水量（万 m³）；D_{nthi} 为第三产业的净用水量（万 m³）；Y_{thi} 为第三产业的生产总值（m³/万元）；N_{thi} 为第三产业的净用水定额（m³/万元）；η_t 为供水系统水利用系数。

6.3.4 生活需水预测计算

生活需水分为城镇和农村居民用水两类，采用人均日用水定额来进行预测。

$$L_{ni} = P_i \times L_{qi} \times 365/1000 \tag{6-20}$$

$$L_{gi} = L_{ni}/\eta_i \tag{6-21}$$

式中，i 为用水户类型，1 为城镇，2 为农村；L_{ni} 为第 i 类用水户的生活净需水量（万 m³）；P_i 为第 i 类用户的用水人口（万人）；L_{qi} 为第 i 类用户的生活用水定额 [L/(人·d)]；L_{gi} 为第 i 类用水户的生活毛需水量（万 m³）；η_i 为第 i 类用户生活供水系统的水利用系数。

6.3.5 生态环境需水预测计算

根据《全国水资源综合规划技术细则》要求，生态环境用水是指维持生态与环境功能和进行生态环境建设所需要的最小需水量。因此，生态需水用户分为自然生态系统和人工生态系统两类。其中，自然生态系统主要考虑河道内生态需水和湿地生态需水；人工生态系统主要考虑城镇绿地需水。

(1) 河道内生态需水

现阶段，河道内生态需水多以栖息地法、整体分析法、水力定额法、最枯月径流和随机流量历时曲线法等进行计算，可根据研究区域现状特征与水文数据掌握情况选取计算方法。

(2) 湿地生态需水

由于湿地在维系生境、调蓄洪水、补给地下水、维持区域水平衡、净化水环境具有显著的生态环境效益，还能够为区域提供水资源、矿产资源和旅游等社会经济效益，因此为了保护白洋淀湿地并使其充分发挥生态环境和社会经济效益，在流域生态环境需水中需要将其纳入预测中。

(3) 城镇生态环境需水

城镇生态环境用水包括：城市绿化用水、环境卫生用水和河湖补水等。相关定额可借鉴水资源规划和"十二五"规划要求进行预测。

6.4 本章小结

未来碳排放与需水总量均受到社会发展模式的影响，本章构建外延式与低碳式两种社会经济发展模式，并对碳排放预测方法与需水预测方法进行阐述：在碳排放预测方面，明确未来经济增长速率、生产总值、能源消耗总量及其结构变化，再计算各类能源的消费量，结合不同能源的碳排放系数预测区域未来碳排放量；在需水预测方面，以人口发展、城镇化进程、经济增长速度、产业结构、土地利用、生态环境保护目标为基础，根据未来发展规划、相关标准中的定额用水量或推算定额计算生产需水、生活需水和生态需水，对流域需水进行预测。

下篇
实践应用

第7章 白洋淀流域概况及主要生态环境问题

7.1 自然地理概况

7.1.1 地理位置

白洋淀流域位于华北平原以及海河流域的中部、大清河淀东平原北部，地理坐标约在 113°40′E~116°48′E、38°10′N~40°03′N。该流域西临太行山，北接永定河流域，南靠子牙河流域，东经独流减河（白德斌等，2007）至渤海湾，流域面积约 34 878.25 km²，约占大清河淀东流域的 23.45%、海河流域的 11%。其中山区面积约占 34.1%，丘陵面积约占 12.6%，平原面积约占 53.2%。流域范围涉及山西省、河北省和北京市。

7.1.2 地质地貌

白洋淀流域大部分地区位于河北省境内（图 7-1），属新华夏构造体系，单元属中朝准地台，由一系列北东和北北东向的隆起和坳陷组成，二者之间发育一系列巨型断层，分布于太行山前、平原中部和东部沿海一带；第三世纪的喜马拉雅运动使华北凹陷带与山西台背斜和燕山沉降带，逐渐分异；到晚第三纪时期，全平原差异活动减弱，地质特征以下降为主；第四纪后，外力作用的河流成为塑造平原地貌的主营力，使其地貌形态发育趋于缓和，并形成了微起伏的平原地貌；全新世后，由于太行山下各河流的侵蚀和堆积作用形成现代平原的不同地貌结构，在冲积扇之间或古河道与古河道之间形成了许多扇间或河间洼地，在永定河与滹沱河冲积扇间形成了白洋淀湿地（张淑萍等，1989；何乃华和朱宣青，1992，1994）。

流域地势由西北向东南逐渐倾斜，上游至下游的地貌分别为山区、丘陵和平原；上游山区海拔大部分在 1000m 以上，是太平洋暖湿气流的天然屏障，而山前地区降水丰沛，成为河流的主要发源地；丘陵地区过渡带较短，且在侵蚀力作用下，大部分碎屑物质被河流运移到中下游的平原区，并在山前平原形成不同大小的冲积扇和洪积扇；平原区主要以厚度较大的第四纪洪积扇、冲积扇和河流/湖沼相沉积物为主，其地层岩性多以黏土、亚黏土、粉砂和亚砂土为主（何乃华和朱宣青，1994）。

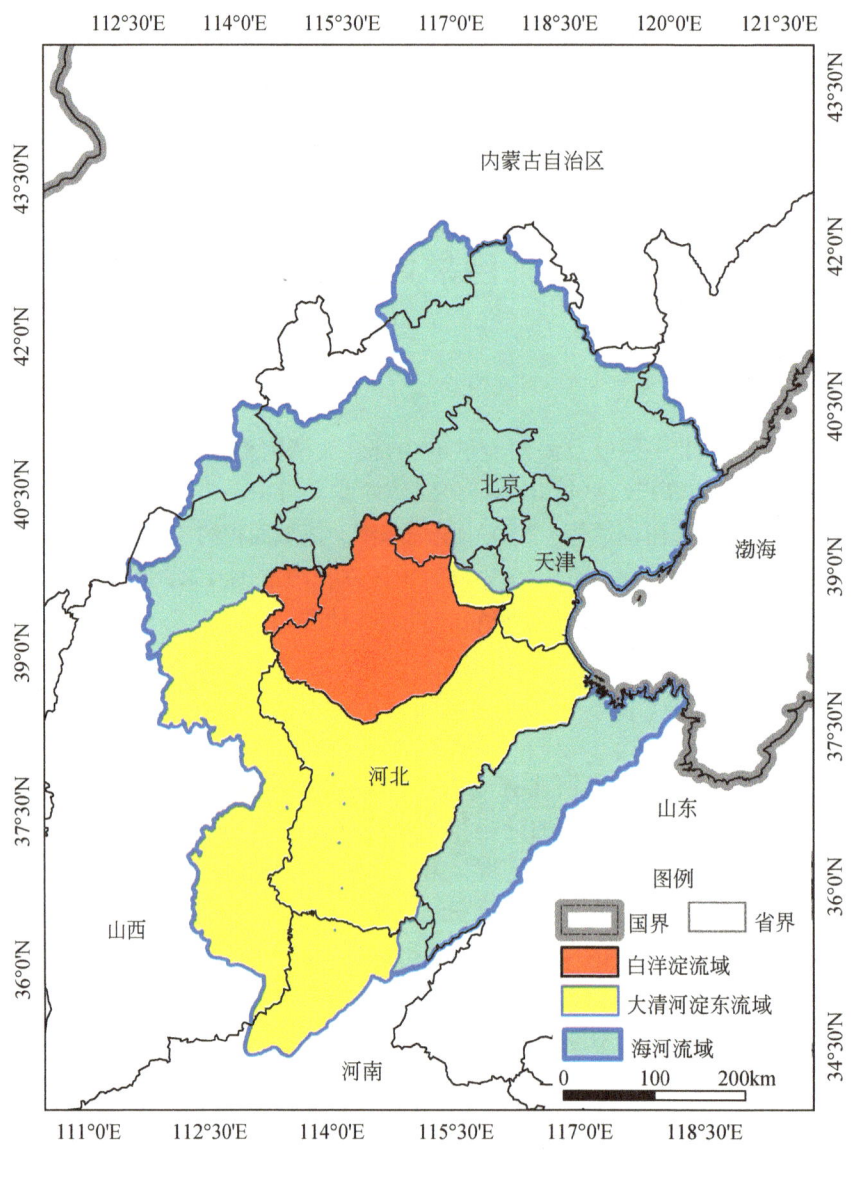

图 7-1 白洋淀流域地理位置

7.1.3 河流水系

白洋淀流域属于海河流域大清河水系中游，上游主要承接拒马河、中易水、白沟河、瀑河、漕河、清水河、唐河、潴龙河、磁河等河流，经枣林庄枢纽进入赵王新渠汇至白洋淀湿地东淀，出淀后进入下游小白河，再经独流减河入海河至渤海湾（图 7-2）。

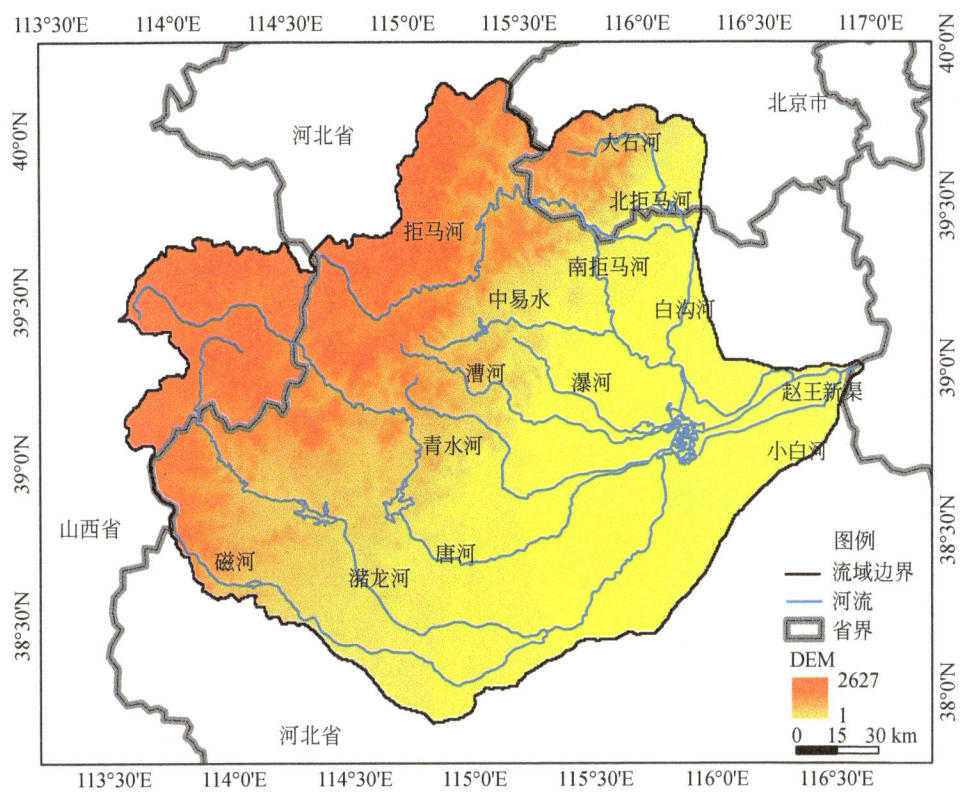

图 7-2 白洋淀流域 DEM 与水系分布

(1) 白洋淀湿地以上流域

白洋淀湿地以上流域可分为南北水系。北系支流主要包括拒马河、白沟河和中易水。

1）拒马河发源于河北省涞源县西北太行山麓，是大清河的干流，从涞源发源，流经易县、涞水、房山，在房山张坊分为南拒马河和北拒马河，北拒马河流经涿州汇入琉璃河，入高碑店市为白沟河，南拒马河流经涞水、定兴，汇入易水河，与白沟河汇流后入大清河。其干流长 254 km，白沟村以上流域面积 1000 km²，河床宽 200~1000m。源头泉水水温常年保持在 7℃ 左右，是北方冬季最大的不结冰河。

2）白沟河主要行洪河道从二龙坑经涿州、固安和高碑店等，全长 53 km。河道为复式河槽，主槽宽 200 m 左右；两堤距在代屯以上为 270~540 m，代屯至白沟为 540~2840 m，最窄处在东茨村不足 300 m。河底纵坡约 1/4000。白沟引河建于 1970 年，是沟通流域北系和白洋淀湿地的输水工程，自新盖房枢纽至白洋淀新安北堤，全长 12 km。河底宽 100~150 m，纵坡 1/12 000。

3）中易水发源于易县山区，至定兴县北河镇与南拒马河汇合，全长约 95km。

南系支流由瀑河、漕河、清水河、唐河、潴龙河等河流构成。

1）瀑河，又名雹河、鲍河，位于河北省保定市，发源于易县狼牙山东麓，向东南流至徐水县滚水坝，分南、北瀑河：北瀑河经容城县与萍河相汇，入安新县藻车淀，但现已淤废；南瀑河为主河道，径长 46km，宽 50~100m，流域面积 650km²，为季节性泄洪河道，最大泄洪流量达到 180m³/s，多年平均年径流量为 0.59 亿 m³，流经徐水安新县后，入白洋淀。

2）漕河发源于易县，经龙门岭谷、白堡河、泥沟河至安新注入藻苲淀，长 110 km，多年平均年径流量约为 1.19 亿 m³。

3）清水河发源于易县，上游为界河，流经河北省保定市的顺平县、满城县和清苑县，在安新县与唐河一起汇入白洋淀湿地。

4）唐河发源于山西省浑源县南翠屏山，于河北省安新县韩村入白洋淀。1966 年将清水河并入唐河，河长约为 333km，堤距 1000~1500m，最大泄洪流量达到 4000m³/s，多年平均年径流量约为 5.9 亿 m³。

5）潴龙河上游为沙河、磁河和皓河，在安平县北郭村汇流为潴龙河。自北郭村始至白洋淀入口马棚淀全长 80.5km，流域总面积 9430km²，其中北郭村以上 8600 km²。

（2）白洋淀湿地以下流域

白洋淀湿地以下流域水系主要为独流减河、赵王新河（渠）和小白河。

1）独流减河建于 1953 年，从第六堡开始至万家码头，为白洋淀东淀入海的泄流工程，河道全长 43.5km。1969 年，治理大清河中下游时新建独流进洪闸，设计流量 2360m³/s。上段独流进洪闸至管铺头两堤堤距 850m，下段管铺头到万家码头为 1020m。行洪道以下至独流减河防潮闸河道长 5.6km，堤距 1000m。

2）赵王新河（渠）包括枣林庄分洪道、赵王新河和赵王新渠。枣林庄分洪道于 1965 年建成，从枣林庄至苟各庄，长 8km，1970 年设计流量扩大至 2300m³/s。两堤间距 1500m，分洪道纵坡 1/8450。赵王新河于 1962 年建成，为复式河床，呈地上河。从苟各庄至王村闸，全长 10.68km，设计流量 2700 m³/s，主槽底宽 110~394m，边坡 1：4。赵王新渠为赵王新河的分流泄洪工程，从王村闸至西码头闸，河道长 21km，底宽 400~530m，纵坡 1/26 600，两堤距 630m，设计流量 2700m³/s。

3）小白河发源于安国县北张庄，位于保定市与沧州市交界处，流经安平县后入博野县，是潴龙河与滹沱河之间主要排水河道。

7.1.4 气候与水文

白洋淀流域属暖温带季风型大陆性半湿润半干旱气候，主要受太平洋、印度洋暖湿气团和西伯利亚干冷气团的影响，在地形地貌、人类活动等其他因素综合作用下，四季分明（王洁等，2009），主要表现为：春季干旱少雨、夏季炎热多雨、秋季晴朗寒暖适中、冬季寒冷少雨（刘茂峰等，2011），1961~2010 年平均气温 9.7℃，年均日照时数约 7.2h，高温集中于夏季。同期多年平均降水量约 529mm，受海洋及地形影响降水量呈现出年际变化大、时空分布不均的特征，70%~80% 的降水发生在 6~9 月份的汛期（刘克岩等，2007）。主要由于流域中上游暖湿气流受山地阻隔在迎风坡形成降雨，故易出现连年洪涝、连年干旱或旱涝交替等情况。多年平均水面蒸发量为 1000~1200 mm（王立明等，2010），远大于降水量。流域支流较多，径流量空间异质性较大：王快和张坊水文站多年平均径流量高于 200m³/s，而横山岭和安各庄水文站低于 35m³/s。除 1996 年发生洪水外，各站各年径流量均在 100m³/s 以下（图 7-3）。

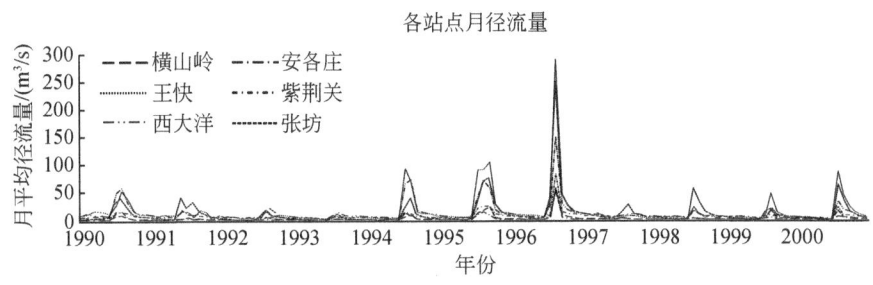

图 7-3　流域各典型站点 1990～2000 年月径流量

从流域水文地质分布特征来看，上游大清河山区地下水类型以岩溶丘陵/山地裂隙溶洞水为主，保定市西部和大同市南部以山地、丘陵岩浆岩裂隙水为主，涿州市和北京市具有部分丘陵、高原碎屑岩裂隙水；中下游淀西平原和淀东平原均属滨海平原冲、洪积层孔隙水。流域东南区域中的地下水属堆积平原冲积层中咸水。

7.1.5　土壤与植被

(1) 土壤

白洋淀流域具有褐土、潮土、粗骨土、棕壤、石质土、黄绵土、冲积土、沼泽土、草甸风沙土、水稻土等 14 类土壤（表 7-1）。

表 7-1　流域主要土壤类型及其面积

序号	土壤类型	面积/km²	序号	土壤类型	面积/km²
1	褐土	17 810.58	8	沼泽土	226.49
2	潮土	8 973.23	9	草甸风沙土	170.82
3	粗骨土	3 993.19	10	水稻土	125.26
4	棕壤	1 934.40	11	石灰性砂姜黑土	105.31
5	石质土	609.82	12	草甸土	33.28
6	黄绵土	426.26	13	盐土	2.10
7	冲积土	253.64	14	栗褐土	0.04

其中，褐土面积约占流域面积的 51%，广泛分布于流域中上游地区以及下游廊坊市东部地区；其次为潮土，约占流域的 25.7%，广泛分布于淀东平原和大清河山区、淀西平原的河漫滩地区。粗骨土、棕壤、石质土和黄绵土分别占流域面积的 11.4%、5.5%、1.7% 和 1.2%，粗骨土主要分布在中游丘陵区；棕壤主要散布于上游山区和山间盆地；石质土在中上游地区呈小斑块状分布；而黄绵土则只在山西大同市具有小面积分布（图 7-4）。

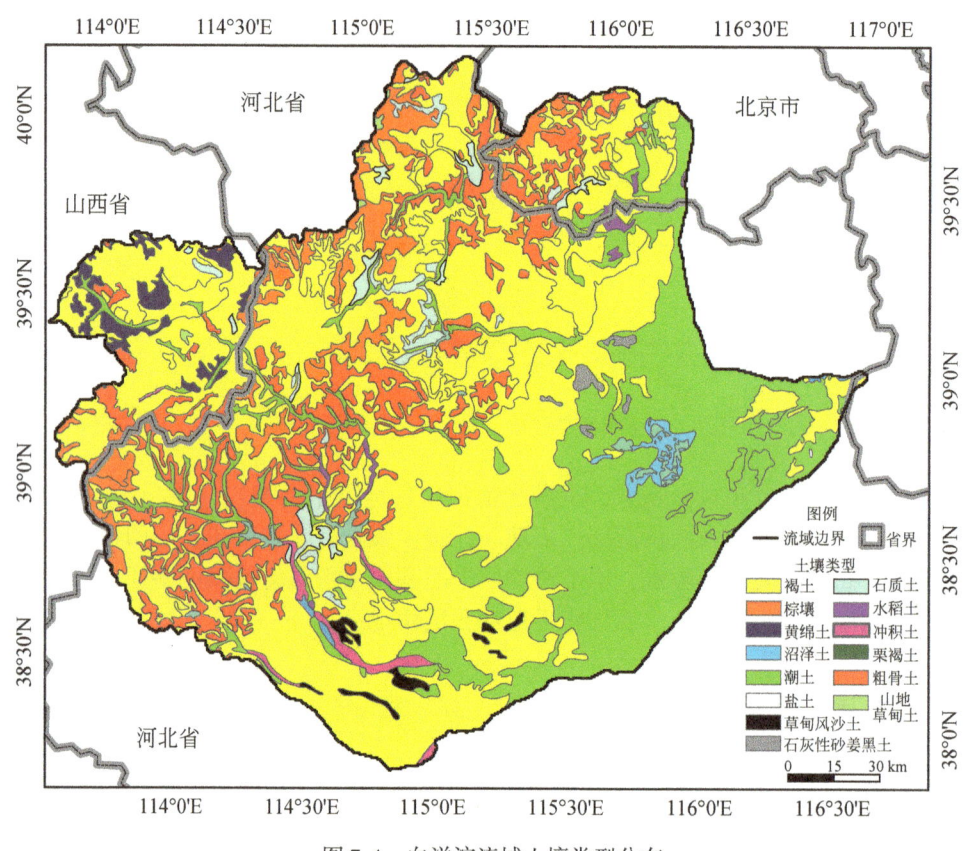

图 7-4 白洋淀流域土壤类型分布

(2) 植被

白洋淀流域主要有七类植被类型,包括农作物、草、温带落叶灌丛、温带落叶阔叶林、水生植被、温带常绿针叶林和北方常绿针叶林(表 7-2,图 7-5)。

表 7-2 白洋淀流域主要植被分布类型及分布面积

植被类型	主要植被名称	面积/km²
农作物	小麦、玉米、大豆、紫花苜蓿、桃树、杏树、枣树等	22 796.20
草	白羊草等	5 642.60
温带落叶灌丛	金露梅灌丛、榆钱、柴花等	4 369.89
温带落叶阔叶林	栓皮栎林、白桦林、榆树林等	1 542.46
水生植物	芦苇、青蒲等	215.73
温带常绿针叶林	油松	141.87
北方常绿针叶林	华北落叶松	51.60

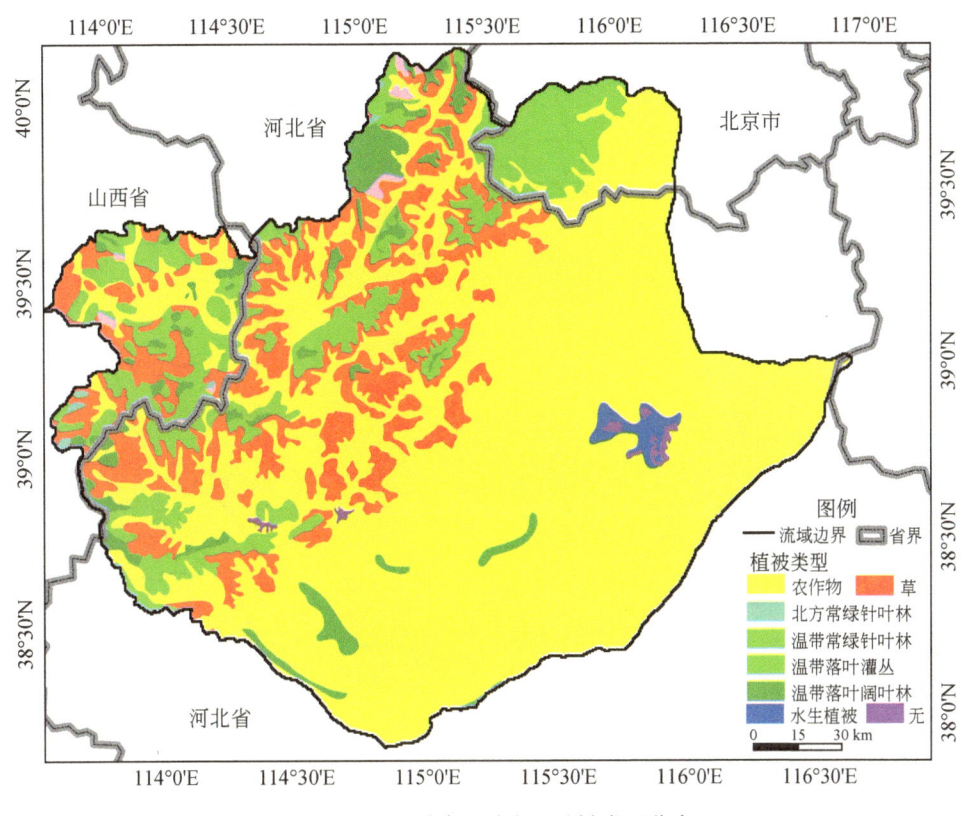

图 7-5 白洋淀流域主要植被类型分布

7.2 社会经济概况

7.2.1 行政分区与人口

白洋淀流域流经山西省、河北省和北京市 3 个地区的 10 个市（包括北京、保定、沧州、大同、衡水、廊坊、石家庄、天津、忻州和张家口）、51 个县（包括涿鹿、房山、涞水、广灵、易县、唐县、阜平县、安新县、定州、新乐、安平等），如图 7-6 所示。其中，河北省占流域面积的 84.2%，保定市约占 63.5%。2010 年流域常住人口达到 1849.82 万人，较 2005 年增长了 10.41%。

7.2.2 经济发展与能源利用

2010 年流域 GDP 总量约 4602.6 亿元，其中第一、第二和第三产业分别占 10.6%、53.8% 和 35.6%。2010 年流域内耕地面积约为 14 979.39 km²，灌溉面积约为 10 825.33 km²，

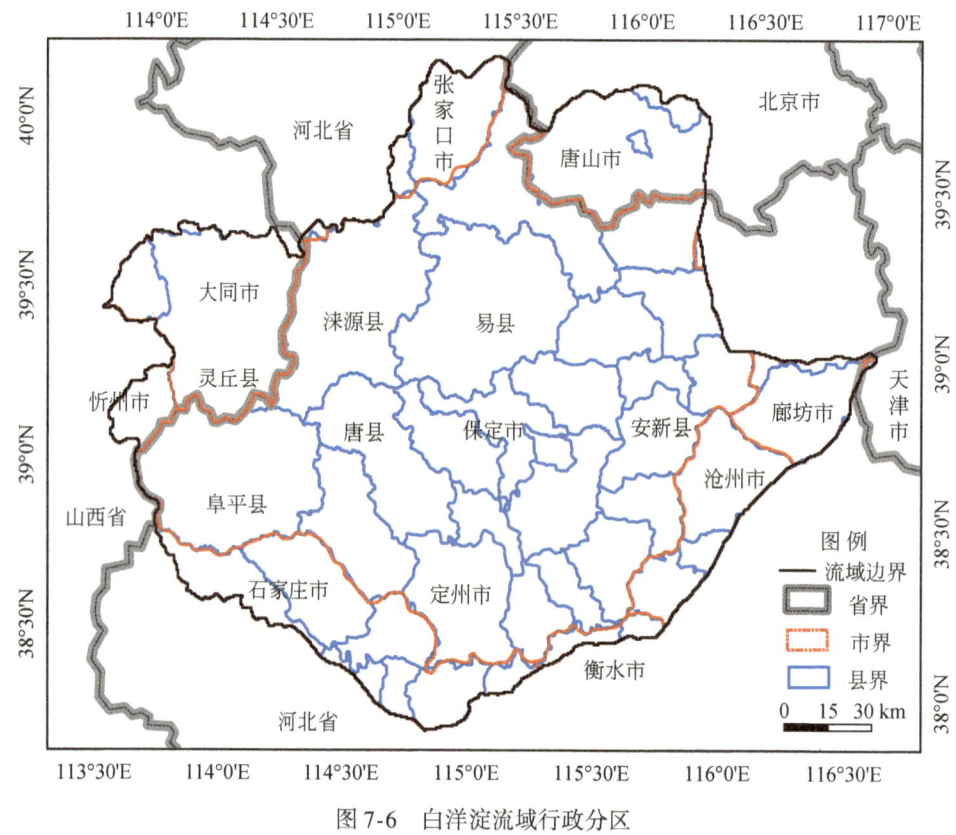

图 7-6 白洋淀流域行政分区

约占耕地面积的 72.3%。农作物以粮食作物、经济作物和蔬菜瓜果为主，其中，粮食作物主要包括小麦、玉米、谷子、高粱、大豆等；经济作物涉及油料作物、棉花、麻类、甜菜、烟叶、药材等。2010 年流域能源消耗总量约 5283 万 tce，生产和生活消费分别占能源消费总量的 89.4% 和 10.6%。其中，生产能源消耗主要来源于第二产业，约 3857 万 tce。

7.2.3 水土资源开发利用

(1) 水资源开发利用

根据 2010 年河北省、山西省和北京市水资源公报数据（表 7-3），白洋淀流域 2010 年降水量约为 160.5 亿 m^3，地表水资源量、地下水资源量和水资源总量（扣除重复量）分别为 8.81 亿 m^3、26.77 亿 m^3 和 29.95 亿 m^3。与 2005 年相比，分别增加了 1.6%、17.8%、9.8% 和 10.2%。2010 年流域总供水量达到 45.8 亿 m^3，地表水、地下水和其他水源供水分别为 5.7 亿 m^3、38.8 亿 m^3 和 1.3 亿 m^3，供水以地下水为主。同年总用水量约 46.5 亿 m^3，生产、生活和生态环境用水量分别为 40.5 亿 m^3、4.7 亿 m^3 和 1.3 亿 m^3。其中，生产用水以第一产业为主；城镇生活用水略高于农村。

表7-3 白洋淀流域各地级市2010年地表水、地下水和总水资源量　　（单位：亿 m³）

序号	市	地表水资源量	地下水资源量	总水资源量
1	保定	5.20	17.60	18.64
2	石家庄	5.18	12.09	14.64
3	大同	2.87	4.72	5.51
4	北京	7.22	15.86	23.08
5	沧州	4.69	5.72	10.31
6	张家口	6.23	14.66	17.01
7	廊坊	0.44	4.54	4.88
8	忻州	7.28	13.35	14.13
9	衡水	0.04	4.36	4.28

王快水库、西大洋水库两座大（Ⅰ）型水库以及横山岭水库、口头水库、龙门水库和安格庄水库四座大（Ⅱ）型水库分布于上游山区，具有防洪、供水、灌溉和发电等功能。上述6座大型水库总库容约为33亿 m³，加上上游八条支流的中、小型水库，流域水库库容达到48.4亿 m³。流域2010年所有水利工程供水能力约63.4亿 m³，其中，蓄水工程、引水工程、取水泵站和配套机电井分别占14%、5%、1%和80%。流域内具有易水、房涞涿、唐河和沙河灌区4个30万亩以上的大型灌区以及磁左、磁右、口东、口西、龙门、清北、清南等22个万亩以上的小型灌区，其2010年的总有效灌溉面积达到4173.8 km²，灌溉引（提）水总量4.81亿 m³，输水干渠渠首引水总量2.17亿 m³。

（2）土地资源开发利用

白洋淀流域土地利用类型（图7-7）主要包括耕地、林地、草地、水域、城乡工矿居民用地和未利用土地六类，其中，前三类（2005年）分别约占全流域面积的43%、23%和22%。

有林地、灌丛林地和疏林地主要分布于流域上游山区和中游丘陵区，集中于流域西北部的张家口市和保定市；而中/低覆盖度草地则集中分布于西南部；中上游盆地和下游平原区以耕地、城乡居民用地和水域为主，耕地以旱地为主，约占流域的42%；未利用土地分布于流域中部，呈斑块状。与1990年相比，2005年的耕地、水域和未利用土地分别减少了3.7%、1.43%和0.19%，而林地、草地和城乡居民用地分别增加了3.1%、0.42%和10.33%。虽然林地有所增加，但是主要以未成林造林地、迹地、苗圃及各类园地等人工林地为主；城乡居民用地增加主要是由农村居民地增加引起的；对于耕地来说，山区和丘陵地区的旱地减少较大。

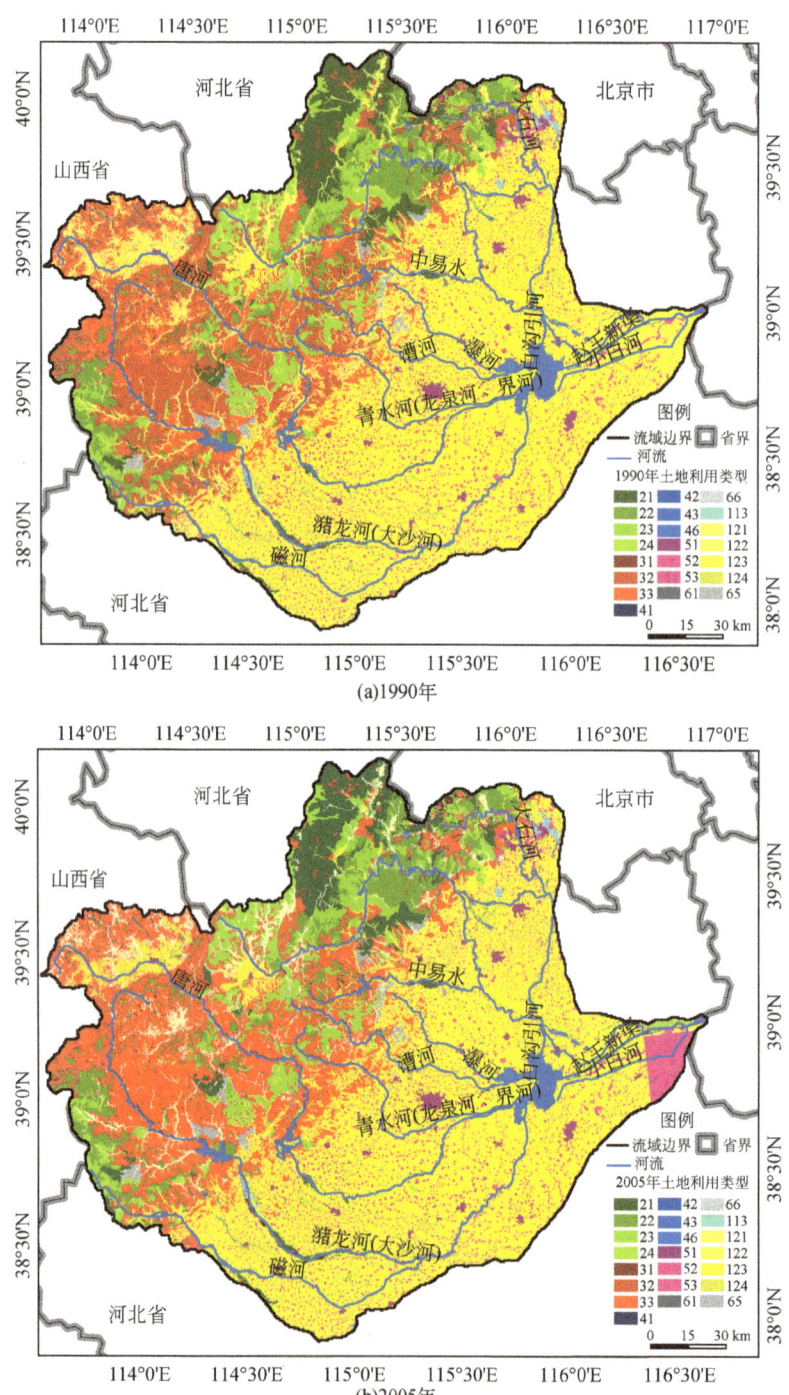

图 7-7 土地利用类型分布图

注：21 为有林地；22 为灌木林地；23 为疏林地；24 为其他林地；31 为高覆盖度草地；32 为中覆盖草地；33 为低覆盖草地；41 为河渠；42 为湖泊；43 为水库、坑塘；46 为滩地；51 为城镇用地；52 为农村居民点用地；53 为工交建设用地；61 为沙地；65 为裸土地；66 为裸岩石砾地；113 为平原区水田；121 为山区旱地；122 为丘陵区旱地；123 为平原区旱地；124 为大于 25°坡度区的旱地。

7.3 主要生态环境问题

7.3.1 水资源短缺，地下水超采严重

根据《河北省水资源评价》结果，白洋淀流域属于极度缺水地区，20世纪90年代地表水开发利用程度已超过90%，水资源承载能力过低，严重制约了经济社会发展。2011年野外勘探发现，河道断流、水库蓄水量减少现象严重；除大清河山区北系河流常年有水外，南系诸河流在枯水期均呈现断流，大部分中小型水库也因缺水而废弃。

自20世纪80年代以来，流域供水量总体呈现增加态势，导致大量、大规模地超采地下水，以支撑农业和工业的发展。近5年来，流域年均地下水开采量超过40亿 m^3。自2003年以来，大清河淀西和淀东平原浅层地下水下降区域累积下降8.5m和0.9m，下降面积分别达到7333 km^2/a 和1475 km^2/a，蓄水量减少速率分别为6.2亿 m^3/a 和1.2亿 m^3/a。其中，淀西平原的保定市及其周边区域超采现象尤为严重，地下水漏斗中心水位埋深约35~60m。由于地下水长期超采，流域自身地表水与地下水的相互补给关系遭到破坏，部分平原区形成稳定渗漏。

7.3.2 生态用水与用地被挤占，加剧湿地萎缩

20世纪50~60年代，白洋淀流域降水量较大，流域总库容3.62亿 m^3，此期间年均入淀水量为19.2亿 m^3；由于1963年发生特大洪灾，60年代末上游陆续修建了130余座水库；到70年代，随着社会经济发展用水需求增加和水库拦蓄作用增强，人工调配作用占主导，导致流域自身的水资源空间分布格局发生变化，入淀量逐渐下降；80年代又遇枯水年，其年均入淀量仅为2.77亿 m^3，并且连续5年出现干淀现象；90年代水量偏丰，加之上游水库补水和外流域调水，年均入淀量达到5.8亿 m^3；2000~2009年外调水总量约0.95亿 m^3，年均入淀水量达到1.35亿 m^3，仅为20世纪50~60年代的7%（杨春霄，2010；程朝立等，2011）。

在气候变化和人类活动干扰的双重作用下，白洋淀流域生态用水被挤占，导致干淀次数越来越频繁、调蓄能力也降低，致使湿地生态系统严重退化，逐渐由天然过水型湖泊变为人工调蓄型湖泊（王立明等，2010）。另外，与1990年相比，白洋淀湿地内城乡居民用地增加了约10%，而沼泽及水域面积减少了约2%，自然生态用地挤占现象严重。

7.3.3 面源污染加剧，水质不断恶化

白洋淀流域经济以农业为主，是华北平原的粮食主要产区。在人口增加和经济发展驱动下，农业生产造成的面源污染不断加剧，其主要来源为农药化肥使用、城镇和农村污水

排放、水土流失和固体废弃物污染等，会导致流域水体中的氮、磷营养元素含量增高，致使水环境质量下降，湖泊和水库易出现富营养化。其中，化肥农药流失所占比例最大，TN、TP 和 NH$_3$-N 入河总量百分比分别为 53.0%、28.4% 和 43.4%（崔惠敏，2011）。

从 2010 年大清河水质概况评价结果来看，Ⅰ类、Ⅱ类、Ⅲ类、Ⅳ类、Ⅴ类和劣Ⅴ类水的河长分别占总长度的 0%、24.3%、27.5%、13.1%、0.9% 和 34.2%。与全年评价结果相比，枯水期的Ⅰ类和Ⅱ类水河长虽有所增加，但是Ⅴ类水河长也略有增加；丰水期的Ⅱ~Ⅳ类水河长减少了 8.5%，Ⅳ类和Ⅴ类水的河长则显著增加。与 2006 年相比，虽然六个大型水库的水质总体变好，但是龙门水库最近几年已处于库干状态，而且 6~9 月的富营养化程度呈现加剧态势（表 7-4）。

表 7-4 流域大型水库水质及其富营养化情况

水库	2010 年		2006 年	
	水质分类	6~9 月富营养化	水质分类	6~9 月富营养化
安各庄	Ⅲ	轻度富营养化	Ⅲ	轻度富营养化
横山岭	Ⅲ	中度富营养	Ⅴ	中度富营养
王快	Ⅱ	中营养	Ⅲ	轻度富营养化
口头	Ⅱ	轻度富营养化	Ⅲ	轻度富营养化
西大洋	Ⅱ	中营养	Ⅲ	轻度富营养化
龙门	—	—	Ⅳ	轻度富营养化

7.4 本章小结

本章从自然地理和社会经济两个方面介绍了白洋淀流域概况，前者包括地理位置、地质地貌、河流水系、气候水文、土壤与植被特征，后者涉及行政分区、人口、经济发展、能源、水土资源开发利用等方面。在以上背景资料的基础上，剖析了主要生态环境问题：一方面随着水资源短缺问题逐渐严峻，流域地下水超采也日益严重；另一方面，社会经济的快速发展导致生态用水与生态用地不断被挤占，加剧白洋淀湿地的萎缩；同时，不可忽视的是，流域生产以农业为主，面源污染问题也不断加剧，水质不断恶化。

第8章　白洋淀流域碳水耦合机制识别及演变规律

8.1　流域碳水耦合系统概化

以区域碳水耦合概念系统为框架，在系统概化技术指导下，根据碳水耦合模拟和水资源合理配置的需求，概化了白洋淀流域碳水耦合系统网络图（图8-1）。

碳水耦合系统网络图可反映流域碳水循环中各关键要素之间的内在联系，尤其是自然水循环与碳捕获的关系以及社会水循环与碳排放的关系。基于系统网络图对流域进行分区，得到流域碳水耦合系统分区图（图8-2）。

区域碳水耦合系统网络图以"点"（节点）、"线"和"面"构成：

1)"点"主要涉及重要水库和位于省界的控制断面，前者包括易水河的安各庄水库、瀑河的龙门水库、唐河的西大洋水库、大沙河的王快水库、皓河的口头水库和磁河的横山岭水库；关键控制断面分别设置于北京与河北、山西与河北的交界处。

2)"线"可直观反映出各个节点与"面"之间的关系，包括流域的天然河道、地表水供水工程和计算单元的退水弃水路线；其中，天然河道涉及拒马河、易水、瀑河、漕河、清水河、唐河、沙河、皓河、磁河、独流减河、小白河等。

3)"面"以大型计算单元为主，在大清河山区、大清河淀西平原区和淀东平原区三个水资源三级区的基础上，结合行政分区、河流水系和植被的空间分布特点，将流域细化分为大清河山区北京市、大清河山区张家口市、大清河山区山西省、清北山区保定市、清南山区保定市、大清河山区石家庄市、淀西平原北京市、淀西清北保定市、淀西清南保定市、淀西平原石家庄市、白洋淀湿地、淀东平原保定市、淀东平原廊坊市、淀东平原沧州市和淀东平原衡水市15个大型计算单元。由于将社会经济系统作为碳源、自然生态系统为碳汇，因此在每个大型计算单元内部，需要明确各地级市/县和主要的生态系统类型，以辨识影响碳排放和碳捕获过程的主要因素。其中，生态系统是按照面积大小从上至下排列，包括："农"代表农田生态系统，"灌"代表温带落叶灌丛生态系统，"阔"代表阔叶林生态系统，"草"代表草地生态系统，"针"代表北方和温带针叶林生态系统。此外，由于淀西和淀东平原区地下水超采严重，以地下水供水为主的单元需要单独标识。

值得说明的是，碳水耦合模型的空间结构是以正方形网格为基本计算单元的，但需要与配置模型的空间结构相匹配，因此将模拟后的结果按照碳水耦合系统网络图中的大型计算单元进行统计分析。

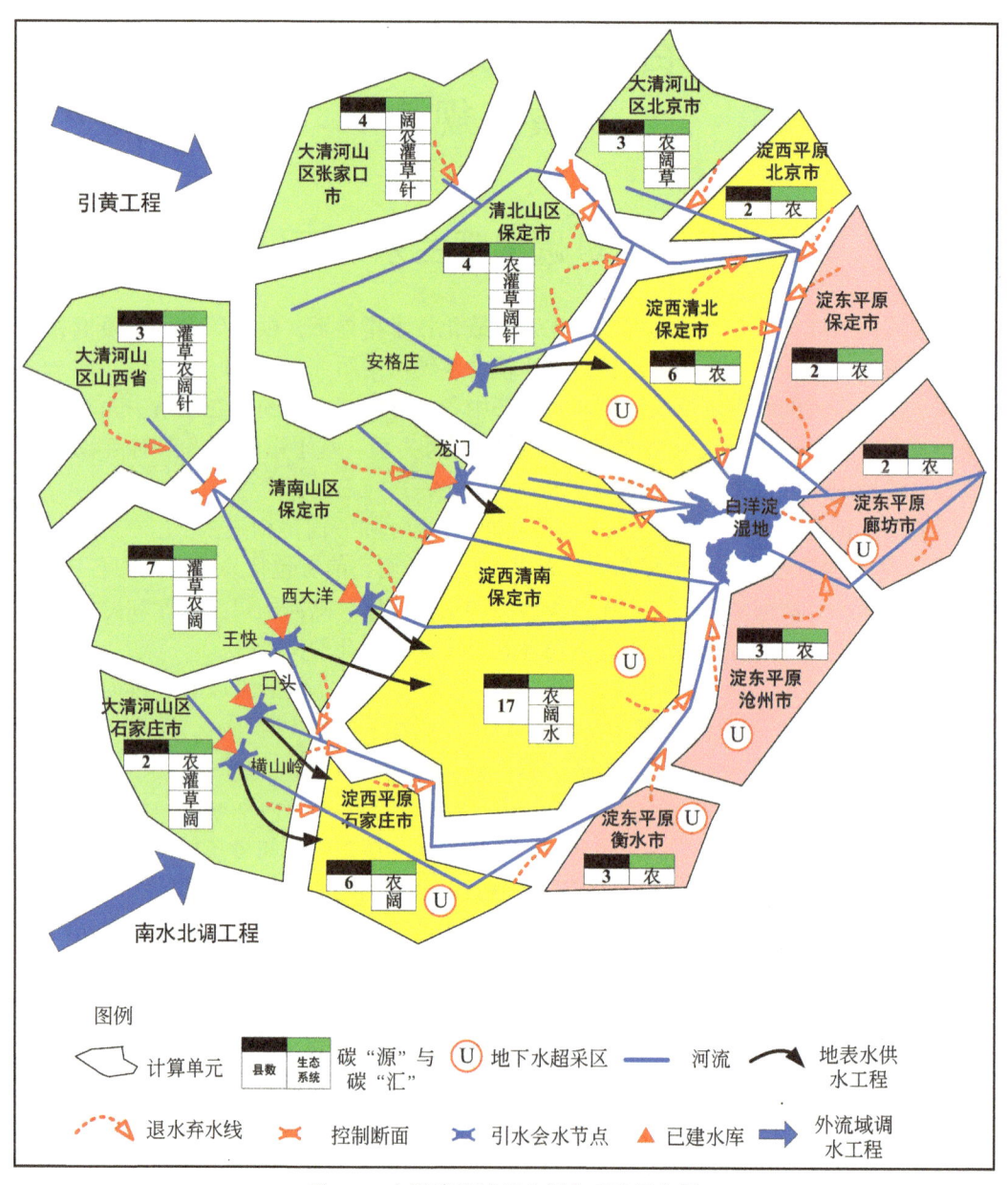

图 8-1 白洋淀流域碳水耦合系统网络图

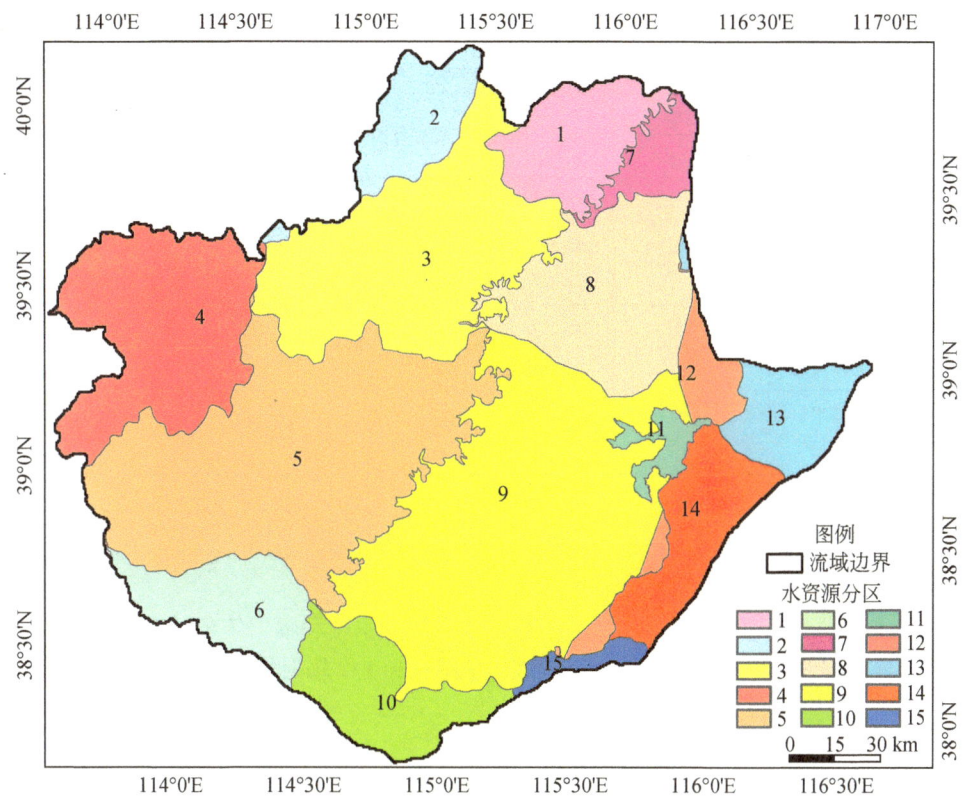

图 8-2 白洋淀流域碳水耦合系统分区

注：水资源分区：1 为大清河山区北京市；2 为大清河山区张家口市；3 为清山北区保定市；4 为大清河山区山西省；5 为清南山区保定市；6 为大清河山区石家庄市；7 为淀西平原北京市；8 为淀西清北保定市；9 为淀西清南保定市；10 为淀西平原石家庄市；11 为白洋淀湿地；12 为淀东平原保定市；13 为淀东平原廊坊市；14 为淀东平原沧州市；15 为淀东平原衡水市。

8.2 模型数据来源与处理

区域碳水耦合模型输入数据类型包括：基本地形数据、气象数据、植被数据、土壤数据、土地利用数据和水文数据等（表 8-1）。

表 8-1 区域碳水耦合模型数据输入一览表

数据类型	主要数据	来源	描述
基本地形数据	高程	全国基础地理信息系统	1：25 万
气象数据	气温	中国气象共享数据网	气象站点的逐日观测值
	相对湿度		
	风速		
	大气压		
	日照时数		
	散射辐射		辐射站点的逐日观测值
	垂直面直接辐射		

续表

数据类型	主要数据	来源	描述
植被数据	初始叶面积指数	Landsat遥感影像和野外考察	ENVI4.7提取
	植被覆盖度		
	植被类型	中国植被分布图	植被亚类
土壤数据	土壤质地特征	土壤普查数据、中国土壤数据库和实地勘探实验结果	实地勘探数据对现有数据进行修正
	土壤体积含水率		
土地利用数据	土地利用类型	全国土地利用数据	1:10万
水文数据	径流量	水文年鉴	逐日流量
水资源数据	供水、用水、耗水与排水量	水资源公报及其附表、水利年鉴	水资源量

8.2.1 气象参数

首先，采用泰森多边形法分别对全国700余个常规气象站和辐射气象站进行空间展布，再利用流域边界图提取与研究区相关的9个常规气象站点和3个辐射气象站点（图8-3、图8-4）。

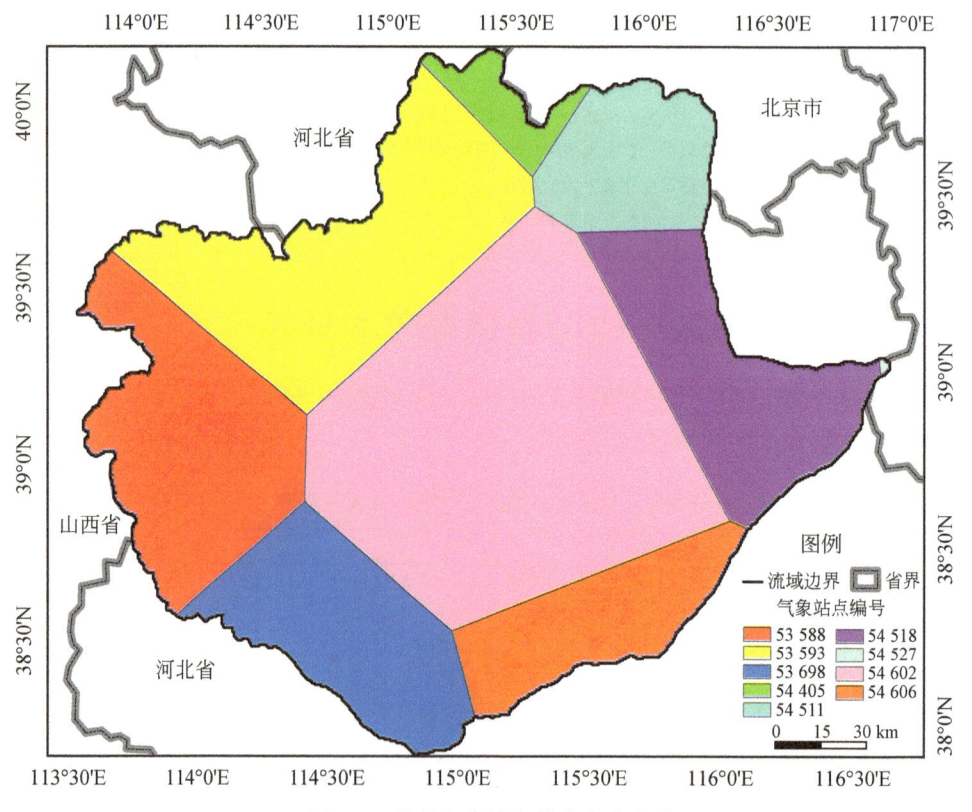

图8-3 常规气象站点的泰森多边形

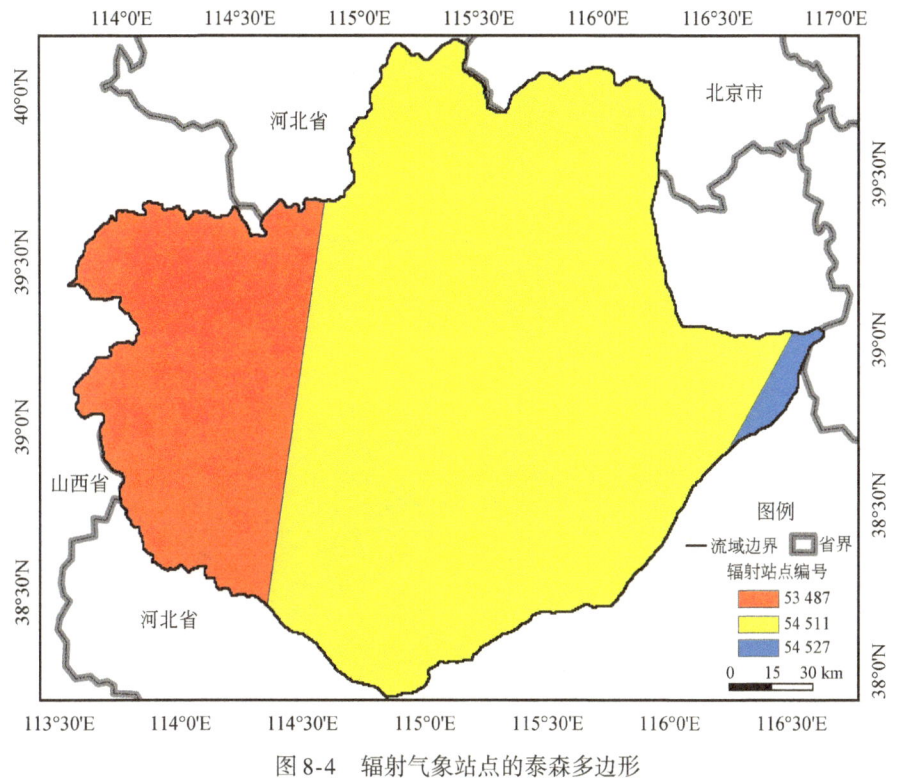

图 8-4 辐射气象站点的泰森多边形

收集相关站点 1956~2010 年的逐日气象数据，采用基于高程修正的距离平方反比法再对气温、降水、风速、日照时数、相对湿度、直接辐射和散射辐射等基本气象要素进行空间插值，进而获取网格单元逐日的气象要素信息。

8.2.2 数字高程数据

在 Arc-Info WorkStation 平台 Arc 模块下，采用 Append 命令进行拼接，利用 Project 命令把信息要素的坐标系由地理坐标转为大地坐标，最后用 Topgrid 命令进行插值产生最原始的基础数字高程（DEM）信息，考虑模拟精度与效率，其栅格分辨率设置为 500m×500m。

利用 Arc-map 中的 Hydrology 模块对 DEM 进行填注操作生成流向，再利用 flow accumulation 工具生成基于流向的汇流累积数，将其大于 500 的栅格单元作为数字河网，再与实际河网相比较，调整部分单元格的分水岭高程和河道高程，不断重复上述步骤，直至生成与实际河网相符的数字河网，并根据流向对河流进行编码，进而生成子流域（图 8-5）。

8.2.3 水文地质参数

参照《全国水资源综合规划》相关成果确定流域下游平原区岩层厚度、地下水含水层的渗透系数、传导系数和给水度等参数，利用 ArcGIS 将其转换为栅格数据。而山区土壤层参数结合相关文献和野外实际勘探结果，并通过径流模拟验证进行确定。

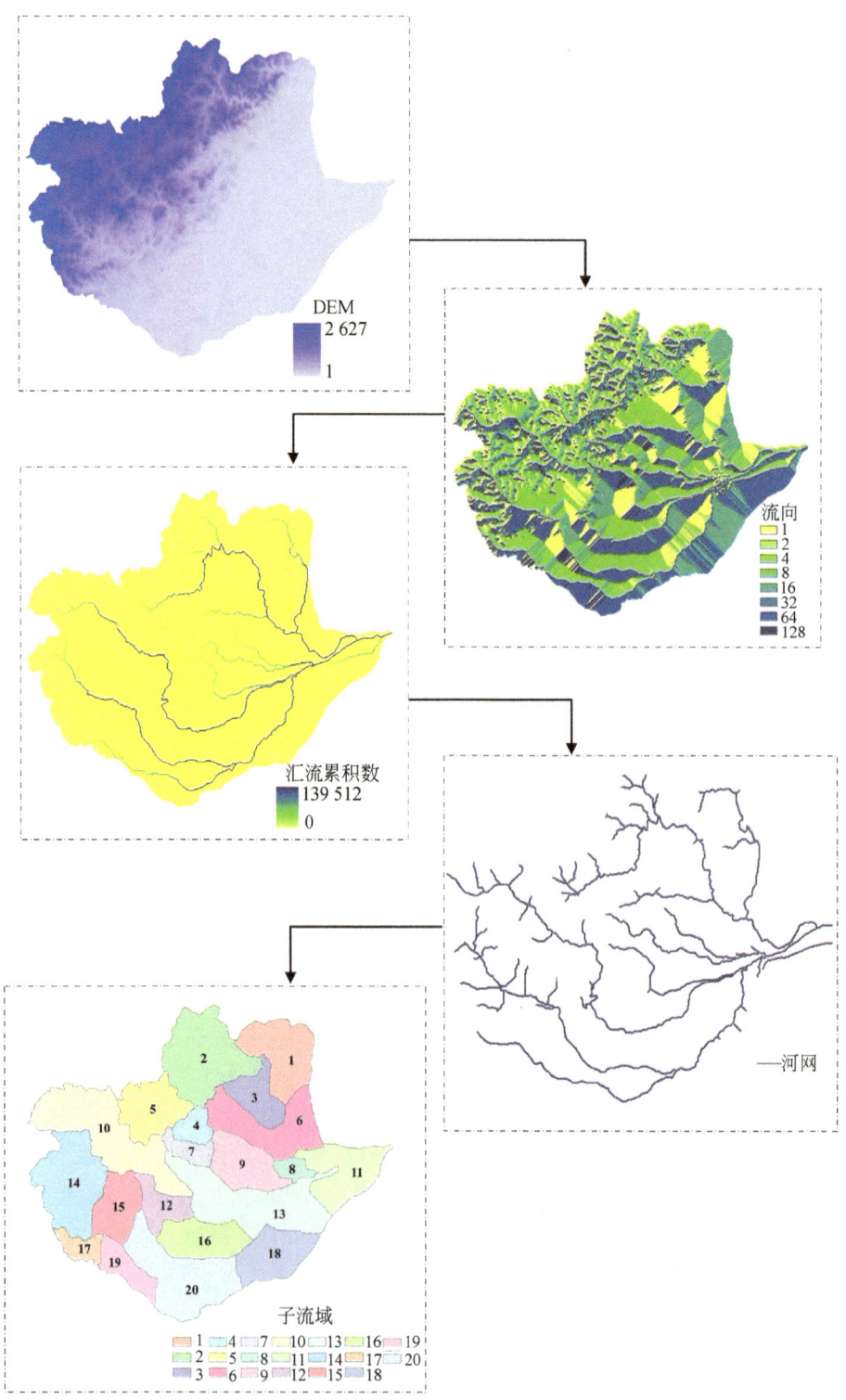

图 8-5　白洋淀流域数字高程信息数据处理过程

8.2.4 土地利用参数

土地利用类型的提取以 ArcGIS 为基础平台，主要采用分块叠加处理的方式：首先，根据流域边界生成全流域 0.5km×0.5km 格网单元，进而获得各省的格网矢量图层，将上述图层与各县的土地利用图进行叠加，输出网格单元 ID、土地利用代码和面积等栅格属性，进而生成研究区域的土地利用图。

8.2.5 土壤特征参数

土壤基础特征参数来自第二次全国土壤普查的汇总资料，基本矢量图为《1∶100 万中国土壤分类图》；流域土层厚度及土壤质地信息结合全国土壤普查办公室撰写的《中国土地志》的剖面信息和野外实际勘探考察的典型剖面信息确定。根据 2011 年野外勘探结果和上述基础数据，流域土壤砂砾、粉粒和黏粒含量以及含水率的空间分布如图 8-6 ~ 图 8-8 所示。

8.2.6 植被特征参数

白洋淀流域植被类型是基于中国植被类型数据得到的，并根据碳水耦合模型进行重新归类（图 8-9）。

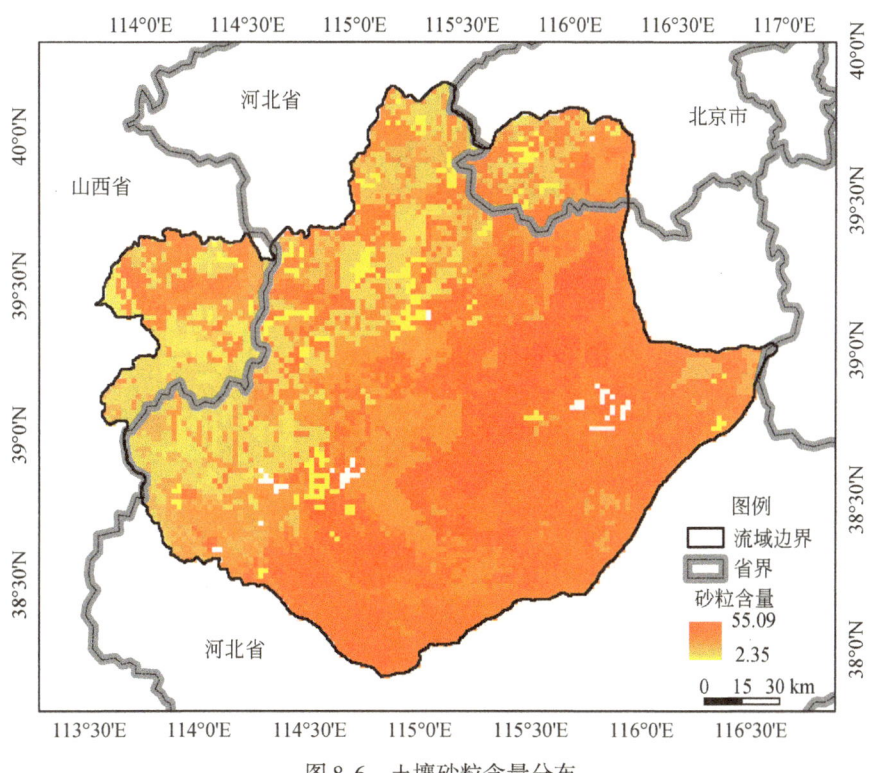

图 8-6　土壤砂粒含量分布

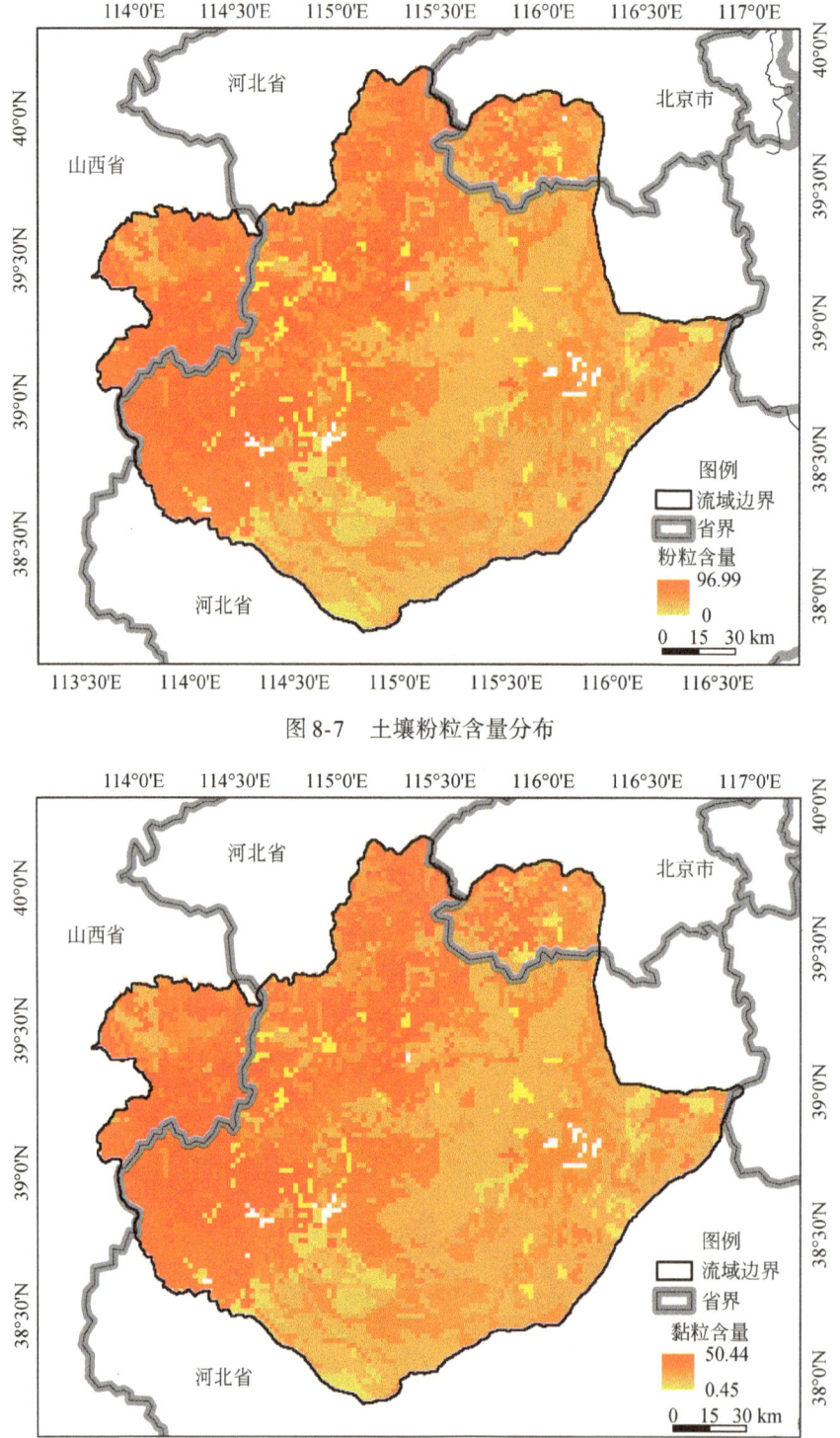

图 8-7 土壤粉粒含量分布

图 8-8 土壤黏粒含量分布

叶面积指数（图8-10）和植被盖度（图8-11）信息利用 ENVI 4.7 平台进行提取和处理。

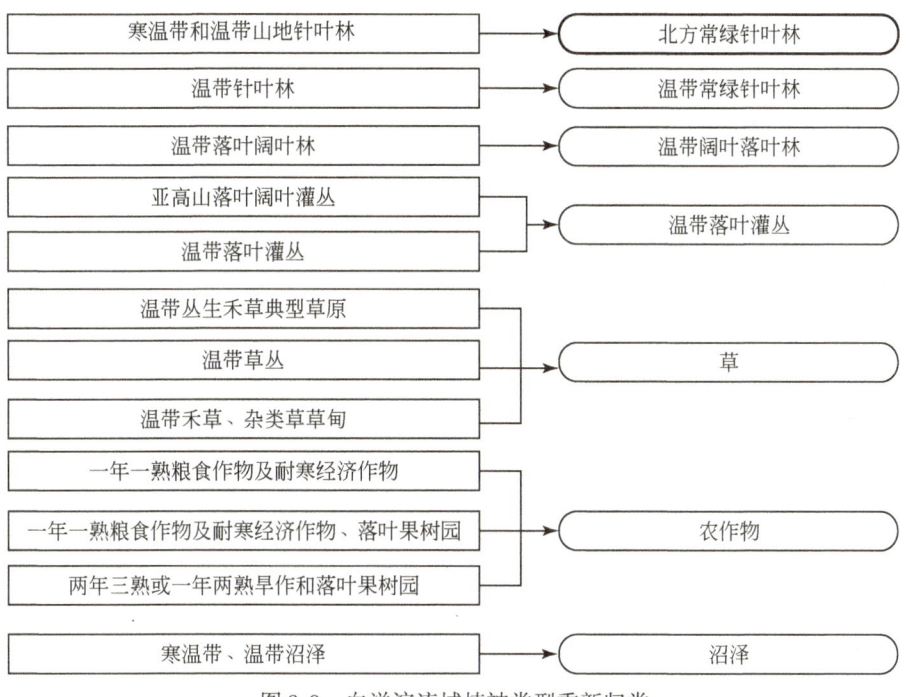

图 8-9 白洋淀流域植被类型重新归类

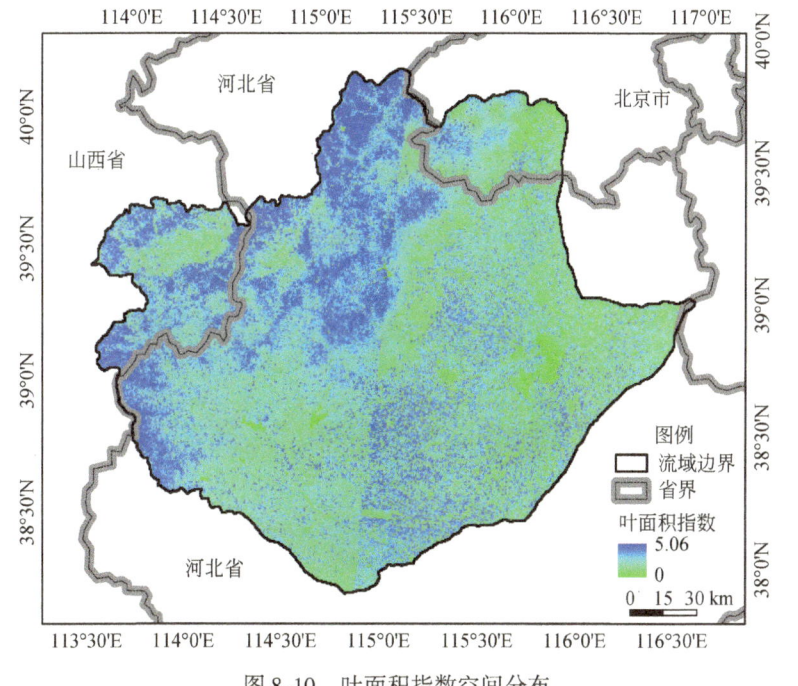

图 8-10 叶面积指数空间分布

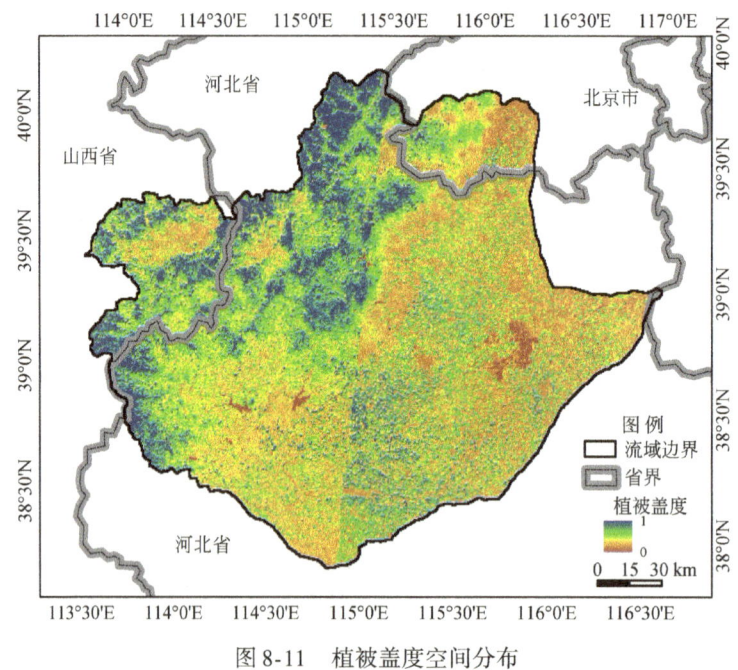

图 8-11 植被盖度空间分布

8.3 模型校验

8.3.1 水循环要素校验

以 1956~2005 年降水量为研究对象,采用 MK 检验法进行检验,发现 1990~2000 年的突变点位于 1992~1995 年(图 8-12)。利用 MMT 检验法进行检验,发现突变点位于

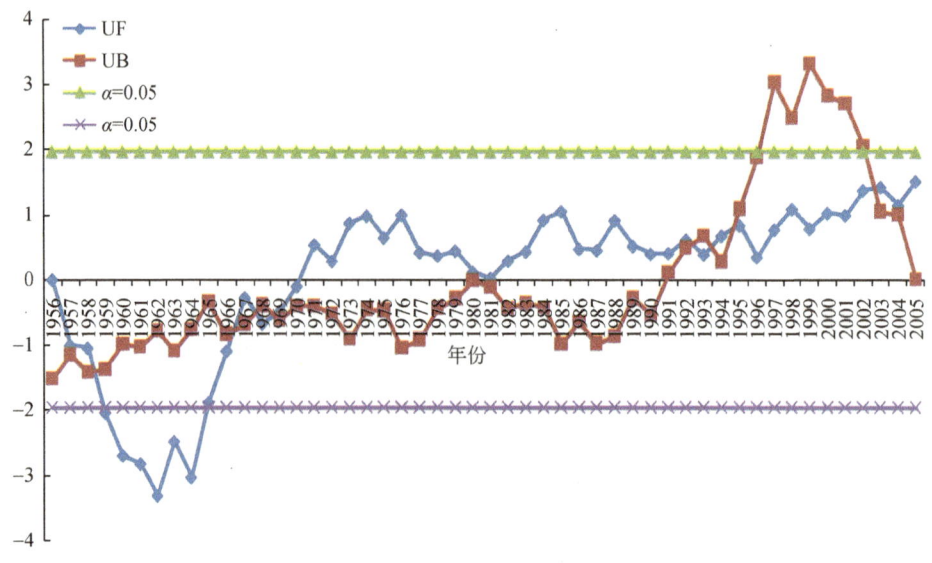

图 8-12 1956~2005 年降水量的 MK 检验

1994~1995 年（图 8-13）。对比两种检验结果，本研究将 1990~1995 年作为水循环的校验期，而 1996~2000 年则作为验证期。

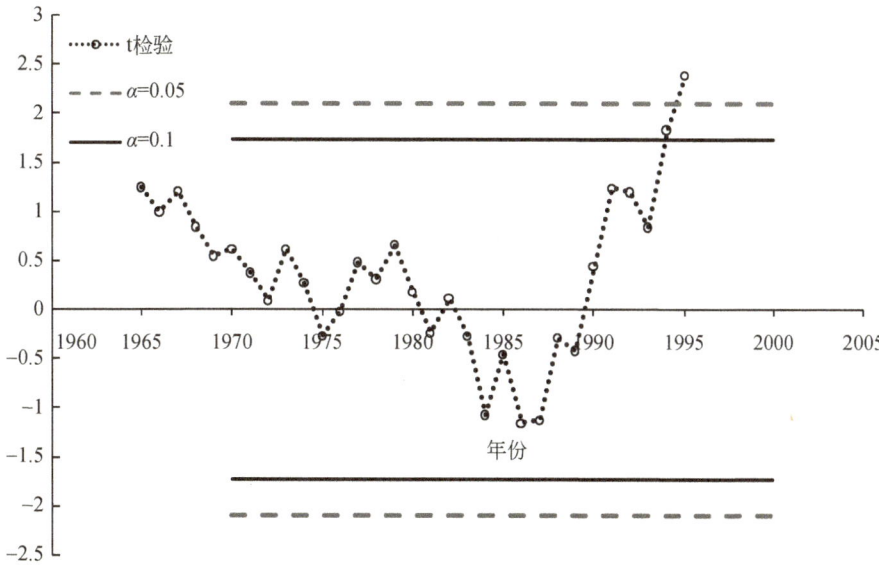

图 8-13　1965~2005 年降水量的 MMT 检验

以横山岭水库、王快水库和西大洋水库三处水文站的 1990~2000 年共 11 年的月径流量实测值为参照，进行模型校验与验证。选择模拟径流量与实测径流量的相对误差、Nash-Sutcliffe 效率系数（简称 Nash 系数）综合评价模型模拟效果，具体结果如表 8-2、图 8-14~图 8-15。

表 8-2　水循环校验结果

时间	参数	横山岭水库	王快水库	西大洋水库
校验期	相对误差	0.19	0.22	0.26
（1990~1995 年）	Nash 系数	0.95	0.84	0.83
验证期	相对误差	0.11	0.17	0.42
（1996~2000 年）	Nash 系数	0.94	0.93	0.66

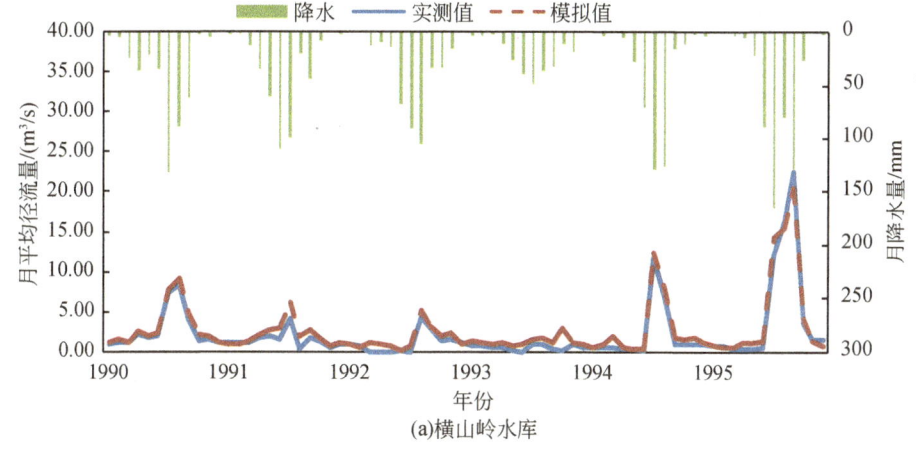

(a) 横山岭水库

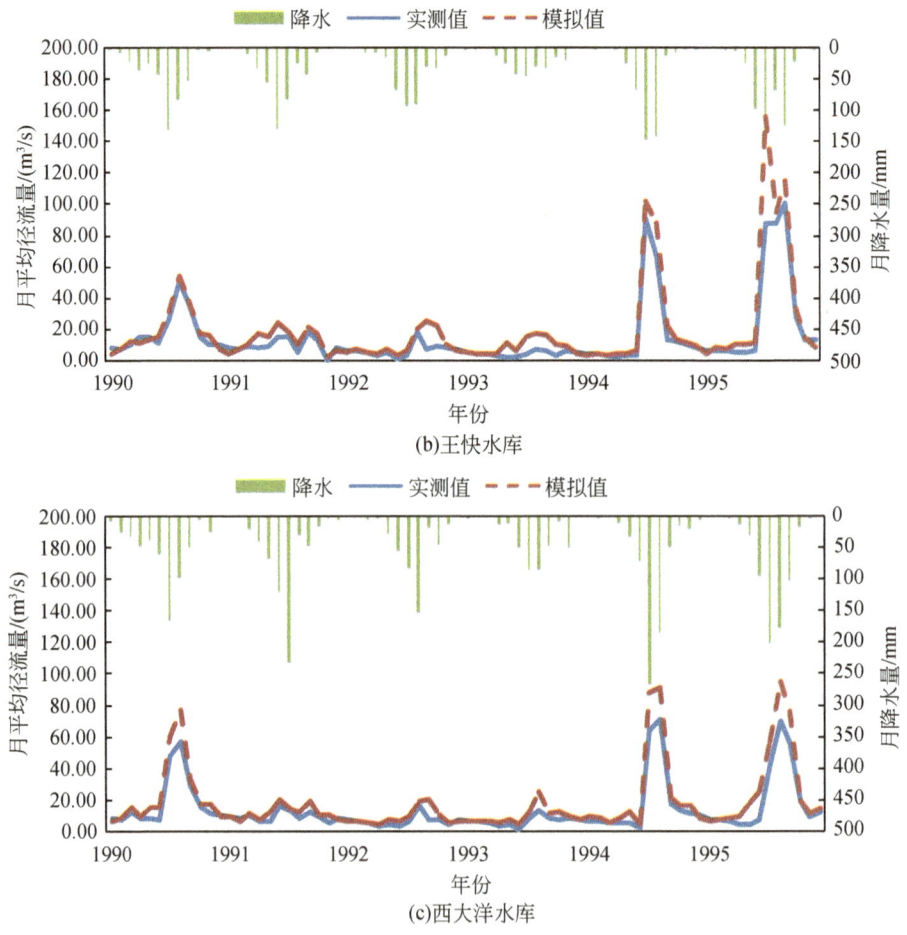

(b)王快水库

(c)西大洋水库

图 8-14 校验期径流量模拟结果

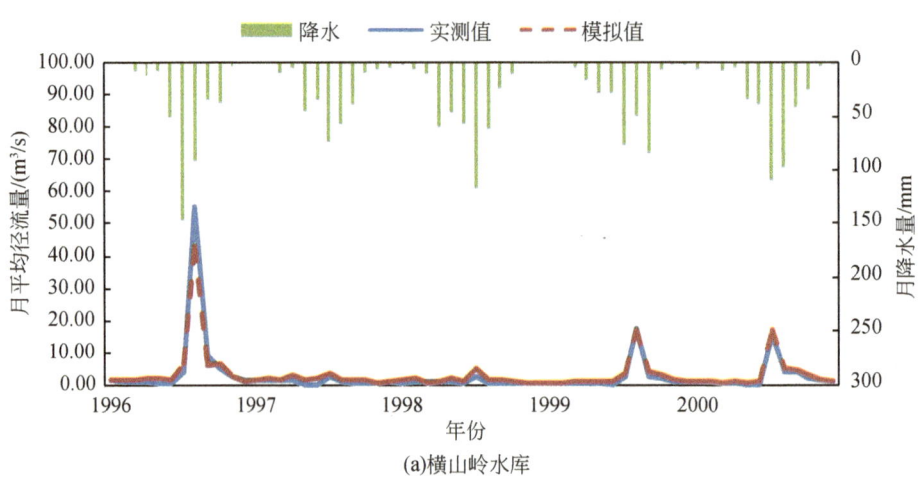

(a)横山岭水库

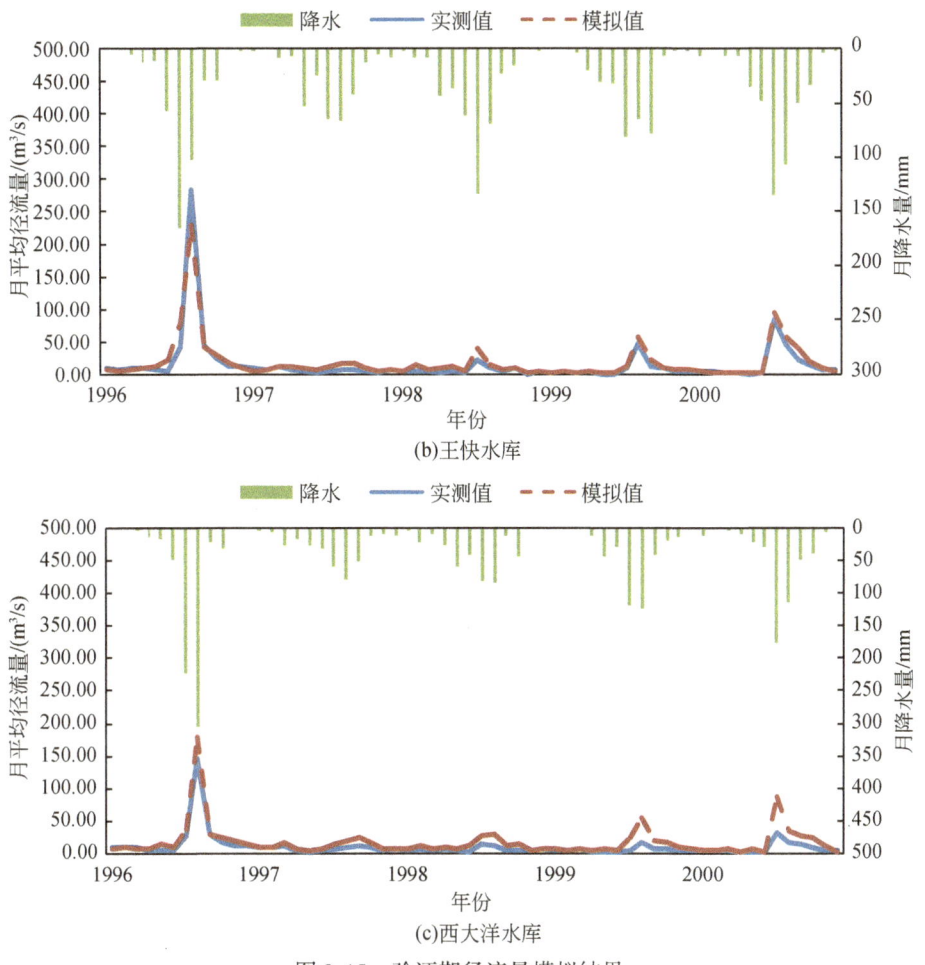

图 8-15 验证期径流量模拟结果

8.3.2 碳循环要素校验

碳循环要素选取叶面积指数（LAI）进行校验，分春季、夏季和秋季分别对典型植被类型集中分布区域进行野外实际调查（图 8-16）。

对比实测值和模拟值，约72%的观测点相对误差在40%以内（图 8-17）。由于模型单元格较大，此结果可以接受。

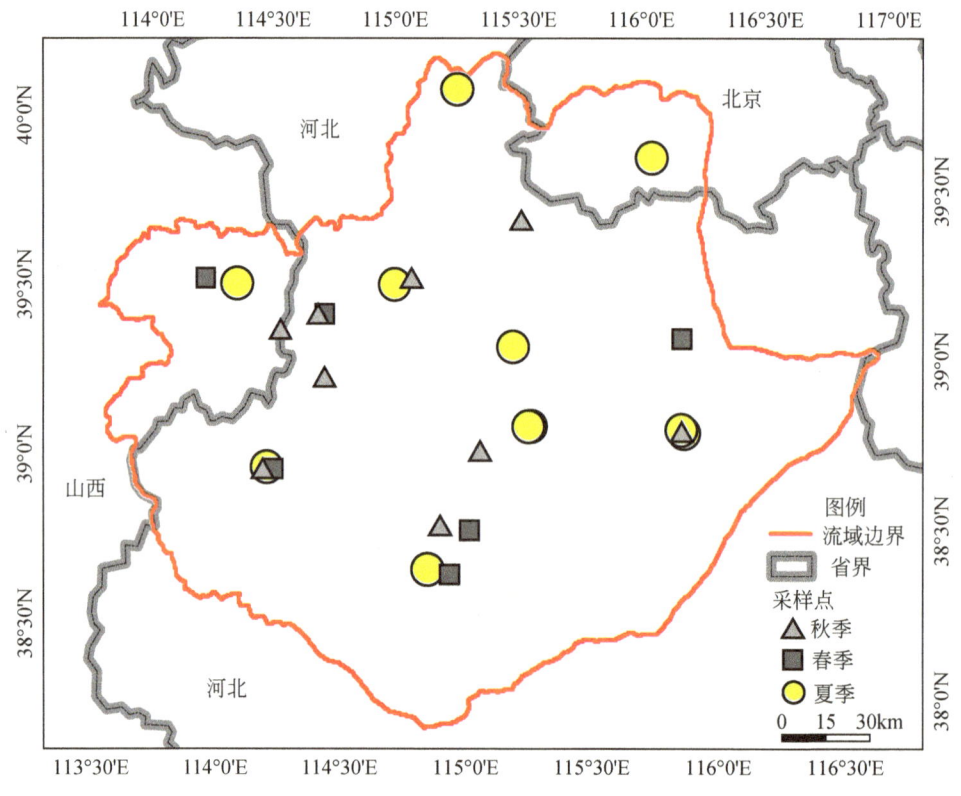

图 8-16 2010 年春、夏、秋季采样点分布

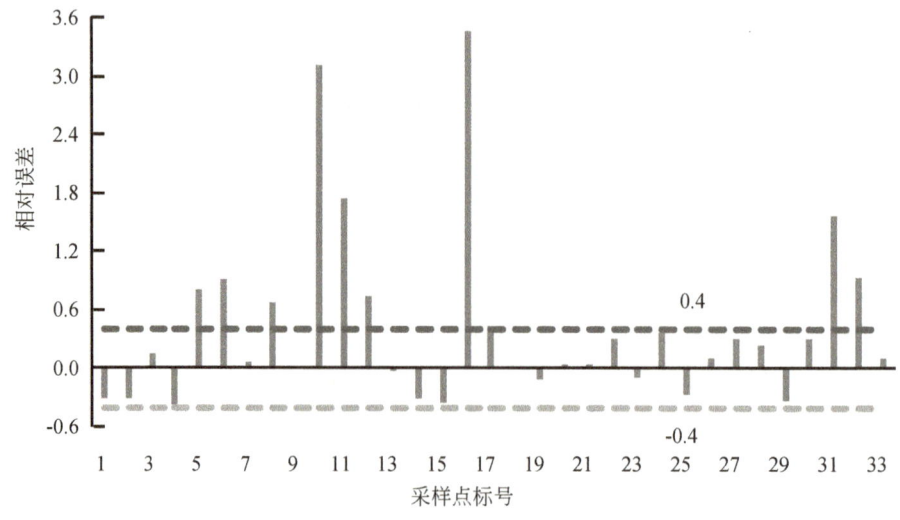

图 8-17 采样点的 LAI 相对误差

8.4 流域碳水耦合作用机制识别

8.4.1 碳循环要素演变规律

碳循环要素包括社会经济系统的碳排放量、生态系统的碳捕获量和能够表征区域碳平衡的碳的净排放量。

总体来看，白洋淀流域2005~2010年年均碳排放量、碳捕获量和碳的净排放量为30.39Mt、10.96 Mt和19.43 Mt。其中，碳排放量和碳的净排放量呈现逐年增加的趋势，但碳捕获量变化趋势不显著（图8-18），这是由于流域第二产业和第三产业的快速发展，而土地利用格局和植被构成并没有发生较大变化，仍以耕地为主，林地、灌丛和草地面积并没有显著增加。

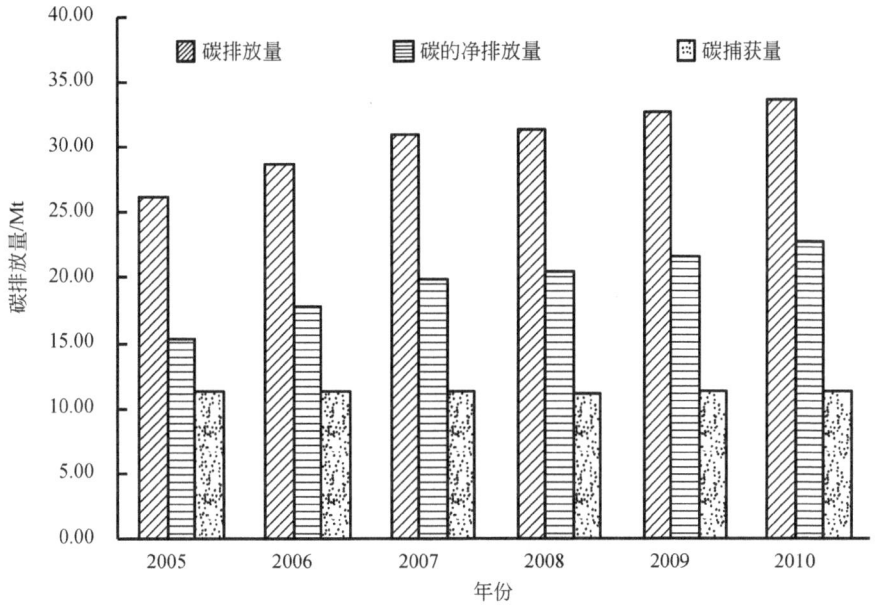

图8-18　2005~2010年流域碳排放量、碳捕获量和碳的净排放量

从空间分布来看，流域高碳排放区域集中在北京市和保定市。碳捕获正值区多集中在流域北部地区和湿地下游区域，尤其是晋冀交界区域，是流域的主要碳"汇"；但清南山区保定市和淀西清南保定市两个分区的生态系统已经呈现出明显的碳"源"，且白洋淀湿地由于逐年萎缩，其碳"汇"作用不是十分显著，逐渐向碳"源"转变，因此出现负值（图8-19~图8-21）。

从碳排放量的构成要素来看，流域2005~2010年年均生产和生活碳排放量分别为27.3 Mt和3.09Mt，年均增长率分别为1.3 Mt/a和0.31 Mt/a，且前者的增长速度有下降趋势（图8-22）。在生产碳排放量中，第一、第二和第三产业分别占2.86%、84.28%和12.86%，均呈现逐年增加态势（图8-23），后两者的增速更为明显。

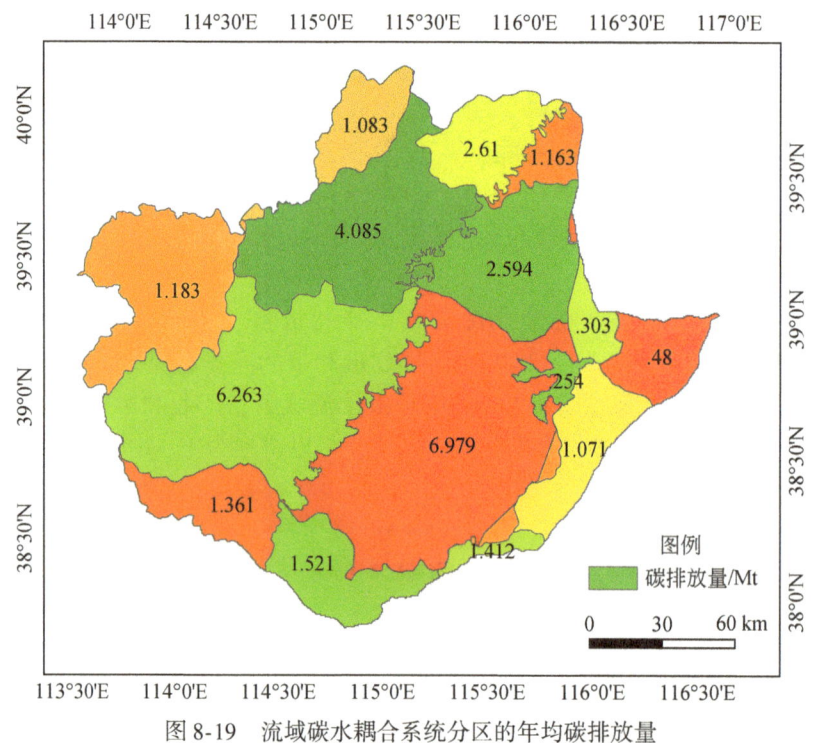

图 8-19　流域碳水耦合系统分区的年均碳排放量

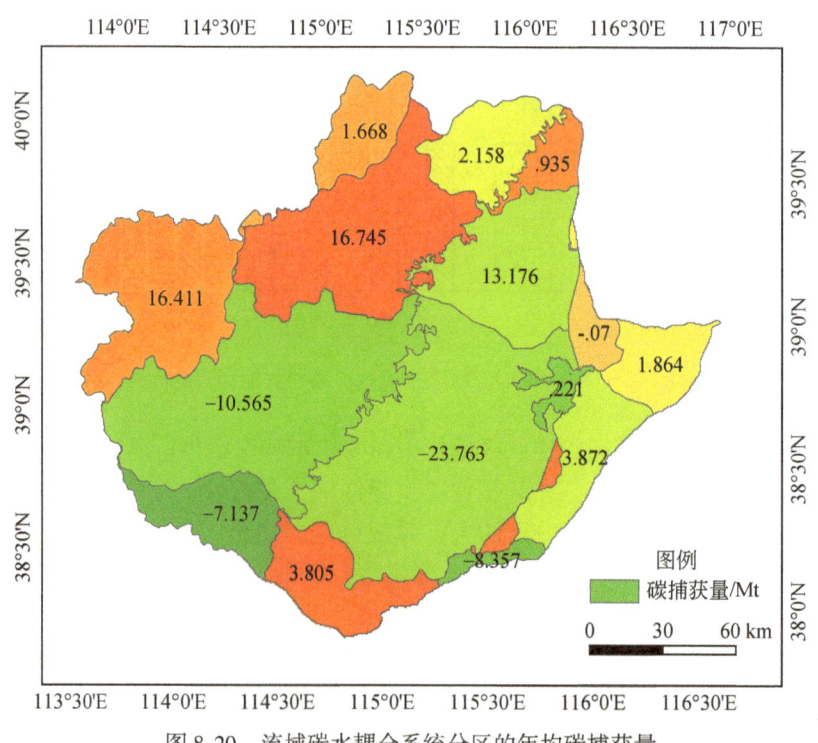

图 8-20　流域碳水耦合系统分区的年均碳捕获量

第 8 章 | 白洋淀流域碳水耦合机制识别及演变规律

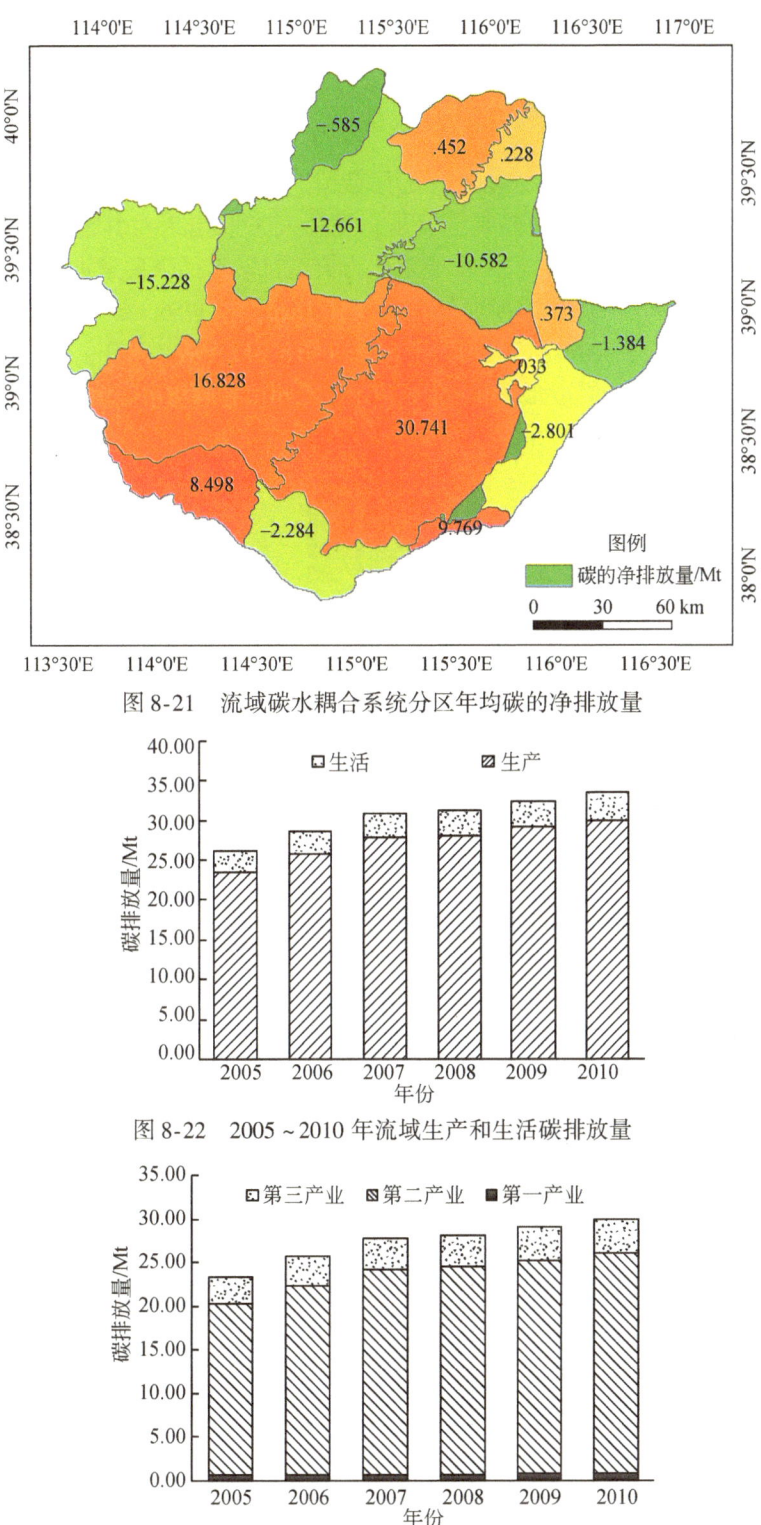

图 8-21 流域碳水耦合系统分区年均碳的净排放量

图 8-22 2005~2010 年流域生产和生活碳排放量

图 8-23 2005~2010 年流域三产碳排放量

8.4.2 水循环要素演变规律

(1) 自然水循环

自然水循环要素包括降水、蒸散发、冠层截留、洼地储留、土壤水、地下水、坡面产流、坡面汇流和河道汇流等多项要素。但是，当前人工取用水对其他要素过度干扰。因此，选取垂直方向的降水和蒸散发两个要素作为典型自然水循环要素进行时空分析。

1）降水。流域1997~2010年年均降水量为451.1mm，较1956~2010年年均值低77.9mm。除1996年外，降水量低于500mm的年份大于64%（图8-24）。从空间分布来看，流域保定市和石家庄市的降水量明显高于周边北京市、张家口市、沧州市和廊坊市等地区（图8-25）。

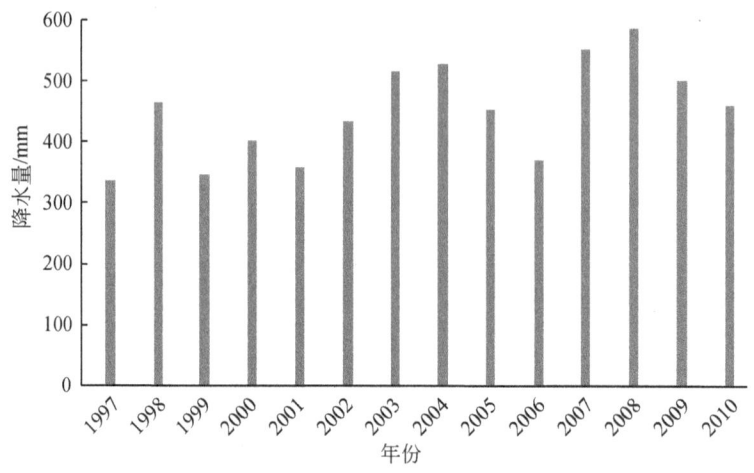

图8-24 流域1997~2010年降水序列

2）蒸散发。流域1996~2010年年均蒸散发量为754.41mm，除1998年和2000年外，其他年份均在1000mm以下（图8-26）。与1997年相比，2010年山区南部蒸散发量有所增加、而北部略有减少，平原区整体减少。

3）水平衡。白洋淀流域1997~2010年年降水量与年蒸散发量的差值均值为-346.11mm，降水量明显不能满足蒸散发的需求，其最大差值为1998年，达到-2112.25mm（图8-27）。

(2) 人工水循环

人工水循环包括取水、输水、用水、耗水、排水和再生水利用等要素，可归为水资源系统的供水和需水，二者的平衡可作为人工水循环的平衡。对于历史序列的模拟，后者为总用水量。流域2005~2010年的年均供水量、用水量与缺水量分别为47.64亿m³、48.07亿m³和0.43亿m³。其中，供水以地下水为主，占到85.4%，地表水和其他水资源分别占12.6%和2.0%；生产、生活和生态用水占总用水量的88.4%、9.2%和2.4%；第一、第二和第三产业分别占生产需水的83.9%、12.5%和3.6%。虽然流域需水量均呈现持续下降趋势，但是，在没有考虑河道内需水和湿地生态适宜需水的基础上，流域仍呈现多年缺水状态（图8-28~图8-30）。

第 8 章 | 白洋淀流域碳水耦合机制识别及演变规律

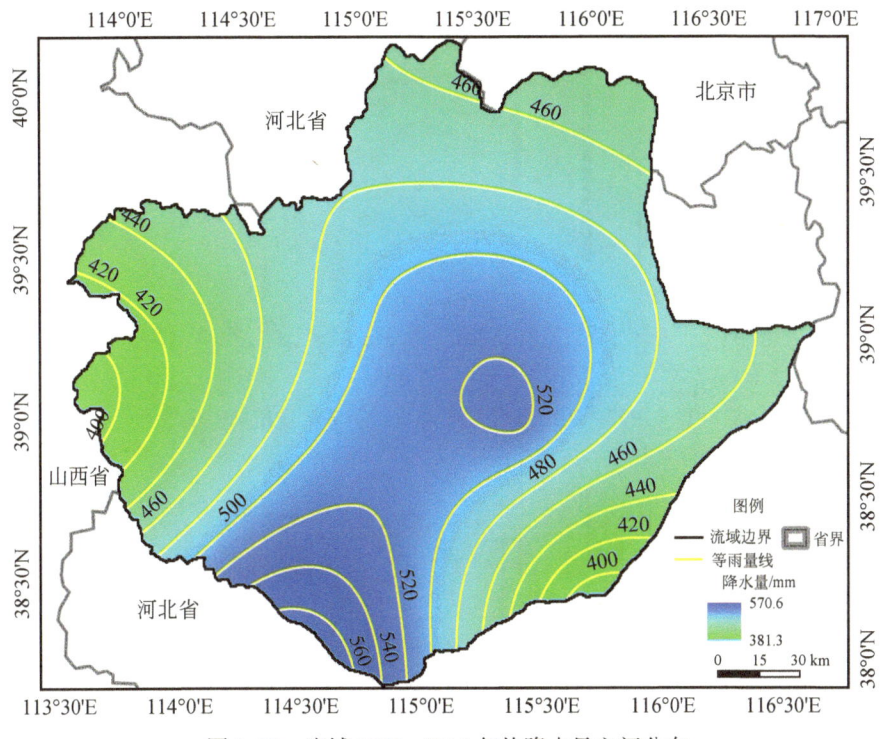

图 8-25　流域 1997~2010 年均降水量空间分布

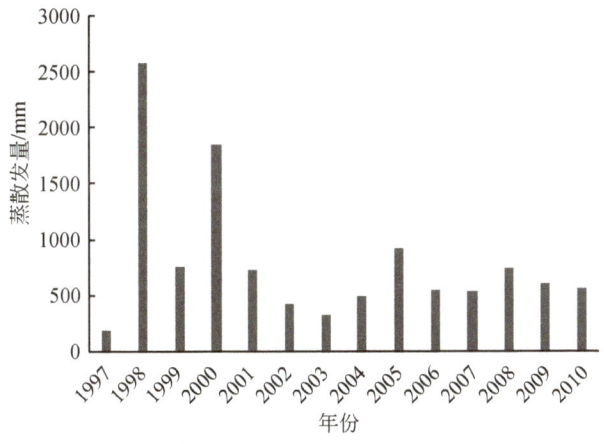

图 8-26　1997~2010 年流域蒸散发序列

8.4.3　碳水耦合定量化关系

流域碳水耦合定量化关系由碳排放系数、碳捕获系数和碳的净排放系数共同表征，即社会经济系统碳排放量与其用水量的比值、生态系统碳捕获量与其用水量的比值和两个系

| 101 |

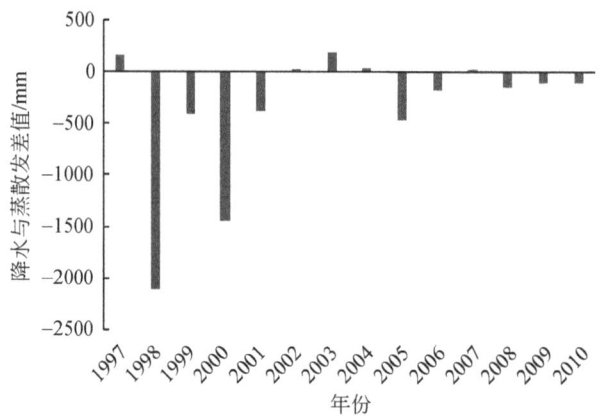

图 8-27 1997~2010 年流域年降水与年蒸散发量的差值序列

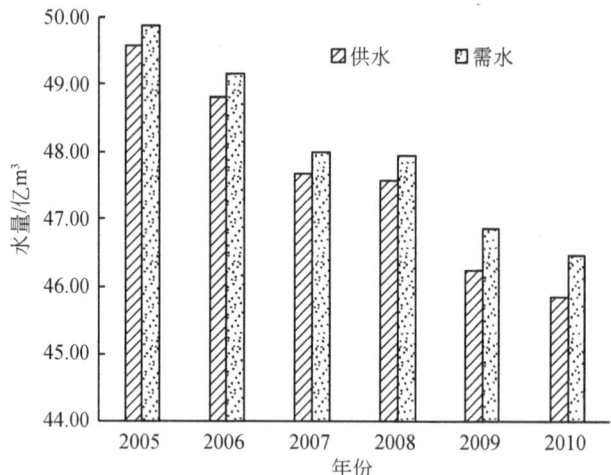

图 8-28 白洋淀流域 2005~2010 年供水和需水总量序列

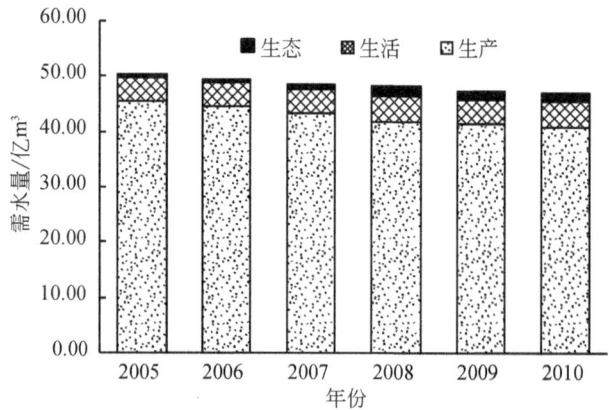

图 8-29 白洋淀流域 2005~2010 年生产、生活和生态需水量序列

数的差值,分别代表单方水的碳排放、碳捕获和碳的净排放效益。白洋淀流域以上三个系数 2005~2010 年的时空演变特征如下。

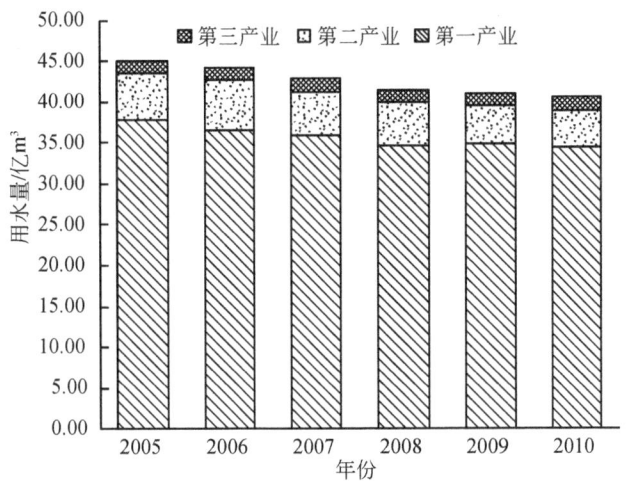

图 8-30 白洋淀流域 2005~2010 年第一、第二和第三产业用水量序列

(1) 碳排放系数

白洋淀流域 2005~2010 年社会经济系统碳排放系数均值为 7.7×10^{-3} t/m³，生产系数与其近似，这是由于生产用水与碳排放量在整个社会经济系统所占比例较大。但是，值得注意的是，生活碳排放系数略高于二者，达到 8.3×10^{-3} t/m³。三种碳排放系数均呈现增加态势（图 8-31）。第一、第二和第三产业的碳排放系数年均值分别为 3×10^{-4} t/m³、5.14×10^{-2} t/m³ 和 5.44×10^{-2} t/m³。

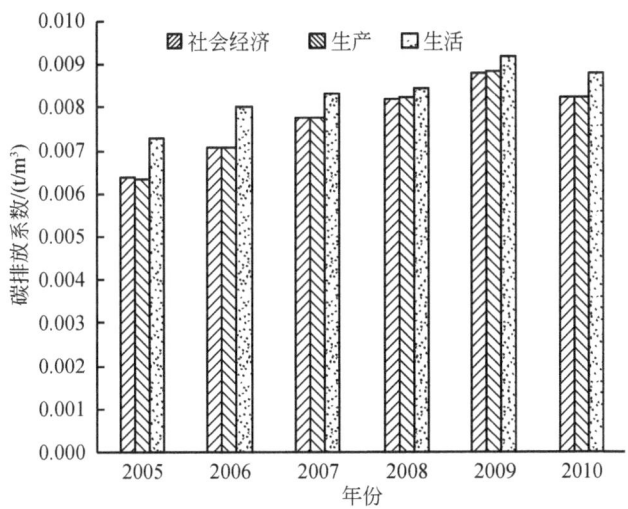

图 8-31 白洋淀流域 2005~2010 年社会经济、生产和生活碳排放系数序列

从空间分布来看，大清河山区张家口市的碳排放系数最高，其次为山区山西省和淀东平原衡水市，所占面积比例最大的保定市为 6.3×10^{-3} t/m³（图 8-32）。

(2) 碳捕获系数

流域 2005～2010 年生态系统的碳捕获系数均值为 $1.1×10^{-3}\,t/m^3$。与 2005 年相比，2010 年降低了 61.1%（图 8-33）。从空间分布来看，清北区域为正，清南区域为负，这与碳捕获量的分布密切相关（图 8-34）。

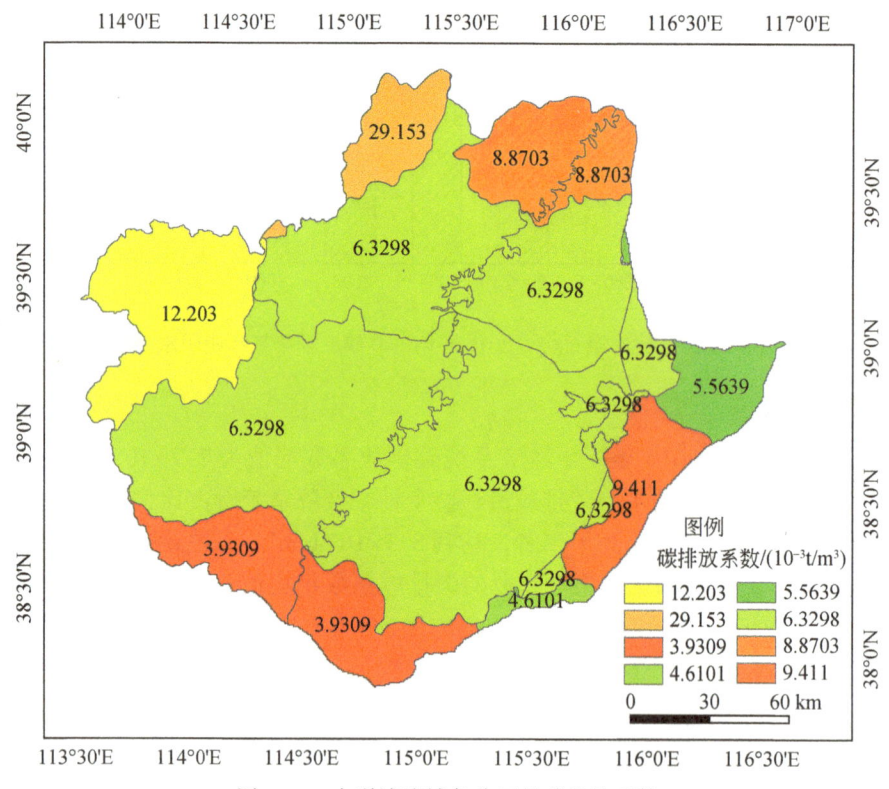

图 8-32 白洋淀流域各分区的碳排放系数

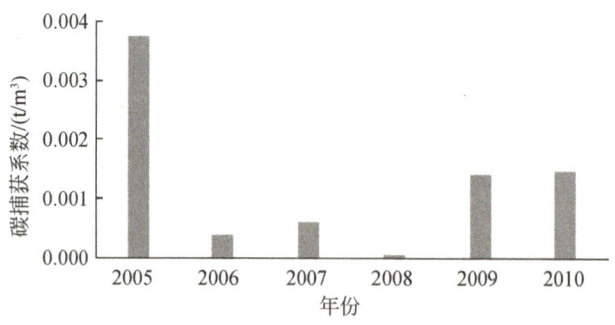

图 8-33 白洋淀流域 2005～2010 年碳捕获系数序列

(3) 碳的净排放系数

白洋淀流域 2005～2010 年碳的净排放系数均值为 $6.6×10^{-3}\,t/m^3$。与 2005 年相比，2010 年增加了 159%（图 8-35）。

从空间分布来看，除山区山西省、山区淀北保定市、淀西平原北京市、淀西淀北保定市、淀西平原保定市、淀东平原廊坊市和沧州市为负值，表现为碳"汇"，其余分区均表现为碳"源"（图8-36）。

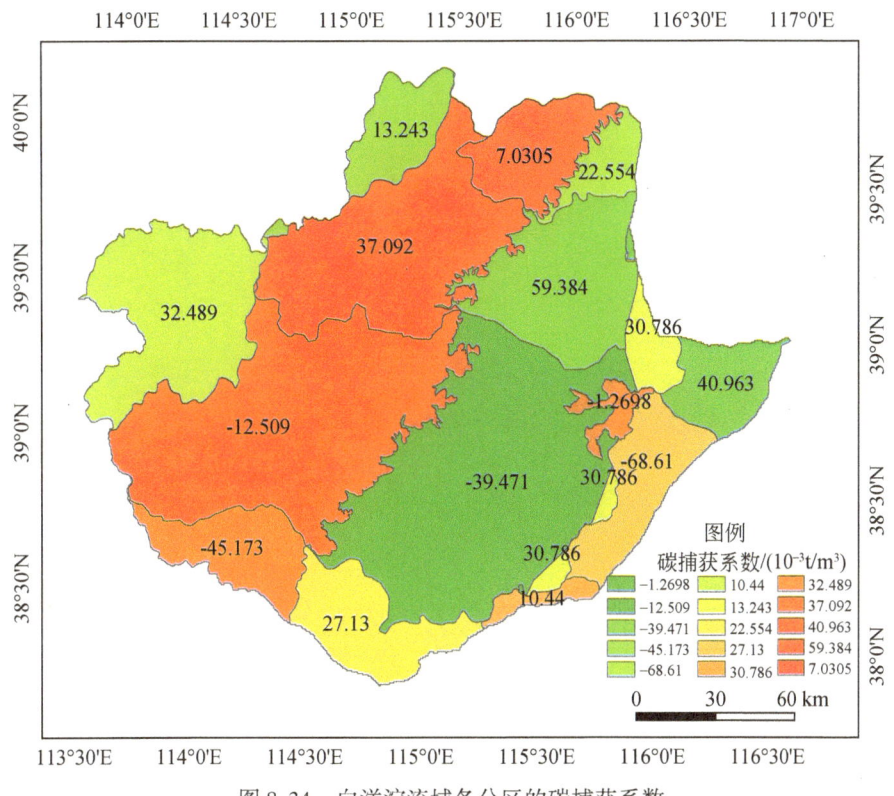

图8-34 白洋淀流域各分区的碳捕获系数

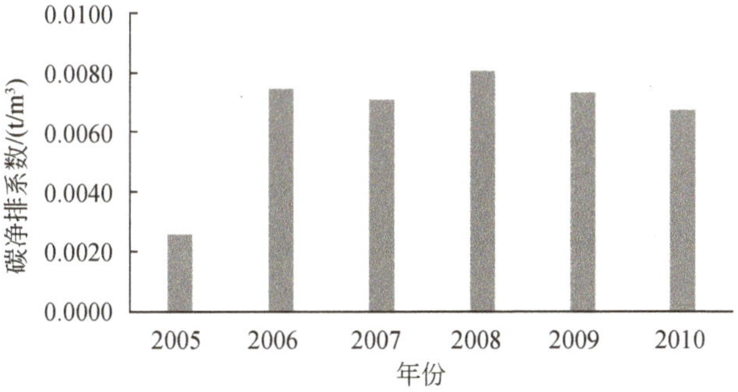

图8-35 白洋淀流域2005~2010年碳的净排放系数序列

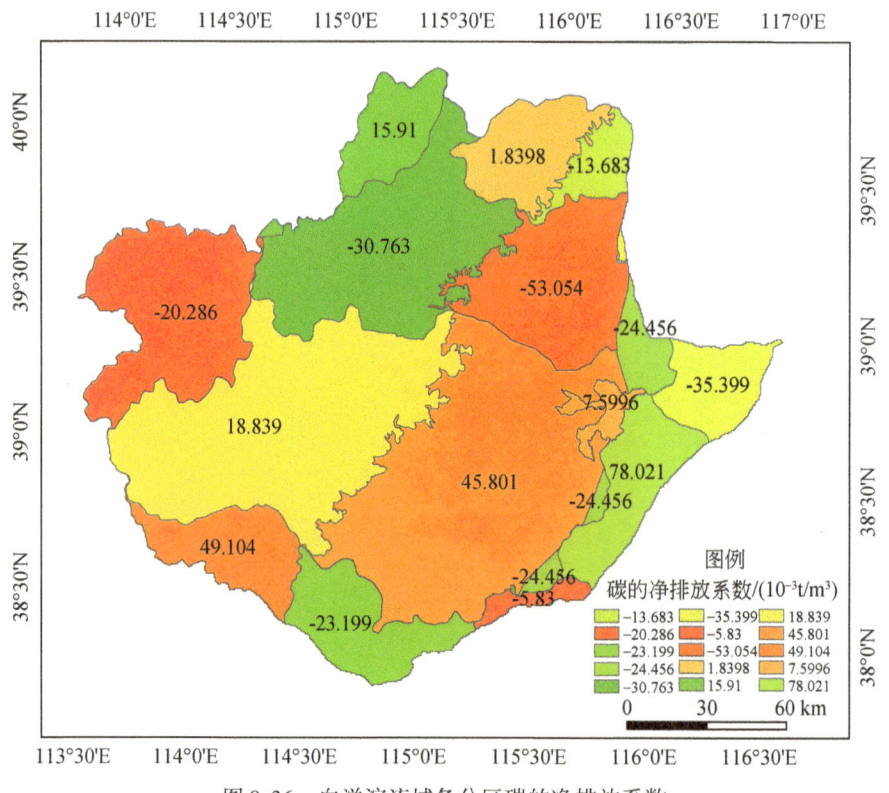

图 8-36 白洋淀流域各分区碳的净排放系数

8.5 本章小结

  本章以区域碳水耦合概念系统为框架，根据碳水耦合模拟和水资源合理配置的需求，抽象概化了白洋淀流域碳水耦合系统网络图。在此网络图指导下，收集气象、数字高程、水文地质、土地利用、土壤和植被等特征参数，并利用 GIS 平台对数据进行空间处理，生成模型输入数据、调试参数等基础信息，进行模型调试与校验，校验结果满足要求。利用区域碳水耦合模型对白洋淀流域碳循环与水循环进行模拟，识别二者的演变规律及碳水耦合定量化关系。结果表明：碳排放量和碳的净排放量呈现逐年增加的趋势，但碳捕获量变化趋势不显著，整体呈现碳"源"；虽然流域 2005~2010 年的供水和用水量均呈现持续下降趋势，但是，在没有考虑河道内需水和湿地生态适宜需水的基础上，流域仍呈现多年缺水状态；流域 2005~2010 年社会经济系统碳排放系数、生态环境系统的碳捕获系数和流域碳的净排放系数均值分别为 $7.7\times10^{-3}\text{t/m}^3$、$1.1\times10^{-3}\text{t/m}^3$ 和 $6.6\times10^{-3}\text{t/m}^3$，单方水的碳排放效益与碳的净排放效益均呈增加态势，但碳捕获效益变化不显著。

第9章 不同经济发展模式下的白洋淀流域碳排放与需水预测

9.1 白洋淀流域碳排放预测与分析

9.1.1 数据来源

白洋淀流域生产总值、资本存量、总人口、就业率、能源年消耗量、能源种类及其年消耗量等均来源于北京市、河北省和山西省2001~2011年统计年鉴。其中,生产总值和资本存量均可换算为2000年的可比价格。由于资本存量没有直接的数据来源,所以采用永续盘存法(Goldsmith,1951)和相关参数测算,具体如下。

$$K_t = K_{t-1}(1 - \delta_t) + I_t \tag{9-1}$$

式中,K_t是第t年的资本存量;K_{t-1}是第$t-1$年的资本存量;δ_t为经济折旧率;I_t为第t年的资本投资量。经济折旧率依据张军等(2004)计算得到各省的折旧系数,取9.6%。

煤炭、石油和天然气碳排放系数(即单位标准煤所释放的单位碳等价物)采用国家发改委气候变化司提出的参数,分别取0.747、0.5825和0.4435。

9.1.2 参数估计与模型修正

(1)能源强度

对式(6-7)进行对数变换:

$$\ln\tau(t) = \ln\tau_0 + v_\tau t + \varepsilon \tag{9-2}$$

式中,$\ln\tau_0$设为φ,ε为误差项。采用2001~2010年北京、河北和山西的能源消耗量和GDP数据计算白洋淀流域的能源强度,通过对其进行线性回归分析拟合,统计结果如表9-1所示。

表9-1 能源强度的参数估计

参数	参数值	t检验	显著性水平
φ	0.71	44.574	0
v_τ	-0.03	-12.705	0

线性回归的拟合效果较好,$R^2 = 0.947$,且都在10^{-10}的数量级上显著,能源强度增长

率为-0.03。依据上述结果,得到的拟合模型如下。

$$\tau(t) = 2.034 \times e^{-0.03t} \tag{9-3}$$

根据上式可知能源强度年下降速率为3%,进而估算出未来的能源强度。

(2) 经济变量

利用改进后的 Cobb-Douglas 动力学关系模型计算未来经济稳定增长趋势下的经济增长率。对式(6-3)进行对数变换得到线性统计模型(刘慧雅等,2011)如下:

$$\ln[Y(t)/E(t)] = \ln(A_0) + \alpha \ln[K(t)/E(t)] + \gamma \ln[L(t)] + vt + \varepsilon \tag{9-4}$$

式中,设 $\ln(A_0)$ 为 a_0;受限于资本存量的数据来源,北京、河北和山西的资本存量初始值采用张军等(2004)计算的2000年省际物质资本存量,因此生产总值与资本存量皆以2000年的价格为基准进行变换。

采用 SPSS 软件对上述模型进行线性回归分析,进一步计算出经济最优增长参数,具体结果如表9-2 所示。

表9-2 经济参数的估计

参数	参数值	t 检验	显著性水平
a_0	1.666	4.495	0.002
v	0.009	2.582	0.033
α	0.487	6.015	0.000
γ	0.099	0.571	0.586

方程的拟合度较高,$R^2=0.995$;除了劳动力产出系数 γ 外,其他三个参数的显著性水平皆在5%以下,分别取1.666、0.009 和0.487。则白洋淀流域最优经济增长速率预测不考虑劳动力产出率变化,其 Cobb-Douglas 动力学关系模型修改如下。

$$Y(t) = Ae^{vt}K(t)^{\alpha}E(t)^{1-\alpha}, \quad 0 < A < 1, \quad 0 < \alpha < 1 \tag{9-5}$$

其最优经济增长速率公式变为

$$g(t) = -\frac{1}{\delta}[\rho - (\varepsilon - \theta\tau(t))(A_0 e^{vt})^{1/\alpha}\tau(t)^{(1-\alpha)}] \tag{9-6}$$

若设能源强度的导数为0,可得到最大最优增长率对应的能源强度关系式:

$$\tau_{max} = \frac{\varepsilon(1-\alpha)}{\theta} \tag{9-7}$$

式中,τ_{max} 为流域2000~2010年的最大能源强度。根据已知变量计算得到 $\theta=24.756$。

由于估算出的2000~2010年的最优经济增长率须与实际增长率相符,因此可根据这个约束条件调节参数 δ 和 ρ,取 $\delta=8.903$,$\rho=-0.829$。

9.1.3 预测结果与分析

(1) 外延式发展

在外延式发展模式下,经济增长率、能源强度和能源结构分布采用2010年数据,即

2010年为基准年。其中,经济增长率为12.3%;能源强度为1.42tce/万元;煤、石油、天然气和其他能源比重为80.1%、8.8%、2.0%和9.1%。基于上述数据计算2015年、2020年和2030年的流域能源消费量和碳排放量,见表9-3。与2010年相比,该模式下2015年碳排放量将增长87.3%。

表9-3 外延发展模式下的白洋淀流域能源消费量及其碳排放量

年份	能源消费量/Mtce	碳排放量/Mt
2015	99.10	68.40
2020	176.99	122.17
2030	564.58	389.68

（2）低碳发展模式

能源强度及能源消费量。根据预测结果,2015~2030年的流域能源强度呈持续下降趋势,但能源消耗量上升趋势显著（表9-4）。

表9-4 低碳发展模式下白洋淀流域能源强度及能源消费量

年份	能源强度/(t/万元)	最优经济增长率/%	生产总值/(GDP/亿元)	能源消费量/Mtce
2015	1.26	8.2	5 929.7	74.6
2020	1.08	6.9	8 455.9	91.6
2030	0.80	5.2	14 943.2	119.9

这是由于北京、河北和山西三地的经济以农业和工业为主,加上21世纪初的城镇发展较为迅速,导致能源消费在产业发展的惯性作用下呈现增加态势;另一方面,随着我国的科技水平及其普及率的不断提高,生产水平也会持续上升,使得流域生产总值不断增加。

（3）能源结构预测与分析

由于2005年之前的数据不够完整,根据北京、河北和山西的2005~2010年的能源结构比例,采用马尔科夫链预测流域2015年、2020年和2030年的能源结构（表9-5）。预测结果表明:煤的使用比例呈现持续下降趋势;石油和天然气的使用比例虽然有所上升,但上升速率较慢;其他能源即非碳能源的使用比例增长最快,到2030年将占17.32%。从长期发展趋势来看,流域的富碳能源比例降低和低碳能源比例升高有利于区域碳减排目标的实现和低碳发展模式的开展。

表9-5 流域2015~2030年典型年的能源结构预测　　　　（单位:%）

年份	煤	石油	天然气	其他
2015	80.02	8.82	2.02	9.14
2020	75.90	9.42	2.67	12.01
2030	68.31	10.52	3.85	17.32

（4）碳排放量预测与分析

根据能源强度、能源消耗量和能源结构预测未来2015年、2020年和2030年的碳排放量分别为49.12 Mt、58.05 Mt和70.59Mt，与2010年相比，分别增加了34.5%、58.9%和93.35%。虽然能源强度以及低碳能源比例有所降低，但由于经济发展对能源的刚性需求，到2030年碳排放量还是呈现增加态势，增加速率逐渐减缓。

9.2 白洋淀流域需水预测与分析

9.2.1 社会经济发展指标

（1）人口增长

北京、河北和山西"十二五"规划分别要求人口自然增长率不得超过7.2‰、7.13‰和6.5‰。依据上述标准预测流域2015~2050年人口增长的发展趋势（图9-1）。2015年、2020年和2030年流域人口分别达到1479万、1491万和1510万。

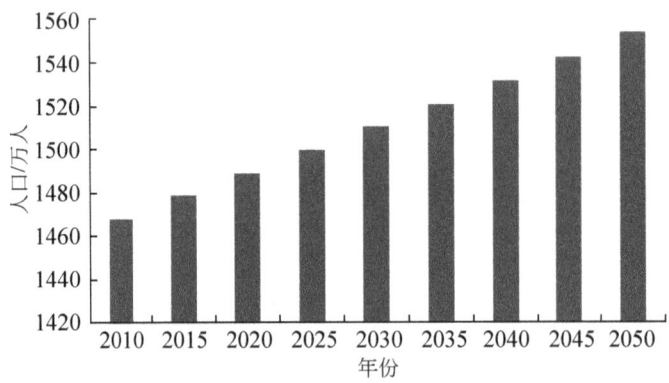

图9-1 白洋淀流域2010~2050年的人口发展态势

（2）城镇化水平

根据2000~2010年北京市、河北省和山西省的城镇化水平（图9-2），采用趋势外推法预测流域2015~2050年的发展态势。其中，流域2015年、2020年和2030年的城镇化水平分别达到55.13%、59.72%和63.59%（表9-6）。

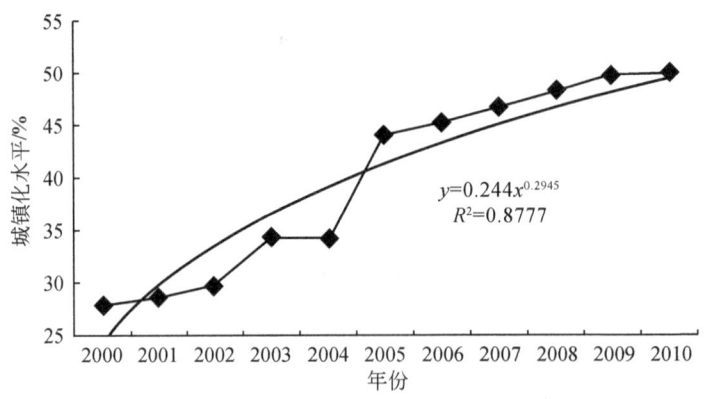

图9-2 白洋淀流域2000~2010年城镇化水平

表9-6 白洋淀流域2015~2050年典型的城镇化水平预测结果

项目	2015年	2020年	2030年
城镇化水平/%	55.13	59.72	63.59

（3）区域生产总值

北京、河北和山西的"十二五"规划分别要求地区生产总值年均增长速率达到8%、8.5%和13%，Cobb-Douglas动力学关系模型计算出的经济增长速率能够满足其要求，因此区域生产总值预测结果采用表9-4中的GDP预测值。

（4）产业结构

结合"十二五"规划需求，在产业结构方面，北京、河北和山西的第三产业比例分别需要增加至78%、38%和40%左右，则全流域的第三产业比例需占40%左右。以2005~2010年的产业结构为基础数据，利用马尔科夫链模型对流域三个省市未来产业结构进行预测（表9-7）。

表9-7 流域产业结构预测结果 （单位：%）

年份	第一产业	第二产业	第三产业
2015	10.3	50.9	38.8
2020	9.6	50.7	39.7
2030	8.7	50.3	41.0

结果表明：2015年，流域第三产业比例将增加至38.8%，基本满足"十二五"规划需求；到2030年，该比例将增至41.0%。

9.2.2 生产需水

（1）第一产业

1）农业灌溉需水。通过对比"十二五"规划要求和2010年现状年的耕地保有面积确定2015年、2020年和2030年各省的耕地面积变化率，北京市减少4.8%，河北省增加1.4%，山西省增加1.48%；在种植结构方面，北京市"十二五"规划要求大力发展籽种农业、保障蔬菜供应，河北省要求增加粮食产量、发展区域特色农业并扩大蔬菜业种植面积，山西省以"稳定粮食、做强畜牧、提高果菜、发展加工"为目标，基于上述目标对各市的种植结构进行适当调整；流域中各地区不同作物的经济灌溉定额表参照《河北省种植业高效用水技术路线图》和《DB13 河北省地方标准的用水定额》中设定的指标进行折算（表9-8），由于数据限制，北京市和山西省的同类作物取近似值；在灌溉水利用效率方面，北京市要求提高到53%，而河北省则要求提高至74%左右。

表 9-8　白洋淀流域不同区域 2015 年不同植被的净灌溉定额　　（单位：mm）

区域	小麦	夏玉米	春玉米	棉花	鲜果	蔬菜	杂粮
山区	218	56	99	—	225	306	28
丘陵区	218	113	98	—	225	303	—
平原区	191	112	—	117	225	261	—

基于上述"十二五"规划对耕地保有面积、种植结构、不同作物的灌溉定额、灌溉水利用效率等因素的要求，预测流域及其各市未来规划水平下的毛灌溉需水量；假设耕地面积和灌溉水利用率不变，按照 2015 年的灌溉定额预估流域现状水平下的灌溉用水量（表 9-9）。

表 9-9　未来不同水平年白洋淀流域农业毛灌溉需水量　　（单位：亿 m^3）

区域	现状水平			规划水平		
	2015 年	2020 年	2030 年	2015 年	2020 年	2030 年
保定	22.98	23.31	23.64	14.24	14.45	14.65
石家庄	4.74	4.87	4.87	2.42	2.46	2.49
大同	0.59	0.61	0.61	0.40	0.41	0.41
北京	1.02	1.05	1.05	0.63	0.64	0.65
沧州	0.99	1.02	1.02	0.73	0.74	0.75
张家口	0.24	0.25	0.25	0.18	0.18	0.19
廊坊	1.08	1.12	1.12	0.85	0.86	0.88
忻州	0.05	0.05	0.05	0.03	0.03	0.03
衡水	0.44	0.45	0.45	0.32	0.33	0.33
全流域	32.12	32.72	33.05	19.81	20.10	20.39

2）林业需水。根据"十二五"规划要求，北京市林木绿化率需增加 8%；河北和山西的年均增长率分别为 1% 和 0.5%。按照上述增长速率，白洋淀流域 2015 年、2020 年和 2030 年林木种植面积将分别达到 55 457hm^2、58 177hm^2 和 68 427hm^2。以三个省份 2000~2010 年的林木种植面积及河北省的单位面积用水量为基础，分别预测渠系水利用率现状水平和规划水平下流域 2015 年、2020 年和 2030 年的林业毛需水量（表 9-10）。

表 9-10　未来不同水平年白洋淀流域林业毛需水量　　（单位：亿 m^3）

区域	现状水平			规划水平		
	2015 年	2020 年	2030 年	2015 年	2020 年	2030 年
保定	1.30	1.60	2.45	1.13	1.39	2.12
石家庄	0.18	0.22	0.34	0.16	0.19	0.29
大同	0.17	0.21	0.32	0.15	0.18	0.28
北京	0.12	0.15	0.24	0.11	0.13	0.20

续表

区域	现状水平			规划水平		
	2015 年	2020 年	2030 年	2015 年	2020 年	2030 年
沧州	0.09	0.11	0.17	0.08	0.10	0.15
张家口	0.07	0.08	0.13	0.06	0.07	0.11
廊坊	0.07	0.08	0.13	0.06	0.07	0.11
忻州	0.02	0.03	0.05	0.02	0.03	0.04
衡水	0.02	0.02	0.03	0.01	0.02	0.03
全流域	2.04	2.52	3.85	1.77	2.18	3.33

3) 畜牧业需水。畜牧业需水根据未来牲畜数量和单位用水定额乘积来计算未来需水量，流域及各区域未来的畜牧业毛需水量预测结果详见表 9-11。其中，单位用水定额根据《DB13 河北省地方标准的用水定额》进行设定，对不同牲畜取外包线，设定单只大牲畜、小牲畜和家禽的日用水量为 $0.1 m^3/d$、$0.025 m^3/d$ 和 $0.001 m^3/d$。依据 2000~2010 年历史序列采用趋势外推法分别对其数量进行预估，并结合"十二五"规划要求进行修正，则 2015 年流域大牲畜、小牲畜和家禽数量分别为 76 万头、591 万只和 5964 万只；2020 年分别减少至 63 万头、557 万只和 4369 万只；考虑科学养殖技术的发展和未来社会经济需求，2030 年分别上升至 77 万头、599 万只和 6180 万只。

表 9-11　未来不同水平年白洋淀流域畜牧业毛需水量　　（单位：亿 m^3）

区域	现状水平			规划水平		
	2015 年	2020 年	2030 年	2015 年	2020 年	2030 年
保定	1.03	0.89	1.05	0.57	0.50	0.58
石家庄	0.14	0.12	0.15	0.08	0.07	0.08
大同	0.14	0.12	0.14	0.08	0.07	0.08
北京	0.10	0.09	0.10	0.05	0.05	0.06
沧州	0.07	0.06	0.07	0.04	0.03	0.04
张家口	0.05	0.05	0.05	0.03	0.03	0.03
廊坊	0.05	0.05	0.05	0.03	0.03	0.03
忻州	0.02	0.02	0.02	0.01	0.01	0.01
衡水	0.01	0.01	0.01	0.01	0.01	0.01
全流域	1.62	1.40	1.65	0.90	0.78	0.91

4) 渔业需水。渔业采用单位面积需水量和鱼塘发展面积计算未来需水量。由于缺乏北京和山西鱼塘的单位面积用水量历史序列，因此流域参照河北省 2001~2010 年的历年值进行趋势外推对未来进行预测，2015 年、2020 年和 2030 年的毛定额分别设为 1.07 万 m^3/hm^2、1.14 万 m^3/hm^2 和 0.92 万 m^3/hm^2；鱼塘发展面积则是依据三个省份 2000~2010 年历年养殖面积演变趋势对 2015 年、2020 年和 2030 年进行估算，分别为 5115.6hm^2、5112.6hm^2 和

5106.7hm²。基于两个基本参数的预估,预测现状水平与规划水平下未来三个水平年流域和各市的渔业毛需水量(表9-12)。

表9-12 未来不同水平年白洋淀流域渔业毛需水量 (单位:亿m³)

区域	现状水平			规划水平		
	2015年	2020年	2030年	2015年	2020年	2030年
保定	0.349	0.372	0.301	0.302	0.322	0.260
石家庄	0.048	0.052	0.042	0.042	0.045	0.036
大同	0.046	0.049	0.040	0.040	0.042	0.034
北京	0.033	0.036	0.029	0.029	0.031	0.025
沧州	0.024	0.026	0.021	0.021	0.022	0.018
张家口	0.018	0.019	0.016	0.016	0.017	0.014
廊坊	0.018	0.019	0.015	0.015	0.016	0.013
忻州	0.007	0.007	0.006	0.006	0.006	0.005
衡水	0.004	0.005	0.004	0.004	0.004	0.003
全流域	0.548	0.583	0.472	0.474	0.505	0.409

(2) 第二产业

基于GDP预测结果、现状及规划工业用水定额标准、供水系统水利用系数和再生水利用率,分别预测现状水平与规划水平下的流域未来第二产业需水量(表9-13)。

表9-13 未来不同水平年白洋淀流域第二产业毛需水量 (单位:亿m³)

区域	现状水平			规划水平		
	2015年	2020年	2030年	2015年	2020年	2030年
保定	4.39	6.23	10.96	1.90	2.69	4.73
石家庄	0.61	0.86	1.52	0.26	0.37	0.66
大同	0.58	0.82	1.44	0.25	0.35	0.62
北京	0.42	0.60	1.05	0.18	0.26	0.45
沧州	0.30	0.43	0.76	0.13	0.19	0.33
张家口	0.23	0.32	0.57	0.10	0.14	0.25
廊坊	0.22	0.32	0.56	0.10	0.14	0.24
忻州	0.08	0.12	0.21	0.04	0.05	0.09
衡水	0.05	0.08	0.13	0.02	0.03	0.06
全流域	6.89	9.78	17.20	2.98	4.23	7.42

根据产业结构和GDP预测结果,预测流域2015年、2020年和2030年的第二产业生产总值分别为3018.7亿元、4285.4亿元和7518.9亿元。流域2010年万元GDP用水量为22.8m³,北京、河北和山西"十二五"规划分别要求2015年万元GDP水耗分别降低

15%、30%和16.3%左右，流域整体需降低25%左右。《"十二五"全国城镇污水处理及再生利用设施建设规划》要求城市污水处理率和再生水利用率分别提高至85%和15%左右。

（3）第三产业

根据产业结构和GDP预测结果，预测流域2015年、2020年和2030年的第三产业生产总值分别为2300.9亿元、3359.5亿元和6129.7亿元。以万元GDP水耗降低为标准，预测2015年、2020年和2030年的流域第三产业需水量（表9-14）。

表9-14 未来不同水平年白洋淀流域第三产业毛需水量 （单位：亿 m³）

区域	现状水平			规划水平		
	2015年	2020年	2030年	2015年	2020年	2030年
保定	1.56	2.28	4.17	0.74	0.62	0.42
石家庄	0.22	0.32	0.58	0.10	0.09	0.06
大同	0.21	0.30	0.55	0.10	0.08	0.06
北京	0.15	0.22	0.40	0.07	0.06	0.04
沧州	0.11	0.16	0.29	0.05	0.04	0.03
张家口	0.08	0.12	0.22	0.04	0.03	0.02
廊坊	0.08	0.12	0.21	0.04	0.03	0.02
忻州	0.03	0.04	0.08	0.01	0.01	0.01
衡水	0.02	0.03	0.05	0.01	0.01	0.01
全流域	2.45	3.58	6.54	1.06	1.55	2.82

9.2.3 生活需水

生活需水需要参照未来人口发展、城镇化水平、人均生活用水净定额和供水系统的水利用系数进行预测（表9-15）。其中，以2001~2010年的生活用水和人口数据为基础，采用趋势外推法确定2015年、2020年和2030年的人均生活用水净定额。其中，人均城镇用水净定额分别为54.38L/d、49.2L/d和46.8 L/d；农村定额分别为56.6 L/d、57.5 L/d和57.9 L/d。

表9-15 未来不同水平年白洋淀流域生活毛需水量 （单位：亿 m³）

区域	现状水平						规划水平					
	2015年		2020年		2030年		2015年		2020年		2030年	
	城镇	农村	城镇	农村	城镇	农村	城镇	农村	城镇	农村	城镇	农村
保定	1.45	1.51	1.53	1.38	1.62	1.15	1.26	1.31	1.33	1.19	1.40	0.99
石家庄	0.20	0.21	0.21	0.19	0.22	0.16	0.17	0.18	0.18	0.17	0.19	0.14

续表

区域	现状水平 2015年 城镇	现状水平 2015年 农村	现状水平 2020年 城镇	现状水平 2020年 农村	现状水平 2030年 城镇	现状水平 2030年 农村	规划水平 2015年 城镇	规划水平 2015年 农村	规划水平 2020年 城镇	规划水平 2020年 农村	规划水平 2030年 城镇	规划水平 2030年 农村
大同	0.19	0.20	0.20	0.18	0.21	0.15	0.17	0.17	0.17	0.16	0.18	0.13
北京	0.14	0.14	0.15	0.13	0.16	0.11	0.12	0.13	0.13	0.11	0.13	0.10
沧州	0.10	0.10	0.11	0.10	0.11	0.08	0.09	0.09	0.09	0.08	0.10	0.07
张家口	0.08	0.08	0.08	0.07	0.08	0.06	0.07	0.07	0.07	0.06	0.07	0.05
廊坊	0.07	0.08	0.08	0.07	0.08	0.06	0.06	0.07	0.07	0.06	0.07	0.05
忻州	0.03	0.03	0.03	0.03	0.03	0.02	0.02	0.02	0.03	0.02	0.03	0.02
衡水	0.02	0.02	0.02	0.02	0.02	0.01	0.02	0.02	0.02	0.01	0.02	0.01
全流域	2.27	2.37	2.40	2.16	2.54	1.80	1.97	2.05	2.08	1.87	2.20	1.56

9.2.4 生态需水

(1) 河道内生态需水

现阶段，由于白洋淀流域缺乏长序列的日水文观测资料和生态观测资料，考虑需水计算需求和已有数据序列，选择每年最枯月平均径流流量，对其排频计算，选择频率为90%的月径流量 D_e 为月均生态需水定额；若 $D_e = 0$，则改取最枯月平均径流流量。由于白洋淀流域比较特殊，上游支流直接汇入下游湿地区，流域并没有干流，且具有径流资料的水文站均位于上游山区，因此其他缺资料河流的河道内生态需水需要参照控制集水区的面积进行折算。

以白洋淀流域王快、西大洋、紫荆关、安各庄、张坊水文站1956~2000年和横山岭水文站1990~2000年的天然月径流量为基础数据，选择每年最枯月平均径流流量，再分别计算各水文站频率为90%的月径流量和年均月径流量，以保证河流不断流为原则，选取月均需水定额（表9-16）。

表9-16 白洋淀流域典型水文站月均需水定额　　　　　　　（单位：万 m³）

水文站	王快	西大洋	紫荆关	安各庄	张坊	横山岭
所在河流	潴龙河	磁河	拒马河	中易水	拒马河	磁河
Q_{m90}	0	419	589	0	718	0.00
Q_{ave}	530	1019	935	20	1544	47
D_{em}	530	419	589	20	718	47

注：Q_{m90} 代表频率为90%的最枯月月径流量；Q_{ave} 代表多年平均最枯月月径流量；D_{em} 代表月均需水定额。

由于紫荆关和张坊水文站均位于拒马河上，取二者的较大值作为河流的月均需水定额。由于瀑河、漕河和清水河上的水文站数据不详，因此将其控制的子流域与中易水进行对比，根据二者的面积比值折算出三者的年均河道内生态需水定额。基于上述分析，可估算湿地上游主要河流的年生态需水量（表9-17），全流域约为2.14亿 m³。若按照频率为90%的最枯月月径流量进行计算，流域年生态需水量仅为1.36亿 m³。

表9-17　白洋淀流域典型水文站年生态需水量　　　　（单位：亿 m³）

河流	拒马河	中易水	瀑河+漕河+清水河	唐河	沙河	磁河	全流域
生态需水	0.86	0.02	0.06	0.50	0.64	0.06	2.14

（2）湿地生态需水

赵志轩等（2012）确立了白洋淀湿地保护目标，对不同方案下的湿地生态需水量进行了评估。因此，可借鉴相关已有研究成果预测未来白洋淀湿地的生态需水：在一定水位保证率下，综合考虑芦苇生产量、渔业生产力、湿地调蓄洪水的能力、目标物种（大苇莺）适宜生境特征指标，65%和75%的月均水位保证率较为合适，则湿地的年生态需水量分别为4.72亿 m³ 和3.89亿 m³（赵志轩等，2012）。若考虑供水成本，后者更为合适。

（3）城镇生态环境需水

参照海河流域城市实际用水情况和《河北省水资源综合规划》，城镇绿化用水定额、环境卫生用水定额和河湖补水用水定额分别为 3000m³/hm²、900m³/hm² 和 12 000～20 000m³/hm²；北京市、河北省和山西省的城市绿地化2015年分别要求达到57%、35%和36%左右。结合《河北省水资源综合规划》研究成果和"十二五"规划要求计算2015、2020和2030水平年的城镇生态环境需水（表9-18）。

表9-18　白洋淀流域城镇生态环境需水量　　　　（单位：万 m³）

区域	现状水平 2015年	现状水平 2020年	现状水平 2030年	规划水平 2015年	规划水平 2020年	规划水平 2030年
保定	6 573.29	8 152.33	11 591.72	5 477.74	6 793.61	9 659.77
石家庄	2 740.20	2 825.23	4 153.28	2 283.50	2 354.36	3 461.07
大同	743.77	894.66	1 315.21	619.81	745.55	1 096.00
北京	4 619.19	5 556.29	8 168.12	3 849.33	4 630.25	6 806.77
沧州	178.20	222.38	320.26	148.50	185.32	266.88
张家口	70.11	86.76	119.76	58.43	72.30	99.80
廊坊	88.22	110.91	167.71	73.52	92.42	139.76
忻州	9.27	11.53	16.40	7.72	9.61	13.67
衡水	18.53	23.06	32.80	15.44	19.22	27.33
全流域	15 040.77	17 883.16	25 885.25	12 533.98	14 902.63	21 571.04

9.2.5　流域总需水

基于上述各分项需水计算生产、生活和生态需水总量，将现状定额和供水系统水利用率下的需水量作为社会经济呈现外延式发展所需的水资源总量,且不考虑河道内和湿地生态需水;在"十二五"规划要求下的定额和供水系统水利用率情景下的需水量作为社会经济系统呈现可持续发展所需的水资源总量,需要考虑河道内和湿地生态需水。与低碳发展模式相比,2015、2020 和 2030 水平年外延式发展模式下的流域需水量分别增加 12.69 亿 m³、15.29 亿 m³ 和 21.63 亿 m³(表 9-19)。

表 9-19 外延式和低碳发展模式下的白洋淀流域需水量　　　(单位:亿 m³)

水平年	生产 外延式	生产 低碳	生活 外延式	生活 低碳	生态 外延式	生态 低碳	总需水量 外延式	总需水量 低碳
2015	45.66	26.98	4.64	4.02	1.50	8.11	51.80	39.11
2020	50.58	29.34	4.56	3.95	1.79	8.35	56.93	41.64
2030	62.77	35.29	4.34	3.76	2.59	9.02	69.70	48.07

9.3 本章小结

本章考虑社会经济法发展模式,对外延式与低碳式两种社会经济发展模式下的白洋淀流域未来不同规划水平年的碳排放与需水进行预测。

碳排放预测结果表明:在外延式发展模式下,流域 2015 年、2020 年和 2030 年的碳排放量分别为 68.4 Mt、122.17 Mt 和 389.68 Mt;在低碳发展模式下,未来 2015 年、2020 年和 2030 年的碳排放量分别为 49.12 Mt、58.05 Mt 和 70.59 Mt。

需水预测结果表明:在外延式发展模式下,若不考虑河道内和湿地生态需水,流域 2015 年、2020 年和 2030 年的总需水量将分别达到 51.8 亿 m³、56.93 亿 m³ 和 69.7 亿 m³;在低碳发展模式下,考虑河道内和湿地生态需水,流域 2015 年、2020 年和 2030 年的总需水量将分别达到 39.11 亿 m³、41.64 亿 m³ 和 48.07 亿 m³。

第10章 基于低碳发展模式的白洋淀流域水资源合理配置

10.1 配置方案集设置

10.1.1 方案集设置依据

白洋淀流域配置方案集主要是依据国家水资源与生态环境规划、区域社会经济发展模式、供水与用水模式、水利工程布局等工程性措施和非工程性措施方面的要素因子进行设置（表10-1）。

表10-1 白洋淀流域配置方案集的关键要素因子

因子集	子集	约束条件
社会经济	人口发展	人口增长速率
	城镇化发展	城镇化水平
	经济发展速度	最优增长速率；规划水平年的目标值
	产业结构	三产比例调整与优化
	能源消费	能源消费结构
供水模式	供水结构调整	地表水、地下水和其他水源的供水比例
用水模式	输水过程的损失	渠系调整；提高渠系水利用率；提高供水系统水保证率
用水模式	用水结构	调整生产、生活和生态用水比例
	农业节水	调整种植结构，开展农业节水技术，提高灌溉水利用率
	工业节水	开展工业节水，降低高耗水行业的用水
	生活节水	普及节水器具
水利工程	新建大型水库	无
	外流域调水工程	南水北调东/中线工程及其配套工程；引黄入淀工程；引黄入晋工程

其中，国家水资源与生态环境规划主要涉及我国《水利发展"十二五"规划》，《国家能源科技"十二五"规划》，《"十二五"控制温室气体排放工作方案》，北京、河北和山西的国民经济和社会发展及生态环境建设的"十二五"规划，《河北省水资源综合规划》，《大同市水资源配置规划》等，以此来约束方案中的关键决策变量；区域社会经济发展中主要考虑经济发展速度、结构及规模，直接决定着用水结构和能源消费结构，进而

影响需水量和碳排放量；供水模式主要涉及供水结构，即不同水源的比例和污水处理回用率等因子；用水模式主要包括用水结构和水平，涉及行业节水方案的制订和未来节水水平；基准年和未来规划水平年的水利工程布局对流域当地水资源的重新分配和外来调水的补充将起到决定性作用。与白洋淀流域相关的大型水利规划工程包括南水北调东线工程及其配套工程、引黄入淀工程和引黄入晋工程，在未来规划水平年该流域本地水源工程无新增项。

方案集的设置实际上是综合考虑上述几种因素并进行优化组合的过程，经过优化选取生成推荐方案。在时间维度上，基准年为2010年；近期、中期和远期规划水平年分别为2015、2020和2030水平年。

10.1.2 不同水平年的配置方案

基于低碳发展模式的白洋淀流域水资源合理配置方案集主要从社会经济发展模式、供水模式、用水模式和水利工程布局五个方面进行设置。

（1）基准年

2010年流域无新增大型水利工程，社会经济发展维持现状，其配置方案集共设置了四套方案（表10-2）。该方案集旨在明晰流域内部节水措施对缺水率和碳的净排放影响。

表10-2　2010年白洋淀流域水资源合理配置方案集

方案	经济模式	供水模式	用水模式	水利工程
方案一	现状水平	维持现状	维持现状	无新增大型工程
方案二	现状水平	灌溉水利用率+10%；渠系水利用率+10%；调整地下水供水	农业灌溉定额减少10%；第二、第三产业GDP增加值耗水减少10%；生活用水定额减少10%	无新增大型工程
方案三	现状水平	灌溉水利用率+10%；渠系水利用率+10%；调整地下水供水	农业灌溉定额减少20%；第二、第三产业GDP增加值耗水减少20%；生活用水定额减少20%	无新增大型工程
方案四	现状水平	灌溉水利用率+15%；渠系水利用率+15%；调整地下水供水	农业灌溉定额减少35%；第二、第三产业GDP增加值耗水减少35%；生活用水定额减少35%	无新增大型工程

方案一：该方案为"零"方案，社会经济发展模式、供水和用水模式均维持现状水平，以了解流域在考虑河道内生态需水和湿地生态需水后的缺水率和碳的净排放水平。

方案二：在方案一的基础上，农业灌溉定额、工业GDP增加值耗水和生活用水定额分别减少10%；灌溉水利用率和渠系水利用率分别提高10%，减少地下水供水。即该方案采用低节水方案。

方案三：在方案二的基础上，农业灌溉定额、工业GDP增加值耗水和生活用水定额再减少 10%，减少地下水供水。即该方案采用中节水方案。

方案四：在方案三的基础上，农业灌溉定额、工业 GDP 增加值耗水和生活用水定额再减少 15%，灌溉水利用率和渠系水利用率分别再提高 5%，减少地下水供水。即该方案采用高节水方案。

（2）2015 水平年

2015 年，流域社会经济若按照外延式经济发展，则 GDP 增速维持在 12.3%；若按照低碳发展模式发展则为 8.2%。流域的水资源合理配置方案集需要考虑南水北调东线工程和引黄调水工程，其配置方案集共设置了四套方案（表 10-3）。

方案一：该方案为 2015 年的"外延式"发展方案，即社会经济按照 2015 年的预测结果发展，需水量将明显增加，灌溉面积增加 1.5%，但是供水模式、用水模式和水利工程的运行调度与布局维持 2010 年现状不变，其结果可作为后三个方案的对比方案。

方案二：该方案为 2015 年的低节水方案。在 2015 年的社会经济发展模式下，灌溉面积增加 1.5%，降低保定、石家庄、北京、张家口和衡水市的灌溉定额，均值为 0.129mm；林业面积增加至 55 457hm²，其灌定额约为 0.37 万 m³/hm²；北京、河北和山西各市的生产总值水耗分别降低 15%、30% 和 16.3% 左右，以降低第二和第三产业的用水量和碳排放量。用水模式的改变降低了社会经济需水，在保障生态需水的前提下，可适当减少地下水供水比例，并将灌溉水利用系数分别提高至 0.6，渠系水利用率增加至 0.69。

方案三：该方案为 2015 年的中节水方案，在方案二的基础上，农业灌溉定额均值降至 0.125 mm 左右，林业灌溉定额降至 0.36 万 m³/hm²。同时，由于 2015 年南水北调东线工程、引黄入淀工程和引黄入晋（二期）工程将开始调水，因此可进一步降低地下水的取水量，并将灌溉水利用系数和渠系水利用率提高至 0.67 和 0.77。

方案四：该方案为 2015 年的高节水方案，在方案三的基础上，农业灌溉定额均值降至 0.117mm 左右，林业灌溉定额降至 0.35 万 m³/hm²。同时，将灌溉水利用系数和渠系水利用率分别提高至 0.74 和 0.85。

表 10-3　2015 水平年白洋淀流域水资源合理配置方案集

方案	经济模式	供水模式	用水模式	水利工程
方案一	2015 年预测结果	维持 2010 年水平	灌溉面积增加 1.5%；其他均维持 2010 年水平	维持 2010 年水平
方案二	2015 年预测结果	减少地下水使用量；灌溉水利用率提高至 0.60；渠系水利用率均值增加 0.08	灌溉面积增加 1.5%；保定、石家庄、北京、张家口和衡水市的农业灌溉定额均值降低至 0.129mm；林业面积增加至 55 457hm²，其灌定额约为 0.37 万 m³/hm²；北京、河北和山西各市第二和第三产业的产业增加值用水量分别降低 15%、30% 和 16.3% 左右	维持 2010 年水平

续表

方案	经济模式	供水模式	用水模式	水利工程
方案三	2015年预测结果	增加地表水供水量，减少地下水使用量；灌溉水利用率提高至0.67；渠系水利用率均值增加0.08	灌溉面积增加1.5%；保定、石家庄、北京、张家口和衡水市的农业灌溉定额均值降低至0.125mm；林业面积增加至55457hm²，其灌溉定额约为0.36万 m³/hm²；北京、河北和山西各市第二和第三产业的产业增加值用水量分别降低15%、30%和16.3%左右	南水北调东线/中线、引黄入淀和引黄入晋工程（2015年）
方案四	2015年预测结果	增加地表水供水量，减少地下水使用量；灌溉水利用率提高至0.74；渠系水利用率均值增加0.08	灌溉面积增加1.5%；降低保定、石家庄、北京、张家口和衡水市的农业灌溉定额，均值为0.117 mm；林业面积增加至55 457hm²，其灌溉定额约为0.35万 m³/hm²；北京、河北和山西各市第二和第三产业的产业增加值用水量分别降低15%、30%和16.3%左右	南水北调东线/中线、引黄入淀和引黄入晋工程（2015年）

（3）2020水平年

2020年，流域社会经济若按照外延式经济发展，则GDP增速维持在12.3%；若按照低碳发展模式发展则为6.9%。流域的水资源合理配置方案集需要考虑南水北调东线工程和引黄调水工程，其配置方案集共设置了四套方案（表10-4）。

表10-4　2020水平年白洋淀流域水资源合理配置方案集

方案	经济模式	供水模式	用水模式	水利工程
方案一	2020年预测结果	维持2010年现状	灌溉面积增加1.5%；其他均维持2010年水平	维持2010年现状
方案二	2020年预测结果	减少地下水使用量；灌溉水利用率提高至0.60；渠系水利用率均值增加0.08	农业灌溉面积增加3%；降低保定、石家庄、北京、张家口和衡水市的灌溉定额，均值为0.14 mm；林业面积增加至58 177hm²，其灌溉定额约为0.43万 m³/hm²；第二和第三产业的产业增加值用水量分别降低25%	维持2010年现状
方案三	2020年预测结果	增加地表水供水量，减少地下水使用量；灌溉水利用率提高至0.67；渠系水利用率均值增加0.08	农业灌溉面积增加3%；降低保定、石家庄、北京、张家口和衡水市的灌溉定额，均值为0.13 mm；林业面积增加至58 177hm²，其灌溉定额约为0.42万 m³/hm²；第二和第三产业的产业增加值用水量均降低30%	南水北调东线/中线、引黄入淀和引黄入晋工程（2020年）
方案四	2020年预测结果	增加地表水供水量，减少地下水使用量；灌溉水利用率提高至0.74；渠系水利用率均值增加0.08	农业灌溉面积增加3%；降低灌溉定额，使流域均值达到0.12mm；林业面积增加至58 177hm²，其灌溉定额约为0.4万 m³/hm²；第二和第三产业的产业增加值用水量分别降低30%	南水北调东线/中线、引黄入淀和引黄入晋工程（2020年）

方案一：该方案为 2020 年的"外延式"发展方案，即社会经济按照 2020 年的预测结果发展，其他工程措施和非工程措施的影响要素不发生改变。

方案二：该方案为 2020 年的低节水方案。水利工程布局维持 2010 年现状，其供水模式与 2015 年的方案二相同，但农业灌溉面积再增加 1.5%；降低流域灌溉定额，使其均值达到 0.14 mm；林业面积增加至 58 177 hm²，其灌溉定额约为 0.43 万 m³/hm²；第二和第三产业的产业增加值用水量分别降低 25%；灌溉水利用系数和渠系水利用率分别提高至 0.6 和 0.69。

方案三：该方案为 2020 年的中节水方案。在方案二的基础上，考虑 2020 年的南水北调东线工程、引黄入淀工程和引黄入晋工程规划调水。同时，将流域灌溉定额均值调整为 0.13 mm，林业灌溉定额调整为 0.42 万 m³/hm²，第二和第三产业的产业增加值用水量再降低 5%。灌溉水利用系数和渠系水利用率分别提高至 0.67 和 0.77。

方案四：该方案为 2020 年的高节水方案。在方案三的基础上，流域农业和林业灌溉定额分别降低 0.01 mm 和 0.02 万 m³/hm²；灌溉水利用系数和渠系水利用率分别提高至 0.74 和 0.85。

(4) 2030 水平年

参考 2020 年的设计思路，生成 2030 年流域的水资源合理配置方案集（表 10-5）。流域社会经济外延式发展模式下的 GDP 增速为 12.3%，低碳发展模式增速则为 5.2%。

方案一：该方案为 2030 年的"外延式"发展方案，即其他配置因子不发生改变，社会经济按照 2030 年的预测结果发展。

方案二：该方案为 2030 年的低节水方案。水利工程布局不发生变化，其供水模式与 2020 年类似，但农业灌溉面积再增加 1.5%；流域农业灌溉定额均值需降至 0.12 mm；林业面积增加至 68 427 hm²，其灌溉定额约为 0.56 万 m³/hm²；第二和第三产业的产业增加值用水量分别降低 30%；灌溉水利用系数和渠系水利用率分别提高至 0.6 和 0.69。

方案三：该方案为 2030 年的中节水方案。在方案二的基础上，考虑 2030 年的南水北调东线工程、引黄入淀工程和和引黄入晋工程规划调水。同时，将流域农业灌溉定额和林业灌溉定额均值分别调整为 0.11 mm 和 0.55 万 m³/hm²，第二和第三产业的产业增加值用水量再降低 5%。灌溉水利用系数和渠系水利用率分别提高至 0.67 和 0.77。

表 10-5　2030 水平年白洋淀流域水资源合理配置方案集

方案	经济模式	供水模式	用水模式	水利工程
方案一	2030 年预测发展趋势	维持 2010 年现状	灌溉面积增加 1.5%；其他均维持 2010 年水平	维持 2010 年现状
方案二	2030 年预测发展趋势	减少地下水使用量；灌溉水利用率提高至 0.60；渠系水利用率均值增加 0.05	灌溉面积增加 4.5%；降低农业灌溉定额，流域均值为 0.12 mm；林业面积增加至 68 427 hm²，其灌溉定额约为 0.56 万 m³/hm²；第二和第三产业的产业增加值用水量分别降低 25%	维持 2010 年现状

续表

方案	经济模式	供水模式	用水模式	水利工程
方案三	2030年预测发展趋势	增加地表水供水量，减少地下水使用量；灌溉水利用率提高至0.67；渠系水利用率均值增加0.13	灌溉面积增加4.5%；降低农业灌溉定额，流域均值为0.11 mm；林业面积增加至68 427hm²，其灌溉定额约为0.55万 m³/hm²；第二和第三产业的产业增加值用水量分别降低30%；	南水北调东线/中线、引黄入淀和引黄入晋工程（2030年）
方案四	2030年预测发展趋势	增加地表水供水量，减少地下水使用量；灌溉水利用率提高至0.74；渠系水利用率均值增加0.21	灌溉面积增加4.5%；降低农业灌溉定额，流域均值为0.10 mm；林业面积增加至68427ha，其灌溉定额约为0.54万 m³/hm²；第二和第三产业的产业增加值用水量分别降低30%	南水北调东线/中线、引黄入淀和引黄入晋工程（2030年）

方案四：该方案为2030年的高节水方案。在方案三的基础上，流域农业和林业灌溉定额分别再降低0.01mm和0.01万 m³/hm²；灌溉水利用系数和渠系水利用率分别提高至0.74 和 0.85。

10.2 配置结果与分析

10.2.1 基准年

（1）方案一

该方案的经济模式、供水模式、用水模式和水利工程布局均维持在2010年现状，根据模拟结果（表10-6~表10-7）对水资源供需平衡和碳平衡进行分析。

表10-6 基准年（2010年）方案一水资源供需模拟结果

区域	供水量/亿 m³				需水量/亿 m³						缺水量/亿 m³
	总供水	地表水	地下水	其他	总需水	生产	第一产业	第二产业	第三产业	生活	生态	
大清河山区北京市	2.92	0.41	1.90	0.61	3.45	2.39	1.18	0.53	0.68	0.68	0.38	-0.53
大清河山区张家口市	0.34	0.09	0.25	0.00	0.42	0.30	0.26	0.04	0.00	0.03	0.09	-0.08
清北山区保定市	5.91	0.57	5.29	0.05	6.24	5.30	4.74	0.48	0.08	0.50	0.44	-0.33
大清河山区山西省	0.76	0.28	0.41	0.07	0.94	0.66	0.52	0.12	0.02	0.10	0.18	-0.18
清南山区保定市	9.08	0.88	8.12	0.08	9.42	8.12	7.27	0.73	0.12	0.76	0.54	-0.34
大清河山区石家庄市	3.30	0.59	2.67	0.04	3.37	2.88	2.48	0.34	0.06	0.29	0.20	-0.07

续表

区域	供水量/亿 m³				需水量/亿 m³							缺水量/亿 m³
	总供水	地表水	地下水	其他	总需水	生产	第一产业	第二产业	第三产业	生活	生态	
淀西平原北京市	1.30	0.18	0.85	0.27	1.54	1.07	0.53	0.24	0.30	0.30	0.17	-0.24
淀西清北保定市	3.75	0.36	3.36	0.03	3.96	3.36	3.01	0.30	0.05	0.32	0.28	-0.21
淀西清南保定市	10.10	0.98	9.04	0.08	10.50	9.05	8.11	0.81	0.13	0.85	0.60	-0.40
淀西平原石家庄市	3.68	0.66	2.98	0.04	3.77	3.22	2.77	0.38	0.07	0.33	0.22	-0.09
白洋淀湿地	0.43	0.04	0.39	0.00	5.19	0.40	0.35	0.04	0.01	0.04	4.75	-4.76
淀东平原保定市	0.70	0.07	0.62	0.01	0.74	0.63	0.56	0.06	0.01	0.06	0.05	-0.04
淀东平原廊坊市	1.66	0.20	1.40	0.06	1.80	1.39	1.11	0.24	0.04	0.23	0.18	-0.14
淀东平原沧州市	1.41	0.30	1.11	0.00	1.51	1.25	1.06	0.18	0.01	0.15	0.11	-0.10
淀东平原衡水市	0.52	0.06	0.46	0.00	0.54	0.50	0.46	0.04	0.00	0.02	0.02	-0.02
全流域	45.86	5.67	38.85	1.34	53.39	40.52	34.42	4.51	1.56	4.66	8.21	-7.53

表 10-7　基准年（2010 年）方案一碳排放模拟结果

区域	碳排放量/Mt						碳捕获量/Mt	碳的净排放量/Mt
	生产	第一产业	第二产业	第三产业	生活	总量		
大清河山区北京市	2.08	0.04	0.99	1.05	0.45	2.53	2.16	0.37
大清河山区张家口市	1.05	0.03	0.93	0.09	0.12	1.17	1.67	-0.5
清北山区保定市	3.95	0.13	3.49	0.33	0.44	4.39	16.75	-12.36
大清河山区山西省	0.4	0.01	0.35	0.04	0	0.4	16.41	-16.01
清南山区保定市	6.05	0.19	5.36	0.5	0.68	6.73	-10.56	17.29
大清河山区石家庄市	1.32	0.04	1.17	0.11	0.15	1.47	-7.14	8.61
淀西平原北京市	0.93	0.02	0.44	0.47	0.2	1.13	0.94	0.19
淀西清北保定市	2.51	0.08	2.22	0.21	0.28	2.79	13.18	-10.39
淀西清南保定市	6.75	0.22	5.97	0.56	0.76	7.51	-23.76	31.27
淀西平原石家庄市	1.47	0.05	1.3	0.12	0.17	1.64	3.81	-2.17
白洋淀湿地	0.29	0.01	0.26	0.02	0.03	0.32	-0.07	0.39
淀东平原保定市	0.47	0.02	0.41	0.04	0.05	0.52	1.86	-1.34
淀东平原廊坊市	1.04	0.03	0.92	0.09	0.12	1.16	3.87	-2.71
淀东平原沧州市	1.36	0.04	1.21	0.11	0.15	1.51	-8.36	9.87
淀东平原衡水市	0.25	0.01	0.22	0.02	0.03	0.28	0.22	0.06
全流域	29.92	0.92	25.24	3.76	3.63	33.55	10.98	22.57

水资源供需平衡分析：流域总供水量为45.86亿 m³，地表水、地下水和其他水源各占12.4%、84.7%和2.9%；考虑河流和湿地生态需水后，流域总需水量为53.39亿 m³，生产、生活和生态用水量分别为40.52亿 m³、4.66亿 m³和8.21亿 m³；流域总缺水率为14.1%。第一产业用水占生产用水的84.9%。

碳平衡分析：流域碳排放总量为33.55Mt，碳捕获量为10.98Mt，碳的净排放量为22.57Mt。其中，生产和生活碳排量为29.92Mt和3.63Mt。第二产业占生产碳排放量的84.4%。

(2) 方案二

该方案为基准年的低节水方案，根据模拟结果（表10-8～表10-9）对水资源供需平衡和碳平衡进行分析。

水资源供需平衡分析：通过低节水措施，流域需水总量、生产、生活和生态需水量分别为51.19亿 m³、39.01亿 m³、3.97亿 m³和8.21亿 m³。与方案一相比，需水总量降低4.1%，其中生产和生活需水各降低3.7%和14.8%。第一、第二和第三产业需水分别降低1.1%、17.7%和18.6%。流域缺水量和缺水率分别降低至6.5亿 m³和12.7%。

碳平衡分析：流域碳排放量和碳的净排放量分别为29.14Mt和18.16Mt，与方案一相比，减少了13.1%和19.5%。其中，生产和生活分别减少了12.8%和16.3%；第一产业碳排放量并未减少；第二和第三产业的碳排放量分别减少了11.9%和21.8%。

表10-8 基准年（2010年）方案二水资源供需模拟结果

区域	需水量/亿 m³ 生产	第一产业	第二产业	第三产业	生活	生态	总量	供水量/亿 m³ 地表	地下	其他	总量	缺水量/亿 m³
大清河山区北京市	1.39	1.18	0.16	0.05	0.60	0.38	2.37	0.41	1.36	0.61	2.38	0.00
大清河山区张家口市	0.42	0.26	0.12	0.04	0.01	0.09	0.52	0.09	0.25	0.00	0.34	-0.18
清北山区保定市	5.32	4.69	0.47	0.16	0.42	0.44	6.18	0.57	5.29	0.05	5.91	-0.27
大清河山区山西省	1.00	0.52	0.36	0.12	0.07	0.18	1.25	0.28	0.41	0.07	0.76	-0.49
清南山区保定市	8.11	7.15	0.71	0.25	0.64	0.54	9.29	0.88	8.12	0.08	9.08	-0.21
大清河山区石家庄市	2.68	2.47	0.16	0.05	0.26	0.20	3.14	0.59	2.50	0.04	3.13	-0.01
淀西平原北京市	0.62	0.53	0.07	0.02	0.27	0.17	1.06	0.18	0.61	0.27	1.06	0.00
淀西清北保定市	3.39	2.99	0.30	0.10	0.27	0.28	3.94	0.36	3.36	0.03	3.75	-0.19
淀西清南保定市	9.02	7.95	0.79	0.28	0.71	0.60	10.33	0.98	9.04	0.08	10.10	-0.23
淀西平原石家庄市	2.99	2.76	0.17	0.06	0.29	0.22	3.50	0.66	2.79	0.04	3.49	-0.01
白洋淀湿地	0.39	0.35	0.03	0.01	0.03	4.75	5.17	0.04	0.39	0.00	0.43	-4.74
淀东平原保定市	0.64	0.56	0.06	0.02	0.05	0.05	0.74	0.07	0.62	0.01	0.70	-0.04
淀东平原廊坊市	1.26	1.10	0.12	0.04	0.20	0.18	1.64	0.20	1.38	0.06	1.64	0.00
淀东平原沧州市	1.28	1.06	0.16	0.06	0.13	0.11	1.52	0.30	1.11	0.00	1.41	-0.11
淀东平原衡水市	0.50	0.46	0.03	0.01	0.02	0.02	0.54	0.06	0.46	0.00	0.52	-0.02
全流域	39.01	34.03	3.71	1.27	3.97	8.21	51.19	5.67	37.69	1.34	44.69	-6.50

表10-9 基准年（2010年）方案二碳排放模拟结果

区域	碳排放减少量/Mt						碳的净排放减少量/Mt
	生产	第一产业	第二产业	第三产业	生活	总量	
大清河山区北京市	0.05	0.00	0.04	0.01	0.05	0.10	0.10
大清河山区张家口市	0.55	0.00	0.34	0.21	0.05	0.60	0.60
清北山区保定市	0.51	0.00	0.42	0.09	0.07	0.58	0.58
大清河山区山西省	0.16	0.00	0.13	0.03	0.00	0.16	0.16
清南山区保定市	0.77	0.00	0.64	0.13	0.11	0.88	0.88
大清河山区石家庄市	0.08	0.00	0.07	0.01	0.02	0.10	0.10
淀西平原北京市	0.03	0.00	0.02	0.01	0.02	0.05	0.05
淀西清北保定市	0.32	0.00	0.27	0.05	0.05	0.37	0.37
淀西清南保定市	0.86	0.00	0.71	0.15	0.12	0.98	0.98
淀西平原石家庄市	0.08	0.00	0.07	0.01	0.02	0.10	0.10
白洋淀湿地	0.04	0.00	0.03	0.01	0.01	0.05	0.05
淀东平原保定市	0.06	0.00	0.05	0.01	0.01	0.07	0.07
淀东平原廊坊市	0.07	0.00	0.06	0.01	0.02	0.09	0.09
淀东平原沧州市	0.21	0.00	0.13	0.08	0.03	0.24	0.24
淀东平原衡水市	0.03	0.00	0.02	0.01	0.01	0.04	0.04
全流域	3.82	0.00	3.00	0.82	0.59	4.41	4.41

（3）方案三

该方案为基准年的中节水方案，根据模拟结果（表10-10～表10-11）对水资源供需平衡和碳平衡进行分析。

表10-10 基准年（2010年）方案三水资源供需模拟结果

区域	需水量/亿 m³							供水量/亿 m³				缺水量/亿 m³
	生产	第一产业	第二产业	第三产业	生活	生态	总量	地表	地下	其他	总量	
大清河山区北京市	1.37	1.18	0.14	0.05	0.59	0.38	2.34	0.41	1.32	0.61	2.34	0.00
大清河山区张家口市	0.41	0.26	0.11	0.04	0.01	0.09	0.51	0.09	0.25	0.00	0.34	-0.17
清北山区保定市	5.19	4.64	0.41	0.14	0.38	0.44	6.01	0.57	5.29	0.05	5.91	-0.10
大清河山区山西省	0.94	0.51	0.32	0.11	0.04	0.18	1.16	0.28	0.41	0.07	0.76	-0.40
清南山区保定市	7.87	7.02	0.63	0.22	0.59	0.54	9.00	0.88	8.04	0.08	9.00	0.00
大清河山区石家庄市	2.64	2.45	0.14	0.05	0.24	0.20	3.08	0.59	2.45	0.04	3.08	0.00
淀西平原北京市	0.61	0.53	0.06	0.02	0.26	0.17	1.04	0.18	0.59	0.27	1.04	0.00
淀西清北保定市	3.32	2.97	0.26	0.09	0.24	0.28	3.84	0.36	3.36	0.03	3.75	-0.09
淀西清南保定市	8.75	7.79	0.71	0.25	0.66	0.60	10.01	0.98	8.93	0.08	9.99	-0.02

续表

区域	需水量/亿 m³							供水量/亿 m³				缺水量/亿 m³
	生产	第一产业	第二产业	第三产业	生活	生态	总量	地表	地下	其他	总量	
淀西平原石家庄市	2.94	2.74	0.15	0.05	0.28	0.22	3.44	0.66	2.74	0.04	3.44	0.01
白洋淀湿地	0.39	0.35	0.03	0.01	0.03	4.75	5.17	0.04	0.39	0.00	0.43	-4.74
淀东平原保定市	0.63	0.56	0.05	0.02	0.05	0.05	0.73	0.07	0.62	0.01	0.70	-0.03
淀东平原廊坊市	1.24	1.09	0.11	0.04	0.19	0.18	1.61	0.20	1.35	0.06	1.61	0.00
淀东平原沧州市	1.24	1.05	0.14	0.05	0.12	0.11	1.47	0.30	1.11	0.00	1.41	-0.06
淀东平原衡水市	0.50	0.46	0.03	0.01	0.02	0.02	0.54	0.06	0.46	0.00	0.52	-0.02
全流域	38.04	33.60	3.29	1.15	3.69	8.21	49.94	5.67	37.31	1.34	44.32	-5.62

表10-11　基准年（2010年）方案三碳排放模拟结果

区域	碳排放减少量/Mt						碳的净排放减少量/Mt
	生产	第一产业	第二产业	第三产业	生活	总量	
大清河山区北京市	0.09	0.00	0.07	0.02	0.06	0.15	0.15
大清河山区张家口市	1.09	0.00	0.68	0.41	0.09	1.18	1.18
清北山区保定市	1.01	0.00	0.84	0.17	0.10	1.11	1.11
大清河山区山西省	0.30	0.00	0.25	0.05	0.00	0.30	0.30
清南山区保定市	1.55	0.01	1.28	0.26	0.16	1.71	1.71
大清河山区石家庄市	0.16	0.00	0.13	0.03	0.03	0.19	0.19
淀西平原北京市	0.04	0.00	0.03	0.01	0.03	0.07	0.07
淀西清北保定市	0.64	0.00	0.53	0.11	0.07	0.71	0.71
淀西清南保定市	1.73	0.01	1.43	0.29	0.17	1.90	1.90
淀西平原石家庄市	0.18	0.00	0.15	0.03	0.03	0.21	0.21
白洋淀湿地	0.07	0.00	0.06	0.01	0.01	0.08	0.08
淀东平原保定市	0.12	0.00	0.10	0.02	0.01	0.13	0.13
淀东平原廊坊市	0.14	0.00	0.11	0.03	0.02	0.16	0.16
淀东平原沧州市	0.42	0.00	0.26	0.16	0.04	0.46	0.46
淀东平原衡水市	0.07	0.00	0.05	0.02	0.01	0.08	0.08
全流域	7.61	0.02	5.97	1.62	0.83	8.44	8.44

水资源供需平衡分析：通过中节水措施，流域需水总量、生产和生活需水量分别达到49.94亿 m³、38.04亿 m³ 和 3.69亿 m³，生态需水总量不变，缺水量和缺水率分别降低至5.62亿 m³ 和 11.2%，其中生产和生活需水各降低6.1% 和 20.8%；第一、第二和第三产业需水分别降低2.4%、27.1% 和 26.3%。

碳平衡分析：流域碳排放量和碳的净排放量分别为25.11Mt 和 14.13Mt，与方案一相比，减少了 25.2% 和 37.4%。其中，生产和生活分别减少了 25.4% 和 22.9%。第一、第二和第三产业的碳排放量减少了 2.2%、23.7% 和 42.1%。

(4) 方案四

该方案为基准年的高节水方案，根据模拟结果（表 10-12~表 10-13）对水资源供需平衡和碳平衡进行分析。

水资源供需平衡分析：通过高节水措施，流域需水总量、生产和生活需水分别达到 48.00 亿 m³、36.39 亿 m³ 和 3.40 亿 m³，缺水量和缺水率分别降低至 5.28 亿 m³ 和 11%。其中生产和生活需水各降低 10.2% 和 27%，第一、第二和第三产业需水分别降低 4.3%、43.5% 和 42.3%。

碳平衡分析：流域碳排放量和碳的净排放量分别为 19.22Mt 和 8.24Mt，与方案一相比，减少了 42.7% 和 63.5%。其中，生产和生活分别减少了 44.5% 和 28.4%。第一、第二和第三产业的碳排放量减少了 4.3%、41.4% 和 75%。

从节水效果来看，对比四个方案的模拟结果，与第二和第三产业相比，第一产业的节水效果不是很显著，表明流域农业灌溉定额、鱼塘补水定额、畜牧需水定额皆有降低的潜力；从碳减排效果来看，由于第二和第三产业的碳排放系数较高，因此碳减排效果比第一产业要好；另外，生活需水比重虽然不大，但是节水效果和碳减排效果都相对显著。

表 10-12 基准年（2010 年）方案四水资源供需模拟结果

区域	需水量/亿 m³							供水量/亿 m³				缺水量/亿 m³
	生产	第一产业	第二产业	第三产业	生活	生态	总量	地表	地下	其他	总量	
大清河山区北京市	1.32	1.17	0.11	0.04	0.57	0.38	2.27	0.41	1.25	0.61	2.27	0.00
大清河山区张家口市	0.37	0.26	0.08	0.03	0.02	0.09	0.48	0.09	0.25	0.00	0.34	-0.14
清北山区保定市	4.98	4.55	0.32	0.11	0.33	0.44	5.75	0.57	5.14	0.05	5.76	0.00
大清河山区山西省	0.85	0.51	0.25	0.09	0.09	0.18	1.12	0.28	0.41	0.07	0.76	-0.36
清南山区保定市	7.48	6.82	0.49	0.17	0.51	0.54	8.53	0.88	7.58	0.08	8.54	0.00
大清河山区石家庄市	2.58	2.43	0.11	0.04	0.23	0.20	3.01	0.59	2.37	0.04	3.00	-0.01
淀西平原北京市	0.60	0.53	0.05	0.02	0.26	0.17	1.03	0.18	0.56	0.27	1.01	-0.02
淀西清北保定市	3.21	2.94	0.20	0.07	0.21	0.28	3.70	0.36	3.31	0.03	3.70	0.00
淀西清南保定市	8.29	7.55	0.55	0.19	0.57	0.60	9.46	0.98	8.39	0.08	9.45	-0.01
淀西平原石家庄市	2.87	2.71	0.12	0.04	0.25	0.22	3.34	0.66	2.64	0.04	3.34	0.00
白洋淀湿地	0.38	0.35	0.02	0.01	0.03	4.75	5.16	0.04	0.39	0.00	0.43	-4.73
淀东平原保定市	0.61	0.56	0.04	0.01	0.04	0.05	0.70	0.07	0.62	0.01	0.70	0.00
淀东平原廊坊市	1.18	1.07	0.08	0.03	0.18	0.18	1.54	0.20	1.28	0.06	1.54	0.00
淀东平原沧州市	1.19	1.04	0.11	0.04	0.10	0.11	1.40	0.09	1.09	0.21	1.39	-0.01
淀东平原衡水市	0.48	0.45	0.02	0.01	0.01	0.02	0.51	0.06	0.45	0.00	0.51	0.00
全流域	36.39	32.94	2.55	0.90	3.40	8.21	48.00	5.67	35.74	1.34	42.75	-5.28

表 10-13　基准年（2010 年）方案四碳排放模拟结果

区域	碳排放减少量/Mt						碳的净排放减少量/Mt
	生产	第一产业	第二产业	第三产业	生活	总量	
大清河山区北京市	0.16	0.00	0.12	0.04	0.07	0.23	0.23
大清河山区张家口市	1.91	0.00	1.19	0.72	0.01	1.92	1.92
清北山区保定市	1.77	0.01	1.46	0.30	0.15	1.92	1.92
大清河山区山西省	0.53	0.00	0.44	0.09	0.00	0.53	0.53
清南山区保定市	2.71	0.01	2.24	0.46	0.23	2.94	2.94
大清河山区石家庄市	0.27	0.00	0.23	0.04	0.03	0.30	0.30
淀西平原北京市	0.08	0.00	0.06	0.02	0.03	0.11	0.11
淀西清北保定市	1.12	0.00	0.93	0.19	0.09	1.21	1.21
淀西清南保定市	3.03	0.02	2.50	0.51	0.25	3.28	3.28
淀西平原石家庄市	0.30	0.00	0.25	0.05	0.04	0.34	0.34
白洋淀湿地	0.13	0.00	0.11	0.02	0.01	0.14	0.14
淀东平原保定市	0.21	0.00	0.17	0.04	0.02	0.23	0.23
淀东平原廊坊市	0.24	0.00	0.20	0.04	0.03	0.27	0.27
淀东平原沧州市	0.73	0.00	0.46	0.27	0.06	0.79	0.79
淀东平原衡水市	0.11	0.00	0.08	0.03	0.01	0.12	0.12
全流域	13.30	0.04	10.44	2.82	1.03	14.33	14.33

10.2.2　2015 水平年

(1) 方案一

该方案的经济模式采用低碳发展模式，供水模式、用水模式和水利工程布局均维持在 2010 年水平，根据模拟结果对水资源供需平衡和碳平衡进行分析（表 10-14）。

表 10-14　2015 水平年方案一水资源供需模拟结果

区域	需水量/亿 m³							供水量/亿 m³				缺水量/亿 m³
	生产	第一产业	第二产业	第三产业	生活	生态	总量	地表	地下	其他	总量	
大清河山区北京市	1.33	0.94	0.29	0.10	0.20	0.38	1.91	0.41	0.89	0.61	1.91	0.00
大清河山区张家口市	0.74	0.43	0.23	0.08	0.16	0.09	0.99	0.09	0.25	0.00	0.33	-0.66
清北山区保定市	6.44	5.26	0.87	0.31	0.59	0.44	7.47	0.57	5.29	0.05	5.91	-1.56
大清河山区山西省	2.00	1.09	0.67	0.24	0.46	0.18	2.64	0.28	0.41	0.07	0.77	-1.87
清南山区保定市	9.87	8.07	1.33	0.47	0.91	0.54	11.32	0.88	8.12	0.08	9.07	-2.25
大清河山区石家庄市	2.88	2.49	0.29	0.10	0.20	0.20	3.28	0.59	2.65	0.04	3.28	0.00

续表

区域	需水量/亿 m³							供水量/亿 m³				缺水量/亿 m³
	生产	第一产业	第二产业	第三产业	生活	生态	总量	地表	地下	其他	总量	
淀西平原北京市	0.60	0.42	0.13	0.05	0.09	0.17	0.86	0.18	0.41	0.27	0.86	0.00
淀西清北保定市	4.09	3.34	0.55	0.20	0.38	0.28	4.75	0.36	3.36	0.03	3.76	-1.00
淀西清南保定市	11.00	8.99	1.48	0.53	1.01	0.60	12.61	0.98	9.04	0.08	10.10	-2.51
淀西平原石家庄市	3.23	2.79	0.32	0.12	0.22	0.22	3.67	0.66	2.96	0.04	3.67	0.00
白洋淀湿地	0.47	0.39	0.06	0.02	0.04	4.75	5.26	0.04	0.39	0.00	0.44	-4.82
淀东平原保定市	0.76	0.62	0.10	0.04	0.07	0.05	0.88	0.07	0.62	0.01	0.70	-0.19
淀东平原廊坊市	1.60	1.29	0.23	0.08	0.16	0.18	1.94	0.20	1.40	0.06	1.66	-0.28
淀东平原沧州市	1.63	1.22	0.30	0.11	0.20	0.11	1.94	0.30	1.11	0.00	1.42	-0.52
淀东平原衡水市	0.57	0.49	0.06	0.02	0.04	0.02	0.63	0.06	0.46	0.00	0.52	-0.11
全流域	47.21	37.83	6.91	2.47	4.73	8.21	60.15	5.67	37.36	1.35	44.38	-15.77

水资源供需平衡分析：流域需水和供水总量分别为 60.15 亿 m³ 和 44.38 亿 m³，则缺水量达到 15.77 亿 m³，缺水率为 26.2%。其中，生产、生活和生态需水占总需水量的 78.5%、7.9% 和 13.6%；第一、第二和第三产业需水分别占生产需水量的 80.1%、14.7% 和 5.2%。

碳平衡分析：该方案下的流域碳捕获能力维持 2010 年水平即 10.98Mt，则碳排放总量和碳的净排放总量分别达到 49.12Mt 和 38.14Mt。

(2) 方案二

该方案为 2015 年的低节水方案，根据模拟结果（表 10-15～表 10-16）对水资源供需平衡和碳平衡进行分析。

表 10-15 2015 水平年方案二水资源供需模拟结果

区域	需水量/亿 m³							供水量/亿 m³				缺水量/亿 m³
	生产	第一产业	第二产业	第三产业	生活	生态	总量	地表	地下	其他	总量	
大清河山区北京市	1.32	1.05	0.20	0.07	0.17	0.38	1.87	0.41	0.85	0.61	1.87	0.00
大清河山区张家口市	0.67	0.45	0.16	0.06	0.13	0.09	0.89	0.09	0.25	0.00	0.34	-0.55
清北山区保定市	5.41	4.60	0.60	0.21	0.50	0.44	6.35	0.57	5.29	0.05	5.91	-0.44
大清河山区山西省	3.47	2.84	0.46	0.17	0.39	0.18	4.04	0.28	0.41	0.07	0.76	-3.28
清南山区保定市	8.31	7.06	0.92	0.33	0.77	0.54	9.62	0.88	8.12	0.08	9.08	-0.54
大清河山区石家庄市	2.09	1.82	0.20	0.07	0.17	0.20	2.46	0.59	1.83	0.04	2.46	0.00
淀西平原北京市	0.59	0.47	0.09	0.03	0.08	0.17	0.84	0.18	0.38	0.27	0.83	-0.01
淀西清北保定市	3.44	2.92	0.38	0.14	0.32	0.28	4.04	0.36	3.36	0.03	3.75	-0.29

续表

区域	需水量/亿 m³							供水量/亿 m³				缺水量/亿 m³
	生产	第一产业	第二产业	第三产业	生活	生态	总量	地表	地下	其他	总量	
淀西清南保定市	9.26	7.86	1.03	0.37	0.86	0.60	10.72	0.98	9.04	0.08	10.10	-0.62
淀西平原石家庄市	2.35	2.04	0.23	0.08	0.19	0.22	2.76	0.66	2.05	0.04	2.75	-0.01
白洋淀湿地	0.40	0.34	0.04	0.02	0.04	4.75	5.19	0.04	0.39	0.00	0.43	-4.76
淀东平原保定市	0.64	0.54	0.07	0.03	0.06	0.05	0.75	0.07	0.62	0.01	0.70	-0.05
淀东平原廊坊市	1.98	1.76	0.16	0.06	0.13	0.18	2.29	0.20	1.40	0.06	1.66	-0.63
淀东平原沧州市	2.28	2.00	0.21	0.07	0.17	0.11	2.56	0.30	1.11	0.00	1.41	-1.15
淀东平原衡水市	0.54	0.49	0.04	0.01	0.03	0.02	0.59	0.06	0.46	0.00	0.52	-0.07
全流域	42.75	36.24	4.79	1.72	4.01	8.21	54.97	5.67	35.56	1.34	42.57	-12.40

表 10-16 2015 水平年方案二碳排放模拟结果

区域	碳排放减少量/Mt						碳捕获增加量/Mt	碳的净排放减少量/Mt
	生产	第一产业	第二产业	第三产业	生活	总量		
大清河山区北京市	0.22	0.00	0.17	0.05	0.02	0.24	0.11	0.35
大清河山区张家口市	2.58	0.00	1.58	1.00	0.11	2.69	0.16	2.85
清北山区保定市	2.39	0.02	1.96	0.41	0.08	2.47	1.52	3.99
大清河山区山西省	0.72	0.00	0.59	0.13	0.00	0.72	0.83	1.55
清南山区保定市	3.66	0.03	3.00	0.63	0.12	3.78	-0.60	3.18
大清河山区石家庄市	0.37	0.01	0.30	0.06	0.02	0.39	-0.60	-0.21
淀西平原北京市	0.10	0.00	0.08	0.02	0.01	0.11	0.13	0.24
淀西清北保定市	1.51	0.01	1.24	0.26	0.05	1.56	1.43	2.99
淀西清南保定市	4.07	0.03	3.34	0.70	0.14	4.21	-2.62	1.59
淀西平原石家庄市	0.42	0.01	0.34	0.07	0.02	0.44	0.41	0.85
白洋淀湿地	0.17	0.00	0.14	0.03	0.01	0.18	0.00	0.18
淀东平原保定市	0.28	0.00	0.23	0.05	0.01	0.29	0.14	0.43
淀东平原廊坊市	0.32	0.00	0.26	0.06	0.01	0.33	0.40	0.73
淀东平原沧州市	1.00	0.00	0.62	0.38	0.03	1.03	-0.90	0.13
淀东平原衡水市	0.16	0.00	0.11	0.05	0.01	0.17	0.03	0.20
全流域	17.97	0.11	13.96	3.90	0.64	18.61	0.44	19.05

水资源供需平衡分析：流域供水、需水和缺水总量分别为 42.57 亿 m³、54.97 亿 m³ 和 12.40 亿 m³，缺水率降低至 22.6%。与方案一相比，地下水供水减少 1.8 亿 m³，生态需水量维持不变，生产和生活需水分别降低 9.5% 和 15.2%，其中第一、第二和第三产业需水分别降低了 4.2%、30.7% 和 30.4%。

碳平衡分析：流域碳排放总量、碳捕获总量和碳的净排放总量分别为 30.51Mt、11.42Mt 和 19.09Mt。其中，与方案一相比，碳排放和碳的净排放分别降低了 37.9% 和 49.9%，碳捕获增加了 4.1%。

(3) 方案三

该方案为 2015 年的中节水方案，根据模拟结果（表 10-17 ~ 表 10-18）对水资源供需平衡和碳平衡进行分析。

水资源供需平衡分析：流域供水和需水均为 47.19 亿 m³，缺水量与缺水率均为 0。从供水方面来看，与方案一相比，地表水供水增加 8.76 亿 m³、地下水供水减少 5.96 亿 m³；前者主要来源于南水北调东/中线工程、引黄入淀和引黄入晋工程；其中，南水北调东线和中线工程补给大清河山区张家口市 0.39 亿 m³、淀东廊坊市 0.30 亿 m³ 和淀东沧州市 0.76 亿 m³；引黄入晋工程补给大清河山西省 2.62 亿 m³；南水北调东线和引黄入淀工程需补给白洋淀湿地共计 4.69 亿 m³。从需水方面来看，与方案一相比，生产和生活需水量降低了 21.7% 和 57.5%，其中第一、第二和第三产业分别降低了 16.6%、42% 和 42.5%。

碳平衡分析：流域碳排放总量、碳捕获总量和碳的净排放总量分别为 21.95Mt、11.36Mt 和 10.59Mt。其中，与方案一相比，碳排放量降低了 55.3%，碳捕获量增加了 3.5%；生产和生活碳排放减少了 24.79 Mt 和 2.38Mt。第一、第二和第三产业碳排放量分别占生产部分的 0.8%、77.5% 和 21.7%。

表 10-17　2015 水平年方案三水资源供需模拟结果

区域	需水量/亿 m³ 生产	第一产业	第二产业	第三产业	生活	生态	总量	供水量/亿 m³ 地表	地下	其他	总量	缺水量/亿 m³
大清河山区北京市	1.14	0.91	0.17	0.06	0.08	0.38	1.60	0.41	0.58	0.61	1.60	0.00
大清河山区张家口市	0.57	0.39	0.13	0.05	0.07	0.09	0.73	0.48	0.25	0.00	0.73	0.00
清北山区保定市	4.68	4.00	0.50	0.18	0.25	0.44	5.37	0.57	4.75	0.05	5.37	0.00
大清河山区山西省	3.01	2.48	0.39	0.14	0.19	0.18	3.38	2.90	0.41	0.07	3.38	0.00
清南山区保定市	7.18	6.14	0.77	0.27	0.39	0.54	8.11	0.88	7.15	0.08	8.11	0.00
大清河山区石家庄市	1.82	1.59	0.17	0.06	0.08	0.20	2.10	0.59	1.47	0.04	2.10	0.00
淀西平原北京市	0.52	0.41	0.08	0.03	0.04	0.17	0.73	0.18	0.26	0.29	0.73	0.00
淀西清北保定市	2.97	2.54	0.32	0.11	0.16	0.28	3.41	0.36	3.02	0.03	3.41	0.00
淀西清南保定市	8.00	6.84	0.86	0.30	0.43	0.60	9.03	0.98	7.97	0.08	9.03	0.00
淀西平原石家庄市	2.03	1.77	0.19	0.07	0.09	0.22	2.34	0.66	1.64	0.04	2.34	0.00
白洋淀湿地	0.35	0.30	0.04	0.01	0.02	4.75	5.12	4.73	0.39	0.00	5.12	0.00
淀东平原保定市	0.55	0.47	0.06	0.02	0.03	0.05	0.63	0.07	0.55	0.01	0.63	0.00
淀东平原廊坊市	1.71	1.53	0.13	0.05	0.07	0.18	1.96	0.50	1.40	0.06	1.96	0.00
淀东平原沧州市	1.97	1.74	0.17	0.06	0.09	0.11	2.17	1.06	1.11	0.00	2.17	0.00
淀东平原衡水市	0.47	0.43	0.03	0.01	0.02	0.02	0.51	0.00	0.45	0.06	0.51	0.00
全流域	36.97	31.54	4.01	1.42	2.01	8.21	47.19	14.43	31.40	1.36	47.19	0.00

表 10-18 2015 水平年方案三碳排放模拟结果

区域	碳排放减少量/Mt						碳捕获增加量/Mt	碳的净排放减少量/Mt
	生产	第一产业	第二产业	第三产业	生活	总量		
大清河山区北京市	0.30	0.00	0.23	0.07	0.08	0.38	0.10	0.48
大清河山区张家口市	3.57	0.01	2.18	1.38	0.41	3.98	0.14	4.12
清北山区保定市	3.30	0.03	2.70	0.57	0.30	3.60	1.32	4.92
大清河山区山西省	0.99	0.00	0.81	0.18	0.00	0.99	0.73	1.72
清南山区保定市	5.05	0.05	4.13	0.87	0.47	5.52	−0.52	5.00
大清河山区石家庄市	0.52	0.02	0.42	0.08	0.06	0.58	−0.52	0.06
淀西平原北京市	0.13	0.00	0.10	0.03	0.03	0.16	0.11	0.27
淀西清北保定市	2.09	0.02	1.71	0.36	0.19	2.28	1.25	3.53
淀西清南保定市	5.62	0.06	4.60	0.96	0.52	6.14	−2.29	3.85
淀西平原石家庄市	0.58	0.02	0.47	0.09	0.06	0.64	0.36	1.00
白洋淀湿地	0.23	0.00	0.19	0.04	0.02	0.25	0.00	0.25
淀东平原保定市	0.39	0.00	0.32	0.07	0.04	0.43	0.12	0.55
淀东平原廊坊市	0.44	0.00	0.36	0.08	0.05	0.49	0.35	0.84
淀东平原沧州市	1.37	0.00	0.85	0.52	0.12	1.49	−0.79	0.70
淀东平原衡水市	0.21	0.00	0.14	0.07	0.03	0.24	0.02	0.26
全流域	24.79	0.21	19.21	5.37	2.38	27.17	0.38	27.55

(4) 方案四

该方案为 2015 年的高节水方案,根据模拟结果(表 10-19～表 10-20)对水资源供需平衡和碳平衡进行分析。

水资源供需平衡分析:流域供水和需水均为 41.84 亿 m³,缺水量与缺水率均为 0。供水方面,与方案一相比,地表水供水增加 7.65 亿 m³、地下水供水减少 10.18 亿 m³;其中,南水北调东线和中线工程补给大清河山区张家口市 0.31 亿 m³、淀东平原廊坊市 0.04 亿 m³ 和淀东沧州市 0.48 亿 m³;引黄入晋工程补给大清河山西省 2.19 亿 m³;南水北调东线和引黄入淀工程需补给白洋淀湿地共计 4.63 亿 m³。从需水方面来看,与方案一相比,生产和生活需水量降低了 32.7% 和 61.1%,其中第一、第二和第三产业分别降低了 28.8%、47.9% 和 48.6%。

碳平衡分析:流域碳排放、碳捕获和碳的净排放总量分别为 18.46Mt、11.37Mt 和 7.09Mt。其中,碳排放量降低了 62.4%,碳捕获量增加了 3.6%。生产和生活碳排放减少量为 28.10Mt 和 2.56Mt,第一、第二和第三产业碳排放量分别占生产部分的 1.1%、77.3% 和 21.6%。

表10-19　2015水平年方案四水资源供需模拟结果

区域	需水量/亿 m³ 生产	第一产业	第二产业	第三产业	生活	生态	总量	供水量/亿 m³ 地表	地下	其他	总量	缺水量/亿 m³
大清河山区北京市	0.98	0.78	0.15	0.05	0.08	0.38	1.44	0.41	0.42	0.61	1.44	0.00
大清河山区张家口市	0.50	0.34	0.12	0.04	0.06	0.09	0.65	0.40	0.25	0.00	0.65	0.00
清北山区保定市	4.03	3.42	0.45	0.16	0.23	0.44	4.70	0.57	4.08	0.05	4.70	0.00
大清河山区山西省	2.59	2.12	0.35	0.12	0.18	0.18	2.95	2.47	0.41	0.07	2.95	0.00
清南山区保定市	6.19	5.25	0.69	0.25	0.35	0.54	7.08	0.88	6.12	0.08	7.08	0.00
大清河山区石家庄市	1.55	1.35	0.15	0.05	0.08	0.20	1.83	0.59	1.20	0.04	1.83	0.00
淀西平原北京市	0.44	0.35	0.07	0.02	0.03	0.17	0.64	0.18	0.19	0.27	0.64	0.00
淀西清北保定市	2.56	2.17	0.29	0.10	0.15	0.28	2.99	0.36	2.60	0.03	2.99	0.00
淀西清南保定市	6.89	5.84	0.77	0.28	0.39	0.60	7.88	0.98	6.82	0.08	7.88	0.00
淀西平原石家庄市	1.74	1.51	0.17	0.06	0.09	0.22	2.05	0.66	1.35	0.04	2.05	0.00
白洋淀湿地	0.29	0.25	0.03	0.01	0.02	4.75	5.06	4.67	0.39	0.00	5.06	0.00
淀东平原保定市	0.47	0.40	0.05	0.02	0.03	0.05	0.55	0.07	0.47	0.01	0.55	0.00
淀东平原廊坊市	1.46	1.30	0.12	0.04	0.06	0.18	1.70	0.24	1.40	0.06	1.70	0.00
淀东平原沧州市	1.70	1.48	0.16	0.06	0.08	0.11	1.89	0.78	1.11	0.00	1.89	0.00
淀东平原衡水市	0.40	0.36	0.03	0.01	0.01	0.02	0.43	0.06	0.37	0.00	0.43	0.00
全流域	31.79	26.92	3.60	1.27	1.84	8.21	41.84	13.32	27.18	1.34	41.84	0.00

表10-20　2015水平年方案四碳排放模拟结果

区域	碳排放减少量/Mt 生产	第一产业	第二产业	第三产业	生活	总量	碳捕获增加量/Mt	碳的净排放减少量/Mt
大清河山区北京市	0.35	0.01	0.26	0.08	0.08	0.43	0.10	0.53
大清河山区张家口市	4.04	0.01	2.47	1.56	0.44	4.48	0.14	4.62
清北山区保定市	3.74	0.05	3.05	0.64	0.33	4.07	1.33	5.40
大清河山区山西省	1.11	0.00	0.91	0.20	0.00	1.11	0.73	1.84
清南山区保定市	5.73	0.08	4.67	0.98	0.50	6.23	−0.52	5.71
大清河山区石家庄市	0.58	0.02	0.47	0.09	0.06	0.64	−0.52	0.12
淀西平原北京市	0.15	0.00	0.12	0.03	0.04	0.19	0.11	0.30
淀西清北保定市	2.38	0.03	1.94	0.41	0.21	2.59	1.25	3.84
淀西清南保定市	6.37	0.08	5.20	1.09	0.56	6.93	−2.29	4.64
淀西平原石家庄市	0.65	0.02	0.53	0.10	0.07	0.72	0.36	1.08
白洋淀湿地	0.27	0.00	0.22	0.05	0.02	0.29	0.00	0.29
淀东平原保定市	0.45	0.01	0.36	0.08	0.04	0.49	0.12	0.61
淀东平原廊坊市	0.50	0.00	0.41	0.09	0.05	0.55	0.35	0.90
淀东平原沧州市	1.55	0.00	0.96	0.59	0.13	1.68	−0.79	0.89
淀东平原衡水市	0.23	0.00	0.16	0.07	0.03	0.26	0.02	0.28
全流域	28.10	0.31	21.73	6.06	2.56	30.66	0.39	31.05

10.2.3 2020 水平年

(1) 方案一

该方案的经济模式采用低碳发展模式,供水模式、用水模式和水利工程布局均维持在 2010 年水平,其模拟结果(表 10-21)如下。

水资源供需平衡分析:流域供水总量、需水总量和缺水总量分别为 44.67 亿 m^3、64.49 亿 m^3 和 19.82 亿 m^3,缺水率达到 30.7%,高于 2015 年。在供水方面,地表水、地下水和其他水源分别占总供水量的 12.7%、84.3% 和 31%;在需水方面,生产、生活和生态需水分别占总需水量的 79.9%、7.4% 和 12.7%,其中第一、第二和第三产业需水分别占生产需水量的 74%、19% 和 7%。

碳平衡分析:由于区域植被构成没有发生变化,该方案下的流域碳捕获能力仍然维持在 2010 年水平即 10.98Mt,则低碳发展模式下的碳排放总量和碳的净排放总量分别达到 58.05Mt 和 47.07Mt。

表 10-21 2020 水平年方案一水资源供需模拟结果

区域	需水量/亿 m^3							供水量/亿 m^3				缺水量/亿 m^3
	生产	第一产业	第二产业	第三产业	生活	生态	总量	地表	地下	其他	总量	
大清河山区北京市	1.51	0.95	0.41	0.15	0.20	0.38	2.09	0.41	1.07	0.61	2.09	0.00
大清河山区张家口市	0.87	0.43	0.32	0.12	0.16	0.09	1.12	0.09	0.25	0.00	0.33	-0.79
清北山区保定市	6.99	5.31	1.23	0.45	0.60	0.44	8.03	0.57	5.29	0.05	5.91	-2.12
大清河山区山西省	2.38	1.08	0.95	0.35	0.46	0.18	3.02	0.28	0.41	0.07	0.77	-2.25
清南山区保定市	10.72	8.14	1.89	0.69	0.92	0.54	12.18	0.88	8.12	0.08	9.07	-3.11
大清河山区石家庄市	3.08	2.52	0.41	0.15	0.20	0.20	3.48	0.59	2.67	0.04	3.30	-0.19
淀西平原北京市	0.68	0.42	0.19	0.07	0.09	0.17	0.94	0.18	0.48	0.27	0.94	0.00
淀西清北保定市	4.44	3.37	0.78	0.29	0.38	0.28	5.10	0.36	3.36	0.03	3.76	-1.35
淀西清南保定市	11.93	9.06	2.10	0.77	1.02	0.60	13.55	0.98	9.04	0.08	10.10	-3.45
淀西平原石家庄市	3.44	2.81	0.46	0.17	0.22	0.22	3.88	0.66	2.98	0.04	3.68	-0.20
白洋淀湿地	0.51	0.39	0.09	0.03	0.04	4.75	5.30	0.04	0.39	0.00	0.44	-4.86
淀东平原保定市	0.83	0.63	0.15	0.05	0.07	0.05	0.95	0.07	0.62	0.01	0.70	-0.26
淀东平原廊坊市	1.74	1.30	0.32	0.12	0.16	0.18	2.08	0.20	1.40	0.06	1.66	-0.42
淀东平原沧州市	1.79	1.22	0.42	0.15	0.21	0.11	2.11	0.30	1.11	0.00	1.42	-0.69
淀东平原衡水市	0.60	0.49	0.08	0.03	0.04	0.02	0.66	0.06	0.46	0.00	0.52	-0.14
全流域	51.51	38.12	9.80	3.59	4.77	8.21	64.49	5.67	37.66	1.35	44.67	-19.82

(2) 方案二

该方案为2020年的低节水方案，其模拟结果（表10-22～表10-23）如下。

水资源供需平衡分析：流域供水、需水和缺水总量分别为43.17亿m^3、59.02亿m^3和15.85亿m^3，缺水率降低至26.8%。与方案一相比，地下水供水减少1.49亿m^3；生产和生活需水分别降低9.6%和11.3%，其中第一、第二和第三产业需水分别降低了2.8%、28.2%和30.9%。

碳平衡分析：若能源消费按照低碳发展模式，流域碳排放总量、碳捕获总量和碳的净排放总量分别达到33.61Mt、11.51Mt和22.1Mt。其中，碳排放量和碳的净排放量分别降低了42.1%和53.1%，碳捕获量增加了4.7%；生产和生活碳排放量分别降低了23.99Mt和0.45Mt；第一、第二和第三产业分别减少了0.1Mt、18.21Mt和5.68Mt。

表10-22 2020水平年方案二水资源供需模拟结果

区域	需水量/亿m^3							供水量/亿m^3				缺水量/亿m^3
	生产	第一产业	第二产业	第三产业	生活	生态	总量	地表	地下	其他	总量	
大清河山区北京市	1.47	1.07	0.30	0.10	0.18	0.38	2.03	0.41	1.01	0.61	2.03	0.00
大清河山区张家口市	0.78	0.47	0.23	0.08	0.14	0.09	1.01	0.09	0.25	0.00	0.34	-0.67
清北山区保定市	5.91	4.71	0.89	0.31	0.53	0.44	6.88	0.57	5.29	0.05	5.91	-0.97
大清河山区山西省	3.83	2.91	0.68	0.24	0.41	0.18	4.42	0.28	0.41	0.07	0.76	-3.66
清南山区保定市	9.04	7.21	1.35	0.48	0.81	0.54	10.39	0.88	8.11	0.07	9.06	-1.33
大清河山区石家庄市	2.26	1.86	0.30	0.10	0.18	0.20	2.64	0.59	2.01	0.04	2.64	0.00
淀西平原北京市	0.66	0.48	0.13	0.05	0.08	0.17	0.91	0.18	0.46	0.27	0.91	0.00
淀西清北保定市	3.75	2.99	0.56	0.20	0.34	0.28	4.37	0.36	3.36	0.03	3.75	-0.62
淀西清南保定市	10.08	8.04	1.51	0.53	0.91	0.60	11.59	0.98	9.04	0.08	10.10	-1.49
淀西平原石家庄市	2.53	2.08	0.33	0.12	0.20	0.22	2.95	0.66	2.25	0.04	2.95	0.00
白洋淀湿地	0.43	0.35	0.06	0.02	0.04	4.75	5.22	0.04	0.39	0.00	0.43	-4.79
淀东平原保定市	0.70	0.55	0.11	0.04	0.06	0.05	0.81	0.07	0.62	0.01	0.70	-0.11
淀东平原廊坊市	2.11	1.80	0.23	0.08	0.14	0.18	2.43	0.20	1.40	0.06	1.66	-0.77
淀东平原沧州市	2.45	2.04	0.30	0.11	0.18	0.11	2.74	0.30	1.11	0.00	1.41	-1.33
淀东平原衡水市	0.58	0.50	0.06	0.02	0.03	0.02	0.63	0.06	0.46	0.00	0.52	-0.11
全流域	46.58	37.06	7.04	2.48	4.23	8.21	59.02	5.67	36.17	1.33	43.17	-15.85

表10-23 2020水平年方案二碳排放模拟结果

区域	碳排放减少量/Mt						碳捕获增加量/Mt	碳的净排放减少量/Mt
	生产	第一产业	第二产业	第三产业	生活	总量		
大清河山区北京市	0.29	0.00	0.22	0.07	0.01	0.30	0.13	0.43
大清河山区张家口市	3.53	0.00	2.07	1.46	0.08	3.61	0.20	3.81
清北山区保定市	3.17	0.02	2.55	0.60	0.06	3.23	1.85	5.08
大清河山区山西省	0.96	0.00	0.77	0.19	0.00	0.96	1.01	1.97

续表

区域	碳排放减少量/Mt						碳捕获增加量/Mt	碳的净排放减少量/Mt
	生产	第一产业	第二产业	第三产业	生活	总量		
清南山区保定市	4.85	0.02	3.91	0.92	0.09	4.94	−0.73	4.21
大清河山区石家庄市	0.50	0.01	0.40	0.09	0.01	0.51	−0.73	−0.22
淀西平原北京市	0.13	0.00	0.10	0.03	0.01	0.14	0.16	0.30
淀西清北保定市	2.01	0.01	1.62	0.38	0.04	2.05	1.74	3.79
淀西清南保定市	5.41	0.03	4.36	1.02	0.10	5.51	−3.20	2.31
淀西平原石家庄市	0.55	0.01	0.44	0.10	0.01	0.56	0.51	1.07
白洋淀湿地	0.22	0.00	0.18	0.04	0.00	0.22	0.00	0.22
淀东平原保定市	0.37	0.00	0.30	0.07	0.01	0.38	0.17	0.55
淀东平原廊坊市	0.43	0.00	0.34	0.09	0.01	0.44	0.49	0.93
淀东平原沧州市	1.36	0.00	0.81	0.55	0.02	1.38	−1.10	0.28
淀东平原衡水市	0.21	0.00	0.14	0.07	0.00	0.21	0.03	0.24
全流域	23.99	0.10	18.21	5.68	0.45	24.44	0.53	24.97

(3) 方案三

该方案为2020年的中节水方案，其模拟结果（表10-24～表10-25）如下。

水资源供需平衡分析：流域供水和需水均为50.22亿 m³，缺水量与缺水率均为0。与方案一相比，地表水供水增加9.34亿 m³、地下水供水减少3.78亿 m³；前者主要来源于外调水工程。其中，南水北调东线和中线工程补给大清河山区张家口市0.51亿 m³、淀东廊坊市0.29亿 m³和淀东沧州市0.87亿 m³；引黄入晋工程补给大清河山西省2.98亿 m³；南水北调东线和引黄入淀工程需补给白洋淀湿地共计4.69亿 m³。从需水方面来看，与方案一相比，生产和生活需水量分别降低了25.8%和20.3%，其中第一、第二和第三产业分别降低了20.7%、40%和41.8%。

碳平衡分析：若能源消费按照低碳发展模式，流域碳排放、碳捕获和碳的净排放总量分别为23.11Mt、11.46Mt和11.65Mt。其中，碳排放量和碳的净排放量分别降低了60.2%和75.3%，碳捕获量增加了4.4%。生产和生活碳排放减少量为34.08Mt和0.86Mt，第一、第二和第三产业碳减排量分别占生产部分的0.7%、76.3%和23%。

表10-24 2020水平年方案三水资源供需模拟结果

区域	需水量/亿 m³						供水量/亿 m³				缺水量/亿 m³
	生产	第一产业	第二产业	第三产业	生活	生态	总量	地表	地下	其他	总量	
大清河山区北京市	1.22	0.88	0.25	0.09	0.16	0.37	1.75	0.41	0.73	0.61	1.75	0.00
大清河山区张家口市	0.65	0.39	0.19	0.07	0.13	0.07	0.85	0.60	0.25	0.00	0.85	0.00
清北山区保定市	4.84	3.84	0.74	0.26	0.48	0.39	5.71	0.57	5.09	0.05	5.71	0.00

续表

区域	需水量/亿 m³							供水量/亿 m³				缺水量/亿 m³
	生产	第一产业	第二产业	第三产业	生活	生态	总量	地表	地下	其他	总量	
大清河山区山西省	3.16	2.39	0.57	0.20	0.37	0.21	3.74	3.26	0.41	0.07	3.74	0.00
清南山区保定市	7.41	5.88	1.13	0.40	0.73	0.60	8.74	0.88	7.79	0.07	8.74	0.00
大清河山区石家庄市	1.86	1.52	0.25	0.09	0.16	0.21	2.23	0.59	1.60	0.04	2.23	0.00
淀西平原北京市	0.55	0.40	0.11	0.04	0.07	0.16	0.78	0.18	0.33	0.27	0.78	0.00
淀西清北保定市	3.08	2.44	0.47	0.17	0.30	0.25	3.63	0.36	3.24	0.03	3.63	0.00
淀西清南保定市	8.26	6.56	1.26	0.44	0.81	0.67	9.74	0.98	8.68	0.08	9.74	0.00
淀西平原石家庄市	2.07	1.69	0.28	0.10	0.18	0.24	2.49	0.66	1.79	0.04	2.49	0.00
白洋淀湿地	0.35	0.28	0.05	0.02	0.03	4.74	5.12	4.73	0.39	0.00	5.12	0.00
淀东平原保定市	0.57	0.45	0.09	0.03	0.06	0.05	0.68	0.07	0.60	0.01	0.68	0.00
淀东平原廊坊市	1.72	1.46	0.19	0.07	0.13	0.10	1.95	0.49	1.40	0.06	1.95	0.00
淀东平原沧州市	2.00	1.66	0.25	0.09	0.16	0.12	2.28	1.17	1.11	0.00	2.28	0.00
淀东平原衡水市	0.48	0.41	0.05	0.02	0.03	0.02	0.53	0.06	0.47	0.00	0.53	0.00
全流域	38.22	30.25	5.88	2.09	3.80	8.20	50.22	15.01	33.88	1.33	50.22	0.00

表 10-25 2020 水平年方案三碳排放模拟结果

区域	碳排放减少量/Mt						碳捕获增加量/Mt	碳的净排放减少量/Mt
	生产	第一产业	第二产业	第三产业	生活	总量		
大清河山区北京市	0.41	0.00	0.31	0.10	0.03	0.44	0.12	0.56
大清河山区张家口市	4.97	0.01	2.95	2.01	0.15	5.12	0.17	5.29
清北山区保定市	4.52	0.04	3.65	0.83	0.11	4.63	1.62	6.25
大清河山区山西省	1.35	0.00	1.09	0.26	0.00	1.35	0.89	2.24
清南山区保定市	6.90	0.06	5.58	1.26	0.17	7.07	−0.64	6.43
大清河山区石家庄市	0.71	0.02	0.57	0.12	0.02	0.73	−0.64	0.09
淀西平原北京市	0.19	0.00	0.14	0.05	0.01	0.20	0.14	0.34
淀西清北保定市	2.87	0.03	2.32	0.52	0.07	2.94	1.53	4.47
淀西清南保定市	7.70	0.07	6.22	1.41	0.19	7.89	−2.80	5.09
淀西平原石家庄市	0.78	0.02	0.63	0.13	0.02	0.80	0.44	1.24
白洋淀湿地	0.32	0.00	0.26	0.06	0.01	0.33	0.00	0.33
淀东平原保定市	0.54	0.01	0.43	0.10	0.01	0.55	0.15	0.70
淀东平原廊坊市	0.61	0.00	0.49	0.12	0.02	0.63	0.43	1.06
淀东平原沧州市	1.91	0.00	1.15	0.76	0.04	1.95	−0.96	0.99
淀东平原衡水市	0.30	0.00	0.20	0.10	0.01	0.31	0.03	0.34
全流域	34.08	0.26	25.99	7.83	0.86	34.94	0.48	35.42

(4) 方案四

该方案为 2020 年的高节水方案,其模拟结果(表 10-26 ~ 表 10-27)如下。

水资源供需平衡分析:流域供水和需水均为 38.90 亿 m³,缺水量与缺水率均为 0。与方案一相比,地表水供水增加 7.15 亿 m³、地下水供水减少 12.92 亿 m³;前者主要来源于外调水工程。其中,南水北调东线和中线工程补给大清河山区张家口市 0.27 亿 m³、淀东沧州市 0.32 亿 m³;引黄入晋工程补给大清河山西省 1.95 亿 m³;南水北调东线和引黄入淀工程需补给白洋淀湿地共计 4.61 亿 m³。从需水方面来看,与方案一相比,生产和生活需水量降低了 47.1% 和 28.3%,其中第一、第二和第三产业分别降低了 34.9%、81.6% 和 82.7%。

碳平衡分析:流域碳减排总量、碳捕获总增量和碳的净减排总量分别为 69.63Mt、0.40Mt 和 70.03Mt。其中,生产和生活碳排放减少为 68.45Mt 和 1.18Mt,第一、第二和第三产业碳减排量分别占生产部分的 0.5%、77.2% 和 22.3%。

表 10-26 2020 水平年方案四水资源供需模拟结果

区域	需水量/亿 m³ 生产	第一产业	第二产业	第三产业	生活	生态	总量	供水量/亿 m³ 地表	地下	其他	总量	缺水量/亿 m³
大清河山区北京市	0.84	0.73	0.08	0.03	0.14	0.38	1.36	0.41	0.34	0.61	1.36	0.00
大清河山区张家口市	0.41	0.33	0.06	0.02	0.11	0.09	0.61	0.36	0.25	0.00	0.61	0.00
清北山区保定市	3.46	3.15	0.23	0.08	0.43	0.44	4.33	0.57	3.71	0.05	4.33	0.00
大清河山区山西省	2.20	1.97	0.17	0.06	0.33	0.18	2.71	2.23	0.41	0.07	2.71	0.00
清南山区保定市	5.30	4.83	0.35	0.12	0.66	0.54	6.50	0.88	5.54	0.08	6.50	0.00
大清河山区石家庄市	1.35	1.24	0.08	0.03	0.14	0.20	1.69	0.59	1.06	0.04	1.69	0.00
淀西平原北京市	0.37	0.33	0.03	0.01	0.07	0.17	0.61	0.18	0.16	0.27	0.61	0.00
淀西清北保定市	2.19	2.00	0.14	0.05	0.27	0.28	2.74	0.36	2.35	0.03	2.74	0.00
淀西清南保定市	5.89	5.38	0.38	0.13	0.74	0.60	7.23	0.98	6.17	0.08	7.23	0.00
淀西平原石家庄市	1.50	1.39	0.08	0.03	0.16	0.22	1.88	0.66	1.18	0.04	1.88	0.00
白洋淀湿地	0.26	0.23	0.02	0.01	0.03	4.75	5.04	4.65	0.39	0.00	5.04	0.00
淀东平原保定市	0.41	0.37	0.03	0.01	0.05	0.05	0.51	0.07	0.43	0.01	0.51	0.00
淀东平原廊坊市	1.27	1.19	0.06	0.02	0.11	0.18	1.56	0.20	1.30	0.06	1.56	0.00
淀东平原沧州市	1.47	1.36	0.08	0.03	0.15	0.11	1.73	0.62	1.11	0.00	1.73	0.00
淀东平原衡水市	0.35	0.33	0.01	0.01	0.03	0.02	0.40	0.06	0.34	0.00	0.40	0.00
全流域	27.27	24.83	1.80	0.64	3.42	8.21	38.90	12.82	24.74	1.34	38.90	0.00

表 10-27 2020 水平年方案四碳排放模拟结果

区域	碳排放减少量/Mt					碳捕获增加量/Mt	碳的净排放减少量/Mt
	生产	第一产业	第二产业	第三产业	生活	总量	
大清河山区北京市	0.83	0.01	0.63	0.19	0.04	0.87	0.10	0.97
大清河山区张家口市	9.93	0.01	6.00	3.92	0.20	10.13	0.15	10.28
清北山区保定市	9.08	0.06	7.41	1.61	0.15	9.23	1.39	10.62
大清河山区山西省	2.72	0.00	2.22	0.50	0.00	2.72	0.76	3.48
清南山区保定市	13.91	0.09	11.35	2.47	0.23	14.14	-0.55	13.59
大清河山区石家庄市	1.40	0.02	1.15	0.23	0.03	1.43	-0.55	0.88
淀西平原北京市	0.37	0.00	0.28	0.09	0.02	0.39	0.12	0.51
淀西清北保定市	5.77	0.04	4.71	1.02	0.10	5.87	1.32	7.19
淀西清南保定市	15.50	0.10	12.65	2.75	0.26	15.76	-2.41	13.35
淀西平原石家庄市	1.57	0.02	1.29	0.26	0.03	1.60	0.38	1.98
白洋淀湿地	0.65	0.00	0.53	0.12	0.01	0.66	0.00	0.66
淀东平原保定市	1.08	0.01	0.88	0.19	0.02	1.10	0.13	1.23
淀东平原廊坊市	1.23	0.00	0.99	0.24	0.02	1.25	0.37	1.62
淀东平原沧州市	3.82	0.00	2.34	1.48	0.06	3.88	-0.83	3.05
淀东平原衡水市	0.59	0.00	0.40	0.19	0.01	0.60	0.02	0.62
全流域	68.45	0.36	52.83	15.26	1.18	69.63	0.40	70.03

10.2.4 2030 水平年

(1) 方案一

该方案的经济模式采用低碳发展模式,供水模式、用水模式和水利工程布局均维持在 2010 年水平,其模拟结果(表 10-28)如下。

水资源供需平衡分析:流域供水总量、需水总量和缺水总量分别为 45.36 亿 m^3、76.06 亿 m^3 和 30.7 亿 m^3,缺水率高达 40.36%。在供水方面,地表水、地下水和其他水源分别占总供水量的 12.5%、84.5% 和 3%;在需水方面,生产、生活和生态需水分别占总需水量的 82.8%、6.4% 和 10.8%,其中第一、第二和第三产业需水分别占生产需水量的 62.3%、27.3% 和 10.4%。

碳平衡分析:由于区域植被构成没有发生变化,该方案下的流域碳捕获能力仍然维持在 2010 年水平即 10.98Mt,则外延式发展模式下碳排放总量和碳的净排放总量分别达到 389.68Mt 和 378.7Mt,低碳发展模式下分别为 70.59Mt 和 59.61Mt。

表 10-28　2030 水平年方案一水资源供需模拟结果

区域	需水量/亿 m³							供水量/亿 m³				缺水量/亿 m³
	生产	第一产业	第二产业	第三产业	生活	生态	总量	地表	地下	其他	总量	
大清河山区北京市	1.99	0.99	0.72	0.28	0.20	0.38	2.57	0.41	1.55	0.61	2.57	0.00
大清河山区张家口市	1.25	0.46	0.57	0.22	0.16	0.09	1.50	0.09	0.25	0.00	0.33	-1.17
清北山区保定市	8.44	5.46	2.16	0.82	0.61	0.44	9.49	0.57	5.29	0.05	5.91	-3.58
大清河山区山西省	3.44	1.15	1.66	0.63	0.47	0.18	4.09	0.28	0.41	0.07	0.77	-3.32
清南山区保定市	12.93	8.36	3.31	1.26	0.93	0.54	14.40	0.88	8.12	0.08	9.07	-5.33
大清河山区石家庄市	3.58	2.58	0.72	0.28	0.20	0.20	3.98	0.59	2.67	0.04	3.30	-0.69
淀西平原北京市	0.89	0.44	0.33	0.12	0.09	0.17	1.15	0.18	0.70	0.27	1.15	0.00
淀西清北保定市	5.35	3.46	1.37	0.52	0.39	0.28	6.02	0.36	3.36	0.03	3.76	-2.27
淀西清南保定市	14.42	9.32	3.69	1.41	1.04	0.60	16.06	0.98	9.04	0.08	10.10	-5.96
淀西平原石家庄市	4.00	2.88	0.81	0.31	0.23	0.22	4.45	0.66	2.98	0.04	3.68	-0.77
白洋淀湿地	0.61	0.40	0.15	0.06	0.04	4.75	5.40	0.04	0.39	0.00	0.44	-4.96
淀东平原保定市	1.00	0.64	0.26	0.10	0.07	0.05	1.12	0.07	0.62	0.01	0.70	-0.43
淀东平原廊坊市	2.13	1.34	0.57	0.22	0.16	0.18	2.47	0.20	1.40	0.06	1.66	-0.81
淀东平原沧州市	2.29	1.27	0.74	0.28	0.21	0.11	2.61	0.30	1.11	0.00	1.42	-1.19
淀东平原衡水市	0.69	0.50	0.14	0.05	0.04	0.02	0.75	0.06	0.46	0.00	0.52	-0.23
全流域	63.01	39.25	17.20	6.56	4.84	8.21	76.06	5.67	38.35	1.35	45.36	-30.70

(2) 方案二

该方案为 2030 年的低节水方案，其模拟结果（表 10-29～表 10-30）如下。

表 10-29　2030 水平年方案二水资源供需模拟结果

区域	需水量/亿 m³							供水量/亿 m³				缺水量/亿 m³
	生产	第一产业	第二产业	第三产业	生活	生态	总量	地表	地下	其他	总量	
大清河山区北京市	1.82	1.13	0.50	0.19	0.17	0.38	2.37	0.41	1.35	0.61	2.37	0.00
大清河山区张家口市	1.06	0.52	0.39	0.15	0.13	0.09	1.28	0.09	0.25	0.00	0.34	-0.94
清北山区保定市	6.88	4.81	1.50	0.57	0.51	0.44	7.83	0.57	5.29	0.05	5.91	-1.92
大清河山区山西省	4.61	3.02	1.15	0.44	0.39	0.18	5.18	0.28	0.41	0.07	0.76	-4.42
清南山区保定市	10.54	7.37	2.30	0.87	0.78	0.54	11.86	0.88	8.11	0.07	9.06	-2.80
大清河山区石家庄市	2.58	1.89	0.50	0.19	0.17	0.20	2.95	0.59	2.31	0.04	2.94	-0.01
淀西平原北京市	0.83	0.51	0.23	0.09	0.08	0.17	1.08	0.18	0.61	0.27	1.06	-0.02
淀西清北保定市	4.36	3.05	0.95	0.36	0.32	0.28	4.96	0.36	3.36	0.03	3.75	-1.21
淀西清南保定市	11.74	8.21	2.56	0.97	0.86	0.60	13.20	0.98	9.04	0.08	10.10	-3.10

续表

区域	需水量/亿 m³							供水量/亿 m³				缺水量/亿 m³
	生产	第一产业	第二产业	第三产业	生活	生态	总量	地表	地下	其他	总量	
淀西平原石家庄市	2.88	2.11	0.56	0.21	0.19	0.22	3.29	0.66	2.59	0.04	3.29	0.00
白洋淀湿地	0.50	0.35	0.11	0.04	0.04	4.75	5.29	0.04	0.39	0.00	0.43	-4.86
淀东平原保定市	0.82	0.57	0.18	0.07	0.06	0.05	0.93	0.07	0.62	0.01	0.70	-0.23
淀东平原廊坊市	2.34	1.80	0.39	0.15	0.13	0.18	2.65	0.20	1.40	0.06	1.66	-0.99
淀东平原沧州市	2.76	2.06	0.51	0.19	0.17	0.11	3.04	0.30	1.11	0.00	1.41	-1.63
淀东平原衡水市	0.64	0.50	0.10	0.04	0.03	0.02	0.69	0.06	0.46	0.00	0.52	-0.17
全流域	54.36	37.90	11.93	4.53	4.03	8.21	66.60	5.67	37.30	1.33	44.30	-22.30

表 10-30 2030 水平年方案二碳排放模拟结果

区域	碳排放减少量/Mt						碳捕获增加量/Mt	碳的净排放减少量/Mt
	生产	第一产业	第二产业	第三产业	生活	总量		
大清河山区北京市	0.54	0.00	0.41	0.13	0.02	0.56	0.12	0.68
大清河山区张家口市	6.61	0.00	3.94	2.67	0.12	6.73	0.18	6.91
清北山区保定市	5.99	0.02	4.87	1.10	0.09	6.08	1.72	7.80
大清河山区山西省	1.80	0.00	1.46	0.34	0.00	1.80	0.94	2.74
清南山区保定市	9.17	0.03	7.46	1.68	0.14	9.31	-0.68	8.63
大清河山区石家庄市	0.93	0.01	0.76	0.16	0.02	0.95	-0.68	0.27
淀西平原北京市	0.25	0.00	0.19	0.06	0.01	0.26	0.15	0.41
淀西清北保定市	3.80	0.01	3.09	0.70	0.06	3.86	1.62	5.48
淀西清南保定市	10.21	0.03	8.31	1.87	0.16	10.37	-2.97	7.40
淀西平原石家庄市	1.04	0.01	0.85	0.18	0.02	1.06	0.47	1.53
白洋淀湿地	0.43	0.00	0.35	0.08	0.01	0.44	0.00	0.44
淀东平原保定市	0.71	0.00	0.58	0.13	0.01	0.72	0.16	0.88
淀东平原廊坊市	0.81	0.00	0.65	0.16	0.01	0.82	0.45	1.27
淀东平原沧州市	2.54	0.00	1.54	1.00	0.04	2.58	-1.02	1.56
淀东平原衡水市	0.39	0.00	0.26	0.13	0.01	0.40	0.03	0.43
全流域	45.22	0.11	34.72	10.39	0.72	45.94	0.49	46.43

水资源供需平衡分析：流域供水、需水和缺水总量分别为 44.3 亿 m³、66.6 亿 m³ 和 22.3 亿 m³，缺水率为 33.5%。与方案一相比，地下水供水减少 1.05 亿 m³；生产和生活需水分别降低 13.7% 和 16.7%，其中第一、第二和第三产业需水分别降低了 3.4%、30.6% 和 30.9%。

碳平衡分析：若能源消费按照低碳发展模式，流域碳排放总量、碳捕获总量和碳的净排放总量分别达到24.65Mt、11.47Mt和13.18Mt。其中，碳排放量和碳的净排放量分别降低了65.1%和77.9%，碳捕获量增加了4.6%；生产和生活的碳排放量分别降低了45.22Mt和0.72Mt；第一、第二和第三产业分别减少了0.11Mt、34.72Mt和10.39Mt。若能源消费按照外延式发展模式，流域碳排放总量和碳的净排放总量分别减少11.8%和12.3%。

(3) 方案三

该方案为2030年的中节水方案，其模拟结果（表10-31～表10-32）如下。

水资源供需平衡分析：流域供水和需水均为56.57亿m³，缺水量与缺水率均为0。与方案一相比，地表水供水增加13.67亿m³、地下水供水减少2.46亿m³；前者主要来源于外调水工程；其中，南水北调东线和中线工程补给大清河山区张家口市0.77亿m³、清北山区保定市0.64亿m³、清南山区保定市0.82亿m³、淀西清北保定市0.41亿m³、淀西清南保定市0.93亿m³、淀东保定市0.07亿m³、淀东廊坊市0.55亿m³、淀东沧州市1.13亿m³；引黄入晋工程补给大清河山西省3.59亿m³；南水北调东线和引黄入淀工程需补给白洋淀湿地共计4.76亿m³。从需水方面来看，与方案一相比，生产和生活需水量降低了29%和25.6%，其中第一、第二和第三产业分别降低了20.9%、42.2%和42.5%。

碳平衡分析：若能源消费按照低碳发展模式发展，流域碳排放总量、碳捕获总量和碳的净排放总量分别达到7.07Mt、11.4Mt和-4.33Mt，流域整体呈现碳"汇"。其中，碳排放量和碳的净排放量分别降低了89.9%和107.3%，碳捕获量增加了3.8%；生产和生活的碳排放量分别降低了62.43Mt和1.09Mt；第一、第二和第三产业分别减少了0.25Mt、47.91Mt和14.27Mt。若能源消费按照外延式发展模式发展，流域碳排放总量和碳的净排放总量分别减少16.3%和16.9%。

表10-31 2030水平年方案三水资源供需模拟结果

区域	需水量/亿m³							供水量/亿m³				缺水量/亿m³
	生产	第一产业	第二产业	第三产业	生活	生态	总量	地表	地下	其他	总量	
大清河山区北京市	1.51	0.93	0.42	0.16	0.15	0.38	2.04	0.41	1.02	0.61	2.04	0.00
大清河山区张家口市	0.90	0.45	0.33	0.12	0.12	0.09	1.11	0.86	0.25	0.00	1.11	0.00
清北山区保定市	5.66	3.94	1.25	0.47	0.45	0.44	6.55	1.21	5.29	0.05	6.55	0.00
大清河山区山西省	3.82	2.49	0.96	0.37	0.35	0.18	4.35	3.87	0.41	0.07	4.35	0.00
清南山区保定市	8.67	6.03	1.91	0.73	0.69	0.54	9.90	1.70	8.12	0.08	9.90	0.00
大清河山区石家庄市	2.12	1.54	0.42	0.16	0.15	0.20	2.47	0.59	1.84	0.04	2.47	0.00
淀西平原北京市	0.68	0.42	0.19	0.07	0.07	0.17	0.92	0.18	0.47	0.27	0.92	0.00
淀西清北保定市	3.59	2.50	0.79	0.30	0.29	0.28	4.16	0.77	3.36	0.04	4.16	0.00
淀西清南保定市	9.66	6.72	2.13	0.81	0.77	0.60	11.03	1.91	9.04	0.08	11.03	0.00
淀西平原石家庄市	2.37	1.72	0.47	0.18	0.17	0.22	2.76	0.66	2.06	0.04	2.76	0.00
白洋淀湿地	0.41	0.29	0.09	0.03	0.03	4.75	5.19	4.80	0.39	0.00	5.19	0.00

续表

区域	需水量/亿 m³							供水量/亿 m³				缺水量/亿 m³
	生产	第一产业	第二产业	第三产业	生活	生态	总量	地表	地下	其他	总量	
淀东平原保定市	0.67	0.46	0.15	0.06	0.05	0.05	0.77	0.14	0.62	0.01	0.77	0.00
淀东平原廊坊市	1.91	1.46	0.33	0.12	0.12	0.18	2.21	0.75	1.40	0.06	2.21	0.00
淀东平原沧州市	2.27	1.68	0.43	0.16	0.16	0.11	2.54	1.43	1.11	0.00	2.54	0.00
淀东平原衡水市	0.52	0.41	0.08	0.03	0.03	0.02	0.57	0.06	0.51	0.00	0.57	0.00
全流域	44.76	31.04	9.95	3.77	3.60	8.21	56.57	19.34	35.89	1.34	56.57	0.00

表10-32 2030水平年方案三碳排放模拟结果

区域	碳减排量/Mt						碳捕获增加量/Mt	碳的净排放减少量/Mt
	生产	第一产业	第二产业	第三产业	生活	总量		
大清河山区北京市	0.75	0.00	0.57	0.18	0.03	0.78	0.11	0.89
大清河山区张家口市	9.11	0.00	5.44	3.67	0.19	9.30	0.16	9.46
清北山区保定市	8.27	0.04	6.72	1.51	0.14	8.41	1.54	9.95
大清河山区山西省	2.49	0.00	2.02	0.47	0.00	2.49	0.84	3.33
清南山区保定市	12.66	0.06	10.29	2.31	0.21	12.87	−0.61	12.26
大清河山区石家庄市	1.28	0.02	1.04	0.22	0.03	1.31	−0.61	0.70
淀西平原北京市	0.34	0.00	0.26	0.08	0.02	0.36	0.13	0.49
淀西清北保定市	5.26	0.03	4.27	0.96	0.09	5.35	1.45	6.80
淀西清南保定市	14.11	0.07	11.47	2.57	0.24	14.35	−2.67	11.68
淀西平原石家庄市	1.43	0.02	1.17	0.24	0.03	1.46	0.42	1.88
白洋淀湿地	0.59	0.00	0.48	0.11	0.01	0.60	0.00	0.60
淀东平原保定市	0.99	0.01	0.80	0.18	0.02	1.01	0.14	1.15
淀东平原廊坊市	1.12	0.00	0.90	0.22	0.02	1.14	0.41	1.55
淀东平原沧州市	3.50	0.00	2.12	1.38	0.05	3.55	−0.92	2.63
淀东平原衡水市	0.53	0.00	0.36	0.17	0.01	0.54	0.03	0.57
全流域	62.43	0.25	47.91	14.27	1.09	63.52	0.42	63.94

（4）方案四

该方案为2030年的高节水方案，其模拟结果（表10-33～表10-34）如下。

水资源供需平衡分析：流域供水和需水均为47.04亿 m³，缺水量与缺水率均为0。与方案一相比，地表水供水增加8.85亿 m³、地下水供水减少7.17亿 m³；前者主要来源于外调水工程；其中，南水北调东线和中线工程补给大清河山区张家口市0.61亿 m³、淀西清北保定市0.01亿 m³、淀东平原廊坊市0.13亿 m³、淀东沧州市0.62亿 m³；引黄入晋工程补给大清河山西省2.79亿 m³；南水北调东线和引黄入淀工程补给白洋淀湿地共计4.68亿 m³。

从需水方面来看,与方案一相比,生产和生活需水量降低了43.6%和32.2%,其中第一、第二和第三产业分别降低了43.2%、44.1%和44.5%。

碳平衡分析:若能源消费按照低碳发展模式,流域碳排放总量、碳捕获总量和碳的净排放总量分别达到3.72Mt、11.38Mt和-7.66Mt,流域整体呈现碳"汇"。其中,碳排放和碳的净排放分别降低了94.7%和112.9%;生产和生活分别降低了65.5Mt和1.37Mt;第一、第二和第三产业分别减少了0.46Mt、50.11Mt和14.93Mt。若经济增长和能源消费按照外延式发展,流域碳排放总量和碳的净排放总量分别减少17.2%和17.8%。

表10-33 2030水平年方案四水资源供需模拟结果

区域	需水量/亿 m³							供水量/亿 m³				缺水量/亿 m³
	生产	第一产业	第二产业	第三产业	生活	生态	总量	地表	地下	其他	总量	
大清河山区北京市	1.21	0.66	0.40	0.15	0.14	0.38	1.73	0.41	0.71	0.61	1.73	0.00
大清河山区张家口市	0.75	0.31	0.32	0.12	0.11	0.09	0.95	0.70	0.25	0.00	0.95	0.00
清北山区保定市	4.50	2.83	1.21	0.46	0.41	0.44	5.35	0.57	4.73	0.05	5.35	0.00
大清河山区山西省	3.06	1.78	0.93	0.35	0.32	0.18	3.56	3.08	0.41	0.07	3.56	0.00
清南山区保定市	6.88	4.33	1.85	0.70	0.63	0.54	8.05	0.88	7.09	0.08	8.05	0.00
大清河山区石家庄市	1.66	1.11	0.40	0.15	0.14	0.20	2.00	0.59	1.37	0.04	2.00	0.00
淀西平原北京市	0.55	0.30	0.18	0.07	0.06	0.17	0.78	0.18	0.33	0.27	0.78	0.00
淀西清北保定市	2.86	1.80	0.77	0.29	0.26	0.28	3.40	0.37	3.00	0.03	3.40	0.00
淀西清南保定市	7.67	4.83	2.06	0.78	0.70	0.60	8.97	0.98	7.91	0.08	8.97	0.00
淀西平原石家庄市	1.86	1.24	0.45	0.17	0.15	0.22	2.23	0.66	1.53	0.04	2.23	0.00
白洋淀湿地	0.33	0.21	0.09	0.03	0.03	4.75	5.11	4.72	0.39	0.00	5.11	0.00
淀东平原保定市	0.53	0.33	0.14	0.06	0.05	0.05	0.63	0.07	0.55	0.01	0.63	0.00
淀东平原廊坊市	1.50	1.06	0.32	0.12	0.11	0.18	1.79	0.33	1.40	0.06	1.79	0.00
淀东平原沧州市	1.78	1.21	0.41	0.16	0.14	0.11	2.03	0.92	1.11	0.00	2.03	0.00
淀东平原衡水市	0.41	0.30	0.08	0.03	0.03	0.02	0.46	0.06	0.40	0.00	0.46	0.00
全流域	35.55	22.30	9.61	3.64	3.28	8.21	47.04	14.52	31.18	1.34	47.04	0.00

表10-34 2030水平年方案四碳排放模拟结果

区域	碳排放减少量/Mt						碳捕获增加量/Mt	碳的净排放减少量/Mt
	生产	第一产业	第二产业	第三产业	生活	总量		
大清河山区北京市	0.79	0.01	0.59	0.19	0.04	0.83	0.10	0.93
大清河山区张家口市	9.55	0.02	5.69	3.84	0.24	9.79	0.15	9.94
清北山区保定市	8.68	0.07	7.03	1.58	0.18	8.86	1.39	10.25
大清河山区山西省	2.60	0.00	2.11	0.49	0.00	2.60	0.76	3.36
清南山区保定市	13.29	0.11	10.77	2.41	0.27	13.56	-0.55	13.01

续表

区域	碳排放减少量/Mt					碳捕获增加量/Mt	碳的净排放减少量/Mt
	生产	第一产业	第二产业	第三产业	生活	总量		
大清河山区石家庄市	1.35	0.03	1.09	0.23	0.03	1.38	-0.55	0.83
淀西平原北京市	0.36	0.00	0.27	0.09	0.02	0.38	0.12	0.50
淀西清北保定市	5.50	0.04	4.46	1.00	0.11	5.61	1.32	6.93
淀西清南保定市	14.81	0.12	12.00	2.69	0.30	15.11	-2.41	12.70
淀西平原石家庄市	1.51	0.03	1.22	0.26	0.04	1.55	0.38	1.93
白洋淀湿地	0.62	0.01	0.50	0.11	0.01	0.63	0.00	0.63
淀东平原保定市	1.04	0.01	0.84	0.19	0.02	1.06	0.13	1.19
淀东平原廊坊市	1.18	0.01	0.94	0.23	0.03	1.21	0.37	1.58
淀东平原沧州市	3.66	0.00	2.22	1.44	0.07	3.73	-0.83	2.90
淀东平原衡水市	0.56	0.00	0.38	0.18	0.01	0.57	0.02	0.59
全流域	65.50	0.46	50.11	14.93	1.37	66.87	0.40	67.27

10.3 方案比选

结合基准年和不同规划水平年的方案结果分析，以流域缺水率和碳的净排放量为评价因子，进行方案比选。

10.3.1 基准年

方案四即高节水方案将成为基准年的推荐方案，与现状年相比，缺水率和碳的净排放量分别降低了 3.1% 和 63.5%（表 10-35）。但是仍不能满足流域现状的需水要求，需要外调水补充供水。同时，区域碳捕获能力也没有增加。在未来水平年的配置过程中需要考虑外调水和限制地下水开采。

表 10-35 2010 年推荐方案与现状对比

方案	供水量/亿 m³	需水量/亿 m³	缺水率/%	碳排放量/Mt	碳的净排放量/Mt
现状	45.86	53.39	-14.1	33.55	22.57
推荐方案	42.72	48.00	-11	19.22	8.24

10.3.2 2015 水平年

方案三和方案四的缺水率均为 0，且碳排放与碳的净排放减少较为显著。但是，与方案三相比，方案四对地表水和地下水的需求量分别低 1.11 亿 m³ 和 4.22 亿 m³，且可节省外调水量 1.11 亿 m^3；同时，其碳的净排放量低于方案三约 33.1%。因此，综合考虑地下水水位恢复和外调水的成本，选择方案四为 2015 年的推荐方案。与外延式情景方案（即方案一）相比，推荐方案的缺水率与碳的净排放量分别降低了 26.2% 和 81.4%（表 10-36）。

表 10-36　2015 水平年推荐方案与外延式发展方案对比

方案	供水量/亿 m^3	需水量/亿 m^3	缺水率/%	碳排放量/Mt	碳捕获量/Mt	碳的净排放量/Mt
外延式情景	44.38	60.15	26.2	49.12	10.98	38.14
推荐方案	41.84	41.84	0.00	18.46	11.37	7.09

10.3.3　2020 水平年

方案三和方案四较为符合要求。与方案三相比，方案四对地表水和地下水的需求量分别低 2.19 亿 m^3 和 9.14 亿 m^3，尤其可节省外调水量 2.19 亿 m^3；但是，方案四的碳减排量高于低碳发展模式下的碳排放量约 11.58Mt。因此，若经济发展和能源消费按照外延式发展，则方案四为推荐方案。其中，缺水率降低了 30.7%，碳排放与碳的净排放分别降低了 57% 和 63%，碳捕获量增加了 3.6%；若按照低碳发展模式发展，则方案三可作为推荐方案。其中，缺水率亦降低了 30.7%，碳排放与碳的净排放分别降低了 60.2% 和 75.3%，碳捕获量增加了 4.3%（表 10-37）。

表 10-37　2020 水平年推荐方案与外延式发展方案对比

模式	方案	供水量/亿 m^3	需水量/亿 m^3	缺水率/%	碳排放量/Mt	碳捕获量/Mt	碳的净排放量/Mt
外延式经济发展	外延式情景	44.67	64.49	30.7	122.17	10.98	111.19
	推荐方案	38.90	38.90	0.00	52.54	11.38	41.16
低碳发展模式	外延式情景	44.67	64.49	30.7	58.05	10.98	47.07
	推荐方案	50.22	50.22	0.00	23.11	11.46	11.65

10.3.4　2030 水平年

虽然方案三与方案四的缺水率均为 0，但方案四相对方案三对地表水和地下水的需求量分别减少 4.82 亿 m^3 和 4.71 亿 m^3，尤其可节省外调水量 4.82 亿 m^3。从碳排放和碳的净排放量减少来看，无论经济发展和能源消费按照外延式还是低碳发展模式发展，方案四均是推荐方案。在该方案中，流域缺水率为 0，在低碳发展模式中，与外延式情景方案相比，推荐方案的碳排放与碳的净排放降低 94.7% 和 112.9%，流域总体呈现碳"汇"（表 10-38）。

表 10-38　2030 水平年推荐方案与外延式发展方案对比

方案	供水量/亿 m³	需水量/亿 m³	缺水率/%	碳排放量/Mt	碳捕获量/Mt	碳的净排放量/Mt
外延式情景	45.36	76.06	40.36	70.59	10.98	59.61
推荐方案	47.04	47.04	0.00	3.72	11.38	-7.66

10.4　推荐方案下的保障措施

（1）调整产业结构，改善用水结构和能源消费结构

白洋淀流域第二和第三产业占流域 GDP 总值的比重较大，但第一产业用水量却较大，即用水量大的农业单位用水量产出效率较低，其新增单位 GDP 产出耗水量也较高，水资源的经济效益较低。虽然未来规划水平年外调水水量较为充足，但是调水主要供给工业和生活；为保障流域生态环境用水，需要节约区域经济用水，将有限的水资源向经济效益高的部门流动，即逐步降低第一产业的比重，进一步增加第二和第三产业的比重，以支撑未来社会经济发展需求。同时，在第二和第三产业内部，需要降低高耗水和高耗能行业的供水量。基于配置模型模拟结果遴选出的各分区 2005～2010 年碳排放系数最高行业，为保障经济发展速率和区域整体产业布局，各水资源分区内部未来产业调整参考如下：大清河山区北京市减少交通运输设备制造业部门数量，可考虑增加电力、热力生产和黑色金属冶炼与压延部门；大清河山区张家口市减少通用设备制造业部门数量，可考虑增加造纸及纸制品业、交通运输设备制造业企业；大清河山区山西省减少农副食品加工业部门数量，考虑增加造纸及纸制品业企业；大清河保定市和石家庄市减少金属冶炼压延部门数量，考虑增加电力、热力的生产和供应部门；其他分区需减少农副食品加工业数量，考虑增加造纸及纸制品业、纺织业部门。同时，需要根据 2015 年、2020 年和 2030 年北京市、河北省和山西省碳减排目标与规划节水目标对相关行业供水定额进行调整，以提高单方水的经济效益，降低其能源消耗与碳排放效益。

（2）全面推进流域节水型社会建设，提高水资源效益

节水型社会建设是白洋淀流域实现水资源的合理配置和降低碳的净排放量的关键措施。由于流域水资源有限，外调水虽然能够缓解流域缺水现状，但是在考虑到工程调水成本和水价问题，亟须从内部开展节水，从根本上缓解流域缺水现状，使碳平衡逐渐趋向于碳"汇"。

白洋淀流域节水型社会建设将在最严格的水资源管理框架下，以"三条红线"为目标，从制度创新、突出重点区域和科技创新三方面来实现，具体如下：

1）通过体制改革，健全法制并完善机制，结合节水市场调节机制、地下水开采管理制度和污水排放总量控制管理制度，将节水目标从流域落实到各省，再从各省落实到各市及各个分区，以规划各行业的用水行为，实现全流域水资源的可持续开发。

2）由于流域地下水超严重，节水型社会建设的重点区域布局除了考虑城市和大型灌溉区域分布外，还需要考虑遴选出的"漏斗"区，涉及淀西平原和淀东平原各分区，以尽快恢复区域地下水水位。

3) 各行业节水措施集中在如何合理设置定额和提高水利用系数方面：对于农业节水来说，需要引导农业种植结构转变和用水方式，严格控制耕地面积和灌溉面积的发展，实施农业节水监测，配合新型节水技术应用，提高农业用水效率与效益；对于第二和第三产业节水来说，在制度建设的刚性约束下，建设供排水远程智能监测系统，提高工业节水新技术的普及性，加快污水处理及利用工程建设，提高企业用水效率与效益；对于生活节水来说，逐步实现阶梯水价管理，配合供水管网改造和非常规水利用设施等工程措施，并提高公众节水意识，减少日常水资源浪费；对于生态节水来说，需要结合重点区域自然植被不同生长期的需水量，对灌溉定额进行动态调整。

(3) 调整南水北调工程和引黄工程供水过程，保障生态用水

2015 年，南水北调东线工程将向河北省净供水 7 亿 m^3，中线工程将向北京市和河北省调水 10.5 亿 m^3 和 30.4 亿 m^3。到 2030 年，东线和中线工程对北京和河北省的总供水将达到 14.9 亿 m^3 和 62.3 亿 m^3。但是，目前缺少对各个地级市的具体供水过程。同时，引黄入淀工程拟向邯郸供水 0.5 亿 m^3、邢台 0.5 亿 m^3、衡水 3 亿 m^3、保定 2 亿 m^3、沧州 4 亿 m^3、大同 3.36 亿 m^3。因此，需要结合各分区不同规划水平年的缺水情况，对三个调水工程的供水总量进行合理分配，优先保障生态用水，其具体配置结果见 10.3 节各规划水平年的推荐方案。需要重视的是，流域近年来干旱频发，最近两年旱涝交替态势日渐明显，因此，需要根据本地降水和需水预测，调整不同季节的外调水供水量，实现以丰补缺。

(4) 合理配置土地资源，确保生态用地

白洋淀流域土地利用以耕地为主，占全流域面积的 43%。虽然具有较强碳捕获能力的林地占流域面积的 23%，但是白洋淀流域的阔叶林以次生林为主，原生林面积较小，导致流域整体的碳捕获能力进一步降低。而且，随着人口增长和城镇化水平的提高，城乡居民用地将不断增加，将进一步挤占生态需水，降低自然生态系统的碳捕获能力。所以，在北京市、河北省和山西省的国土资源规划设置过程中，需要结合水资源综合规划和生态环境保护规划，以国家碳减排为目标，合理配置土地资源，确保生态用地不再进一步遭到挤占，尤其在碳排放量高的城市周围增加森林覆盖率，以降低局地碳的净排放量。

(5) 优化供水结构并加强应急水源管理，提高供水效率

白洋淀流域未来需要实现本地地表水、地下水、流域外调水和非常规水利用的统一配置，优化供水结构。目前，流域供水过度依赖地下水开采，导致平原区漏斗面积和深度不断增加。在考虑外调水供水情况下，减少各分区的地下水使用量，尤其要严格限制农业灌溉对地下水的抽取量。此外，对于城市工业和第三产业用水来说，亟须降低鲜水的使用量，提高中水利用率，尤其是各分区遴选出来的高耗水、高耗能和单方水碳放排效益高的部门。为了应对旱涝交替和水污染突发事件，还需加强应急水源管理，制定水源应急预案，坚持落实饮用水水源地保护工作，加强水质水量联合监测系统建设。在水价改革的支持下，进一步优化供水结构，调整不同水源和不同用户的用水价格。

(6) 构建合理的水利工程布局，保障工程措施开展

流域地处南水北调和引黄工程受水区，需以南水北调东/中线、引黄工程及其配套工程为主体框架,结合其他水利工程,如平原蓄水闸、雨洪利用工程等,提高非常规水源利用率,与现有蓄、引、提、排工程构成流域水利工程群,形成上下游、左右岸、地表与地下、主水与客水的优化配置格局。

1）南水北调干线工程与引黄工程:东线和中线工程将于2015年完成一期工程,补充农业和生态供水,根据调水情况调整各分区的供水过程;到2011年为止,引黄入淀工程已向白洋淀工程补水四次,但在未来规划水平年内还需结合南水北调工程供水过程调整年内补水时间与总量;而引黄入晋工程主要补给白洋淀流域大同市,需要依据各水平年的推荐方案实时调整供水规模。

2）南水北调配套工程:逐步兴建从总干渠、分干渠、蓄水工程引水至各分区用水目标的配水管道,降低输水损耗。

3）蓄水工程:流域未来并没有大型水库兴建任务,需要协调各大中型水库的供水,并实施大坝巩固工程。

4）城市供水工程:通过南水北调配套工程措施逐步保障城市用水,在调水之前,利用内部节水措施降低未来用水需求量。

5）地下水与生态补水修复工程:协调引黄济淀和南水北调工程水源利用,全面开展地下水超采区治理,建议将城镇不能接收的调水用于地下水补给和生态环境用水,建立白洋淀湿地和平原区的长效补水机制。

6）非常规水利用工程:在产业布局调整框架下,兴建污水处理回用和微咸水处理厂,创新处理工艺,保证处理厂的日常运转。

10.5 本章小结

以2010年为基准年,依据国家水资源与生态环境规划、区域社会经济发展模式、供水与用水模式、水利工程布局等工程性措施和非工程性措施方面的要素因子设置白洋淀流域水资源合理配置方案集,包括2015年、2020年和2030年三个水平年,每个水平年设置四个方案。其中,2010年只考虑供水模式和用水模式,未来水平年还需考虑社会发展与水利工程布局。利用基于低碳发展模式的水资源合理配置模型对各水平年的方案进行模拟,以流域缺水率和碳的净排放量为评价因子,对各方案进行比选,结果表明:

1）基准年,方案四为推荐方案,在该方案中,流域供水总量为42.75亿 m^3,需水总量48亿 m^3,缺水率为11%,但是仍不能满足流域现状的需水要求,需要外调水补充供水。与2010年相比,流域碳排放量和碳的净排放量分别减少了42.7和63.5%,但区域碳捕获能力也没有增加。

2）2015水平年,方案四为推荐方案。与外延式发展情景方案相比,该方案的缺水率与碳的净排放量分别降低了26.2%和81.4%。在该方案中,流域供水和需水均为41.84亿 m^3,缺水率为0,但流域仍表现为碳源。

3）2020水平年,若经济发展和能源消费按照外延式发展,则方案四为推荐方案。该方案中,流域缺水率降低了30.7%,碳排放与碳的净排放分别降低了57%和63%。若经济发展和能源消费按照低碳发展模式发展,则方案三为推荐方案。该方案中,流域缺水率降低了30.7%,碳排放与碳的净排放分别降低了60.2%和75.3%,碳捕获量增加了4.4%。

4) 2030水平年,无论经济发展和能源消费按照外延式还是低碳发展方向发展,方案四均是推荐方案。在社会经济低碳发展模式中,与外延式情景配置方案相比,该方案的缺水率与碳的净排放量分别降低了40.4%和112.9%。

第 11 章　结论与展望

11.1 结　　论

本研究在述评了区域碳水耦合模拟与水资源配置两方面国内外研究进展的基础上，在区域碳水耦合概念系统框架下，识别碳水耦合机制，提出了基于低碳发展模式的水资源合理配置内涵及其相关基础理论，结合原型观测和地理信息技术，以区域碳水耦合模拟模型与基于低碳发展模式的水资源合理配置模型为关键支撑技术，将上述理论应用于白洋淀流域，提出未来不同水平年基于低碳发展模式的水资源合理配置方案，进而反馈优化区域碳水耦合与基于低碳发展模式的水资源合理配置理论与技术体系，具体结论如下。

(1) 基于低碳发展模式的水资源合理配置理论与技术体系

基于低碳发展模式的水资源合理配置将水资源系统与碳循环系统相耦合，以区域碳循环、"自然-人工"二元水循环及其相互作用机制为理论基础，在流域或特定区域范围内，遵循安全、高效、低碳和公平原则，利用各种政策、法规、规划和工程措施，结合碳水耦合模拟，通过对多水源多用户的联合配置，充分发挥水资源的自然、社会、生态、经济及环境属性功能，整体提高区域水资源的经济社会及生态环境效率与效益，最大限度减少区域碳的净排放量。在明晰内涵和总体任务基础上，以区域碳水耦合机制和基于低碳发展模式的水资源合理配置相关基础理论（包括特征、原则与目标等）构建理论体系，该理论以区域碳水耦合系统概化、野外原型观测试验、数值模拟和地理信息技术为关键支撑技术。

(2) 白洋淀流域碳水耦合机制识别及演变规律

以区域碳水耦合概念系统为框架，结合白洋淀流域地形地貌、水资源、城镇、植被和主要水利工程的空间分布特征，抽象概化了白洋淀流域碳水耦合系统网络图。在网络图指导下，利用气象、水文、数字高程、植被、土地利用和土壤等特征数据，构建白洋淀流域碳水耦合模拟模型，选取径流和叶面积指数进行校验，校验结果较好。根据模型模拟结果，从碳循环要素、水循环要素与碳水耦合定量化关系来识别流域碳水耦合机制。

从碳循环来看，白洋淀流域2005~2010年年均碳排放量、碳捕获量和碳的净排放量分别为30.39Mt、10.96 Mt和19.43Mt，碳排放量和碳的净排放量呈现逐年增加的趋势，但碳捕获量变化趋势不显著。

从自然水循环来看，白洋淀流域1997~2010年年降水量与蒸散发量的差值均值为-346.11mm，降水量明显不能满足蒸散发的需求；从人工水循环来看，流域2005~2010年的年均供水量、用水量与缺水量分别为47.64亿 m^3、48.07亿 m^3 和0.43亿 m^3，但是在没有考虑河道内需水和湿地生态适宜需水的基础上，流域仍呈现多年缺水状态。

在碳水耦合定量化关系系数方面，流域 2005~2010 年社会经济系统碳排放系数、碳捕获系数和碳的净排放系数均值分别为 7.7×10^{-3} t/m³、1.1×10^{-3} t/m³ 和 6.6×10^{-3} t/m³。2010 年的碳捕获系数与 2005 年相比降低了 61.1%，而碳的净排放系数增加了 159%。值得注意的是，生产碳排放系数与整个社会经济系统的碳排放系数近似，两者均呈显著上升趋势，且生活用水的碳排放效益略高于生产的碳排放效益。

（3）白洋淀流域未来碳排放与需水演变趋势

由于碳排放与需水预测受经济社会发展模式影响，对两者的预测分为外延式和低碳发展模式两种。

流域碳排放预测在明确未来经济增长速率、生产总值、能源消耗总量及其结构变化基础上，计算出各类能源的消费量，并结合不同能源的碳排放系数预测区域未来碳排放量，结果表明：在外延式发展模式下，白洋淀流域 2015、2020 和 2030 水平年的能源消费量分别为 99.1 Mtce、177.0 Mtce 和 564.6 Mtce，碳排放量分别为 68.4 Mt、122.17 Mt 和 389.68 Mt；在低碳发展模式下，白洋淀流域 2015、2020 和 2030 水平年的能源消费量分别为 74.6 Mtce、91.6 Mtce 和 119.9 Mtce，碳排放量分别为 49.12 Mt、58.05 Mt 和 70.59 Mt。

流域需水预测以人口增长、城镇化进程、经济增长速度、产业结构、土地利用、生态环境保护目标为基础，根据未来发展规划、相关标准中的用水定额或历史序列推算定额计算生产需水、生活需水和生态需水，结果表明：在低碳发展模式下，2015 年流域总需水量将达到 39.11 亿 m³，生产、生活和生态需水分别为 26.98 亿 m³、4.02 亿 m³ 和 8.11 亿 m³；2020 年总需水量将达到 41.64 亿 m³，生产、生活和生态需水分别为 29.34 亿 m³、3.95 亿 m³ 和 8.35 亿 m³；2030 年总需水量将达到 48.07 亿 m³，生产、生活和生态需水分别为 35.29 亿 m³、3.76 亿 m³ 和 9.02 亿 m³。与低碳发展模式相比，即使不考虑河道内和湿地生态需水，2015、2020 和 2030 水平年外延式发展模式下的流域总需水量分别增加 12.69 亿 m³、15.29 亿 m³ 和 21.63 亿 m³。

（4）基于低碳发展模式的白洋淀流域水资源合理配置方案

以 2010 年为基准年，根据国家水资源与生态环境规划、区域社会经济发展模式、供水与用水模式、水利工程布局等工程性措施和非工程性措施方面的要素因子设置 2015、2020 和 2030 水平年的配置方案。其中，2010 年只考虑供水模式和用水模式，未来水平年还需考虑社会发展与水利工程布局。利用基于低碳发展模式的水资源合理配置模型对各水平年的方案进行模拟，以流域缺水率和碳的净排放量为评价因子，对各方案进行比选，结果表明：

2010 年，方案四为推荐方案。在该方案中，流域供水总量为 42.72 亿 m³，需水总量 48 亿 m³，缺水率为 11%。其中，地表、地下和其他水源占总供水量的 13.3%、83.6% 和 3.1%，生产和生活需水分别达到 36.39 亿 m³ 和 3.40 亿 m³，与现状相比，各降低 10.2% 和 27.1%。流域碳排放量和碳的净排放量分别为 19.22 Mt 和 8.24Mt，与现状相比分别减少了 42.7% 和 63.5%。其中，生产和生活碳排放量分别减少了 44.5% 和 28.4%。但是仍不能满足流域现状的需水要求，需要外调水补充供水。同时，地下水开采量也没有降低，且区域碳捕获能力也没有增加。

2015 水平年，方案四为推荐方案。与外延式情景方案相比，该方案的缺水率与碳的净排放量分别降低了 26.2% 和 81.4%。在该方案中，流域供水和需水均为 41.84 亿 m³，缺水率为 0。从供水方面来看，地表水供水量 13.32 亿 m³，其中，南水北调东/中线工程、引黄入晋工程和引黄入淀工程共补给流域 7.65 亿 m³；地下水供水减少 10.18 亿 m³；从需水方面来看，与外延式情景方案相比，生产和生活需水量降低了 32.5% 和 61.6%。流域碳排放、碳捕获和碳的净排放总量分别为 18.46Mt、11.37Mt 和 7.09Mt。

2020 水平年，若经济发展和能源消费按照外延式发展，则方案四为推荐方案。该方案中，流域缺水率降低了 30.7%，碳排放量与碳的净排放量分别降低了 57% 和 63%，碳捕获量增加了 3.6%。流域供水量和需水量均为 38.9 亿 m³，缺水率为 0。从供水来看，地表水供水 12.82 亿 m³、地下水供水 24.74 亿 m³，其他水源供水 1.34 亿 m³。其中，南水北调东/中线工程、引黄入晋工程和引黄入淀工程共补给流域 7.15 亿 m³；地下水供水减少 7.15 亿 m³。从需水方面来看，与外延式情景方案相比，生产和生活需水量降低了 47.1% 和 28.3%。在碳平衡方面，流域碳排放量、碳捕获总量和碳的净排放总量分别为 52.54Mt、11.38Mt 和 41.16Mt。

2020 水平年，若经济发展和能源消费按照低碳发展模式发展，则方案三为推荐方案。该方案中，流域缺水率降低了 30.7%，碳排放量与碳的净排放量分别降低了 60.2% 和 75.3%，碳捕获量增加了 4.4%。流域供水量和需水量均为 50.22 亿 m³，缺水率为 0。从供水来看，地表水供水 15.01 亿 m³、地下水供水 33.88 亿 m³，其他水源供水 1.33 亿 m³。其中，南水北调东/中线工程、引黄入晋工程和引黄入淀工程共补给流域 9.38 亿 m³；地下水供水减少 3.78 亿 m³。从需水方面来看，与外延式发展方案相比，生产和生活需水量分别降低了 25.8% 和 20.3%。在碳平衡方面，流域碳排放、碳捕获和碳的净排放总量分别为 23.11Mt、11.46Mt 和 11.65Mt。

2030 水平年，无论经济发展和能源消费按照外延式还是低碳发展模式发展，方案四均是推荐方案。在社会经济低碳发展模式中，与外延式情景配置方案相比，该方案的缺水率与碳的净排放量分别降低了 40.4% 和 112.9%。在该方案中，流域供水和需水均为 47.04 亿 m³，缺水率为 0。从供水方面来看，地表水供水量 14.52 亿 m³，其中，南水北调东/中线工程、引黄入晋工程和引黄入淀工程共补给流域 8.85 亿 m³，地下水供水减少 7.17 亿 m³；从需水方面来看，与外延式情景方案相比，生产和生活需水量降低了 43.6% 和 32.2%。流域碳排放、碳捕获和碳的净排放总量分别为 3.72Mt、11.38Mt 和 -7.66Mt。

11.2 展　　望

虽然本研究在区域碳水耦合模拟与基于低碳发展模式的水资源合理配置方面的理论、方法和应用三个层面初步取得了一些成果，具有一定的借鉴意义，但在以下几方面还存在一些问题：

（1）结合绿色发展模式，实现基于低碳发展模式的水资源合理配置理论外延

本研究以区域碳水耦合机制为理论基础，提出基于低碳发展模式的水资源合理配置内涵，归纳其特征，并提出总体任务、原则与目标。但是，有待于结合"绿色发展模式"的基本特征，拓展"基于低碳发展模式的水资源合理配置"这一内涵，在考虑缺水率和碳的净排放量最小两个基本目标外，将与经济社会发展、水资源质量相关的碳排放指标纳入限制因子中，如单位 GDP 的碳排放量、不同类型水源供水的碳排放效益、不同土地利用类型的碳的净排放效益等，以期将区域碳水耦合系统中社会经济与生态环境单元更好地联系起来，增加社会经济系统与"自然-人工"二元水循环、碳循环的紧密性，进而增强碳水耦合系统的整体性，实现生态用水与生态用地的联合配置。

(2) 补充野外勘测数据，改善土壤过程模拟，提高区域碳水耦合模拟的精确性

区域碳水耦合模拟技术在系统概化、野外原型观测、遥感解译和碳水耦合模型方面有待于完善：系统概化关键在于"点"、"线"和"面"的结合问题，不同种类的水利工程与计算单元碳排放量之间的关系是今后有待于解决的问题；在原型观测方面，由于缺乏白洋淀流域长序列的生态资料和近几年的水文站资料，流域碳水耦合模型校验参数选取受到约束，在延长观测资料序列基础上，如何结合小型物理模拟实验增加校验参数以优化模型，是获取净初级生产力和蒸散发数据的关键；在遥感解译方面，需要结合野外定点观测和文献资料，校正初始年的叶面积指数和植被覆盖度；在碳水耦合模拟模型方面，土壤水与根系的生长过程模拟有待于改善，不同物种的竞争关系和植被类型的进一步划分需要在未来模型改善中予以考虑。

(3) 增加供水预测和方案后效性评估体系，构建基于低碳发展模式的水资源合理配置平台

由于基于低碳发展模式的水资源合理配置技术较为新颖，在碳排放与供需水预测方法、配置模型运行和方案的后效性评估方法方面还有待于改进。在碳排放预测方法中，由于白洋淀流域能源数据的时间序列较短，一些社会经济因素（如劳动参与率、碳减排技术普及率等）并没有很好地考虑到预测模型中；在供水和需水预测方面，存在降水、径流与蒸散发数据的时空匹配问题，因此无法对不同来水频率下的供水与需水情况进行预测，而且地下水和生态需水方面的预测有待于加强；在模型运行方面，由于配置模型涉及的参数较多，有待于调整模型结构和输入方式使其运行更为快捷，同时可考虑结合碳水耦合模型构建整体可视化模拟平台；在配置方案的后效性评估方面，有待于增加评价指标并选择合适的评价方法构建完整的后效性评估体系。

(4) 拓展实践流域，加强基于低碳发展模式的水资源合理配置的实践应用性

本研究已经将相关理论与技术成果应用到华北平原的白洋淀流域，提出未来不同水平年的推荐方案，并从产业结构、节水型社会建设、骨干水利工程及其布局、生态用地和水资源管理等方面提出保障措施。但是，与华北其他流域相比，白洋淀流域比较具有区域特点，不仅在行政区划上涉及北京市，而且缺乏主干流，现状供水主要依赖地下水，未来供水过程受外调水影响。因此，基于低碳发展模式的水资源合理配置的实践应用区域不仅应拓展到更大的流域，比如海河流域、淮河流域和黄河流域等，还应该考虑不同于白洋淀流域经济发展特征的流域，尤其是碳排放量较高而近些年来森林退化显著的地区，以增加该研究的实践应用性，有助于理论的完善与技术的推广。

参考文献

白德斌，宁振平.2007.白洋淀干淀原因浅析.中国防汛抗旱，2：46-62.
曹永强，倪广恒，胡和平.2005.水利水电工程建设对生态环境的影响分析.人民黄河，27（1）：56-58.
陈新芳，居为民，陈镜明，等.2009.陆地生态系统碳水循环的相互作用及其模拟.生态学杂志，28（8）：1630-1639.
程朝立，赵军庆，韩晓东.2011.白洋淀湿地近10年水质水量变化规律分析.海河水利，3：10-18.
崔惠敏.2011.农业面源污染对白洋淀流域水环境的影响分析.现代农业科技，7：298-300.
冯思，黄云，许有鹏.2006.全球变暖对新疆水循环影响分析.冰川冻土，28（4）：500-505.
国家发展和改革委员会能源局.2009.减缓气候变化的社会经济影响评价报告.
国家发展和改革委员会能源研究所课题组.2009.中国2050年低碳发展之路能源需求暨碳排放情景分析.北京：科学出版社.
何乃华，朱宣青.1992.白洋淀地区近3万年来的古环境与历史上人类活动的影响.海洋地质与第四纪地质，12（2）：79-88.
何乃华，朱宣青.1994.白洋淀形成原因的探讨.地理学与国土研究，10（1）：50-54.
胡冬妮，贾剑峰.2009.小型水电站综合自动化控制装置的比较与应用.计算机应用，4：77-79.
胡中民，于贵瑞，樊江文，等.2006.干旱对陆地生态系统水碳过程的影响研究进展.地理科学进展，25（6）：12-20.
贾仰文，王浩，王根绪，等.2005.分布式流域水文模型原理与实践.北京：中国水利水电出版社.
康志，杨丹菁，靖元孝.2007.水库库岸消涨带植被恢复研究.中国农村水利水电，10：22-25.
赖格英，吴敦银，钟业喜，等.2012.SWAT模型的开发与应用进展.河海大学学报（自然科学版），3：1-9.
李玉强，赵哈林，陈银萍，等.2005.陆地生态系统碳源与碳汇及其影响机制研究进展.生态学杂志，24（1）：37-42.
刘慧雅，王铮，马晓哲.2011.碳排放与森林碳汇作用下云南省碳净排放量估计.生态学报，31（15）：4405-4414.
刘克岩，张橹，张光辉，等.2007.人类活动对华北白洋淀流域径流影响的识别研究.水文，27（6）：6-10.
刘茂峰，高彦春，甘国靖.2011.白洋淀流域年径流变化趋势及气象影响因子分析.资源科学，33（8）：1438-1445.
刘琼，欧名豪，彭晓英.2005.基于马尔柯夫过程的区域土地利用结构预测研究——以江苏省昆山市为例.南京农业大学学报，28（3）：107-112.
刘世祥，王遂缠，刘碧.2006.兰州市空中水汽含量和水汽通量变化研究.干旱气象，24（1）：18-22.
刘煜，何金海，李维亮.2009.MM5对中全新世时期中国地区气候的模拟研究.气象学报，67（1）：35-49.
鲁学仁.1992.华北暨胶东地区水资源研究.北京：中国科学技术出版社.
裴源生，赵勇，陆垂裕，等.2006.经济生态系统广义水资源合理配置.郑州：黄河水利出版社.
气候变化国家评估报告编委会.2007.气候变化国家评估报告.北京：科学出版社.
钱伟宏.2009.全球气候系统.北京：北京大学出版社.
秦天玲，严登华，宋新山，等.2011.我国水资源管理及其关键问题初探.中国水利，3：11-15.
史新峰.2010.气候变化与低碳经济.北京：中国水利水电出版社.
孙家仁，刘煜.2008a.中国区域气溶胶对东亚夏季风的可能影响Ⅰ：硫酸盐气溶胶的影响.气候变化研究进展，4（2）：111-116.

孙家仁，刘煜.2008b.中国区域气溶胶对东亚夏季风的可能影响Ⅱ：黑炭气溶胶的影响.气候变化研究进展，4（3）：161-166.

谭丹，黄贤金，胡初枝.2008.我国工业行业的产业升级与碳排放关系分析.四川环境，27（2）：74-78.

王汉杰，刘健文.2008.全球变化与人类适应.北京：中国林业出版社.

王洁，徐宗学.2009.白洋淀流域气温与降水量长期变化趋势及其持续性分析.资源科学，31（9）：1498-1505.

王浩，陈敏建，秦大庸.2003a.西北地区水资源合理配置和承载能力研究.郑州：黄河水利出版社.

王浩，秦大庸，王建华，等.2003b.黄淮海流域水资源合理配置.北京：北京科学技术出版社.

王浩，游进军.2008.水资源合理配置研究历程与进展.水利学报，39（10）：1168-1175.

王立明，朱晓春，韩东辉.2010.白洋淀流域生态水文过程演变及其生态系统退化驱动机制研究.中国工程科学，12（6）：36-40.

王顺庆.2000.概率论与数理统计.南宁：广西民族出版社.

王研.2008.中国电力工业能源效率分析.经济师，4：58-59.

王宗明，国志兴，宋开山，等.2009.2000—2005年三江平原土地利用/覆被变化对植被净初级生产力的影响研究.自然资源学报，24（1）：136-145.

吴良喜，曾红娟.2007.水库消落带应算作破坏水土保持设施面积.水土保持通报，27（4）：141-144.

肖伟军，陈炳洪，刘云香.2009.近45a华南夏季降水时空演变特征.气象研究与应用，30（1）：12-14.

谢新民，秦大庸，裴源生，等.2000.宁夏水资源优化配置模型与方案分析.中国水利水电科学研究院学报，4（1）：16-26、35.

谢新民，赵文俊，裴源生，等.2002.宁夏水资源优化配置与可持续利用战略研究.郑州：黄河水利出版社.

谢正辉，刘谦，袁飞，等.2004.基于全国50km×50km网格的大尺度陆面水文模型框架.水利学报，5：76-82.

徐洪灵，张宏.2009.我国高寒草甸生态系统土壤呼吸研究进展.草业与畜牧，159：1-5.

许新宜，王浩，甘泓，等.1997.华北地区宏观经济水资源规划理论与方法.郑州：黄河水利出版社.

严登华，秦天玲，张萍，等.2010.基于低碳发展模式的水资源合理配置框架研究.水利学报，41（8）：117-123.

杨春霄.2010.白洋淀入淀水量变化及影响因素分析.地下水，32（2）：110-112.

尹明万，甘泓，汪党献，等.2000.智能型水供需平衡模型及其应用.水利学报，10：71-76.

于贵瑞，孙晓敏.2006.陆地生态系统通量观测的原理与方法.北京：高等教育出版社.

袁飞，朱跃娟.2007.考虑植被动态变化的水文过程模拟研究.水科学研究，1（1）：50-57.

张军，吴桂英，张吉鹏.2004.中国省际物质资本存量估算：1952—2000.经济研究，10：35-44.

张淑萍，张修桂.1989.《禹贡》九河分流地域范围新证—兼论古白洋淀的消亡过程.地理学报，44（1）：86-93.

张永勇，王中根，夏军，等.2009.基于水循环过程的水量水质联合评价.自然资源学报，24（7）：1308-1314.

张志强，王盛萍，孙阁，等.2006.流域径流泥沙对多尺度植被变化响应研究进展.生态学报，26（7）：2356-2364.

赵志轩.2012.白洋淀湿地生态水文过程耦合作用机制及综合调控研究.天津：天津大学博士学位论文.

中国工程院"西北水资源"项目组.2003.西北地区水资源配置生态环境建设和可持续发展战略研究.中

国工程科学, 5 (4): 1-26.

中华人民共和国水利部. 中国水资源公报 (1998—2007). 北京: 中国水利水电出版社.

周剑, 程国栋, 李新, 等. 2009. 应用遥感技术反演流域尺度的蒸散发. 水利学报, 40 (6): 679-687.

周祖昊, 王浩, 秦大庸, 等. 2009. 基于广义 ET 的水资源与水环境综合规划研究 I: 理论. 水利学报, 40 (9): 1025-1032.

朱永彬, 王铮, 庞丽, 等. 2009. 基于经济模拟的中国能源消费与碳排放高峰预测. 地理学报, 64 (8): 935-944.

IPCC. 2007a. 政府间气候变化专门委员会第四次评估报告第一、第二和第三工作组报告: 综合报告. 瑞士, 日内瓦.

IPCC. 2007b. 政府间气候变化专门委员会第四次评估报告第三工作组报告: 决策者摘要. 剑桥: 剑桥大学出版社.

Adams B, White A, Lenton T M. 2004. An analysis of some diverse approaches to modelling terrestrial net primary productivity. Ecological Modelling, 177 (4): 353-391.

Alo C A, Anagnostou E N. 2008. Improving the vegetation dynamic simulation in a land surface model by using a statistical-dynamic canopy interception scheme. Advances in Atmospheric Sciences, 25 (4): 610-618.

Andrew W, Melvin G C, Andrew D F. 1999. Climate change impacts on ecosystems and the terrestrial carbon sink: a new assessment. Global Environmental Change, 9: 21-30.

Assaf H. 2009. A hydro-economic model for managing groundwater resources in semi-arid regions. Water Resources Management, 125: 89-96.

Aster G, Meine V N, Henry N, et al. 2011. Relationships of stable carbon isotopes, plant water potential and growth: an approach to assess water use efficiency and growth strategies of dry land agroforestry species. Trees, 25: 95-102.

Bates B C, Kundzewicz Z, Wu S, et al. 2008. Climate change and water. Technical Paper of the Intergovernmental Panel on Climate Change, IPCC Secretariat, Geneva.

Bellamy P H, Loveland P J, Lan B R, et al. 2005. Carbon losses from all soils across England and Wales. Nature, 437: 245-248.

Bonan G B. 1995. Land-atmospheric interactions for climate system models: Coupling biophysical, biogeochemical and ecosystem dynamical processes. Remote Sense Environment, 51: 57-73.

Calfapietra C, Gielen B, Sabatti M, et al. 2003. Do above-ground growth dynamics of popular change with time under CO_2 enrichment. New Phytologist, 160: 305-310.

Cao M K, Woodward F I. 1998. Net primary and ecosystem production and carbon stocks of terrestrial ecosystem and their responses to climate change. Global Change Biology, 4: 185-198.

Ciais P, Wattenbach M, Vuichard N, et al. 2010. The European carbon balance. Part 2: croplands. Global Change Biology, 16 (5): 1409-1428.

Claudio A, Mario R M, Giuseppe S. 2010. A simulation/optimization model for selecting infrastructure alternatives in complex water resource systems. Water Science & Technology, 61 (12): 3050-3060.

Cook B D, Bolstad P V, Naesset E, et al. 2009. Using LiDAR and quickbird data to model plant production and quantify uncertainties associated with wetland detection and land cover generalizations. Remote Sensing of Environment, 113 (1): 2356-2379.

Cowling S A, Jones C D, Cox P M. 2009. Greening the terrestrial biosphere: simulated feedbacks on atmospheric heat and energy circulation. Climate Dynamics, 32 (3): 287-299.

Del G S, Parton W, Stoghlgren T, et al. 2008. Global potential net primary production predicted from vegetation class, precipitation, and temperature. Ecology, 89 (8): 2117-2126.

Delire C, Ngomanda A, Jolly D. 2008. Possible impacts of 21st century climate on vegetation in Central and West Africa. Global and Planetary Change, 64 (2): 3-15.

Demarty J, Chevallier F, Friend A D, et al. 2007. Assimilation of global MODIS leaf area index retrievals within a terrestrial biosphere model. Geophysical Research, 34 (15): 15402-15408.

Dunne J A, Saleska S R, Fischer M L, et al. 2004. Integrating experimental and gradient method in ecological climate change research. Ecology, 85 (4): 904-916.

Evrendilek F, Berberoglu S, Gulbeyaz O, et al. 2007. Modeling potential distribution and carbon dynamics of natural terrestrial ecosystems: A case study of Turkey. Sensors, 7 (10): 2273-2296.

Farley K A, Jobbagy E G, Jackson R B. 2005. Effects of afforestation on water yield: A global synthesis with implication for policy. Global Change Biology, 11: 1565-1576.

Fedra K. 2002. GIS and simulation models for Water Resources Management: A case study of the Kelantan River, Malaysia. GIS Development, 6: 39-43.

Ford D C, Williams P W. 1989. Karst geomorphology and hydrology. London: Unwin Hyman.

Goldsmith R W. 1951. A perpetual inventory of national wealth. New York: National Bureau of Economic Research.

Hannah D M, Wood P J, Sadler J P. 2004. Ecohydrology and hydroecology: A 'new paradigm'? Hydrological Process, 18: 3439-3445.

Hashimoto H, Melton F, Ichii K, et al. 2010. Evaluating the impacts of climate and elevated carbon dioxide on tropical rainforests of the western Amazon basin using ecosystem models and satellite data. Global Change Biology, 16 (1): 255-271.

Heinzerling A. 2010. Global carbon dioxide emissions fall in 2009 past decade still sees rapid emissions growth. http://www.earth-policy.org/indicators/C52/carbon_emissions_2010.

Hoffman F, M Vertenstein S, Levis P T, et al. 2004. Community land model version 3.0 (CLM3.0) developer's guide. Available online at http://www.cgd.ucar.edu/tss.

Houghton R A. 2002. Magnitude, distribution and causes of terrestrial carbon sinks and some implications for policy. Climate Policy, 2: 71-88.

Huang W, Zhang X N, Li C M, et al. 2011. A multi-layer dynamic model for coordination based group decision making in water resource allocation and scheduling. Intelligent Computing and Information Science, 135: 148-153.

Hughes D A, Mallory S J. 2009. The importance of operating rules and assessments of beneficial use in water resource allocation policy and management. Water Policy, 111 (6): 731-741.

Ito A. 2010. Changing ecophysiological processes and carbon budget in East Asian ecosystems under near-future changes in climate: implications for long-term monitoring from a process-based model. Journal of Plant Research, 123 (4): 577-588.

Jackson R B, Jobbagy E C, Avissar R, et al. 2005. Trading water for carbon with biological carbon sequestration. Science, 310: 1944-1947.

Jha M K, Das GA. 2003. Application of Mike Basin for water management strategies in a watershed. Water International, 28 (1): 27-35.

Jia Y W, Wang H, Ni G H, et al. 2005. The theory and practice of distributed hydrological models of basin. Beijing: China Waterpower Press.

Kadmiel M, Debbie H, Alon A, et al. 2011. Increase in water-use efficiency and underlying processes in pine forests across a precipitation gradient in the dry Mediterranean region over the past 30 years. Oecologia, 167 (2): 573-585.

Lee M, Manning P, Rist J, et al. 2010. A global comparison of grassland of biomass responses to CO_2 and nitrogen enrichment. Philosophical Transactions of the Royal Society B: Biological Sciences, 365 (1549): 2047-2056.

Lei H J, Xu J X, Yan Q H, et al. 2009. Study on river ecological water requirement based on water quantity model and water quality model. 2009 3rd International Conference on Bioinformatics and Biomedical Engineering, 1-11.

Li R P, Zhou G S, Wang Y. 2010. Responses of soil respiration in non-growing seasons to environmental factors in a maize agroecosystem, Northeast China. Chinese Science Bulletin, 55 (24): 2723-2730.

Luyssaert S, Ciais P, Piao S L. 2010. The European carbon balance. Part 3: forests. Globle Change Ecology, 16 (5): 1429-1450.

Ma X W, Ma F W, Li C Y, et al. 2010. Biomass accumulation, allocation, and water-use efficiency in 10 Malus rootstocks under two watering regimes. Agroforest Syst, 80: 283-294.

Mao J F, Dan L, Wang B, et al. 2010. Simulation and evaluation of terrestrial ecosystem NPP with M-SDGVM over continental China. Journal of Climate, 27 (2): 427-442.

Moon Y S, Sonn Y H. 1996. Productive energy consumption and economic growth: An endogenous growth model and its empirical application. Resource and Energy Economics, 18: 189-200.

Mu Q Z, Zhao M S, Heinsch F A, et al. 2007. Evaluating water stress controls on primary production in biogeochemical and remote sensing based models. Journal of Geophysical Research Biogeosciences, 112: 1-13.

Nakatsuka Y, Maksyutov S. 2009. Optimization of the seasonal cycles of simulated CO_2 flux by fitting simulated atmospheric CO_2 to observed vertical profiles. Biogeosciences, 6 (12): 2733-2741.

Neilson R P. 1995. A model for predicting continental scale vegetation distribution and water balance. Ecological Application, 5: 362-385.

Newman B D, Wilcox B P, Archer A R, et al. 2006. Ecohydrology of water-limited environments: A scientific vision. Water Resources Research, 42 (6): DOI: 10.1029/2005WR004141.

Pan Y D, McGuire A D, Melillo J M, et al. 2002. A biogenchemistry-based dynamic vegetation model and its application along a moisture gradient in the continental United States. Journal of Vegetation Science, 13: 369-382.

Pan Y D. 2004. Importance of foliar nitrogen concentration to predict forest productivity spatially across the Mid-Atlantic region. Forest Science, 50: 279-289.

Pan Z, Andrade D, Segal M, et al. 2010. Uncertainty in future soil carbon trends at a central US site under an ensemble of GCM scenario climates. Ecological Modelling, 221 (5): 876-881.

Peng H, Wang Y, Zhang W S, et al. 2009. A coupled water quality-quantity model for water resource allocation. 2009 3rd International Conference on Bioinformatics and Biomedical Engineering, 1-11.

Peter M C, Richard A B, Chris D J, et al. 2001. Modeling vegetation and the carbon cycle as interactive elements of the climate system. New York: Academic Press.

Petia S N, Stephan R, Christian P A, et al. 2009. Effects of the extreme drought in 2003 on soil respiration in a mixed forest. Eur. J. Forest Res., 128: 87-98.

Petts G, Morales Y, Sadler J. 2006. Linking hydrology and biology to assess the water needs of river ecosystems. Hydrological Process, 20: 2247-2251.

Piao S L, Ciais P, Friendlingstein P, et al. Spatiotemporal patterns of terrestrial carbon cycle during the 20th century. Global Biogeochemical Cycles, 23: GB4026.

Prentice I C. 1993. Biome modelling and the carbon cycle. Springer-Verlag: Berlin, 15: 1-4.

Quaife T, Quegan S, Disney M, et al. 2008. Impact of land cover uncertainties on estimates of biospheric carbon fluxes. Global Biogeochemical Cycles, 22: GB4016.

Ramakrishna R N, Charles D K, Hirofumi H, et al. 2003. Climate-Driven Increases in Global Terrestrial Net Primary Production from 1982 to 1999. Science, 300: 1560-1563.

Rasse D P, Peresta G, Drake B G. 2005. Seventeen years of elevated CO_2 exposure in a Chesapeake Bay Wetland: sustained but contrasting responses of plant growth and CO_2 uptake. Global Change Biology, 11: 369-377.

Roel J W, Wolfgang W, Peter H. 2011. Stable carbon isotopes in tree rings indicate improved water use efficiency and drought responses of a tropical dry forest tree species. Trees, 25: 103-113.

Saunders M J, Jones M B, Kansiime F. 2007. Carbon and water cycles in tropical payrus wetlands. Wetlands Ecol. Manage, 15: 489-498.

Sefcik L T, Zak D, Ellsworth D S. 2007. Seedling survival in a northern temperate forest understory in increased by elevated atmospheric carbon dioxide and atmospheric nitrogen deposition. Global Change Biology, 13: 132-146.

Sitch S, Smith B, Prentice IC. 2003. Evaluation of ecosystem dynamics, plant geography and terrestrial carbon cycling in the LPJ dynamic vegetation model. Global Change Biology, 9: 161-185.

Su H X, Sang W G, Wang Y X, et al. 2007. Simulating *Picea schrenkiana* forest productivity under climatic changes and atmospheric CO_2 increase in Tianshan Mountains, Xinjiang Autonomous Region, China. Forest Ecology and Management, 246 (3): 273-284.

Tague C L, Band L E. 2004. RHESSys: regional hydro-ecologic simulation system an object-oriented approach to spatially distributed modeling of carbon, water, and nutrient cycling. Earth Interact, 8: 1-42.

Tahir H, Geoff P. 2001. Use of the IQQM simulation model for planning and management of a regulated river syste. Integrated Water Resources Management, IAHS, 272: 83-89.

Takashi H, Jyrki J, Takashi I, et al. 2009. Controls on the Carbon Balance of Tropical Peatlands. Ecosystems, 12: 873-887.

Tan W B, Wang G A, Han J M, et al. 2009. $\delta^{13}C$ and water-use efficiency indicated by $\delta^{13}C$ of different plant functional groups on Changbai Mountains, Northeast China. Chinese Science Bulletin, 10: 1759-1764.

Thomas H, Anatoly G, Nicholas C C, et al. 2011. Tracking plant physiological properties from multi-angular tower-based remote sensing. Oecologia, 165: 865-876.

Tiebo C, David T P, Alberto L, et al. 2011. Carbon, water, and energy exchanges of a hybrid poplar plantation during the first Five years following planting. Ecosystems, 14: 658-671.

Tomo'omi K, Gabriel G K, Amilcare P, et al. 2004. Carbon and water cycling in a Borean tropical rainforest under current and future climate scenarios. Advances in Water Resources, 27: 1135-1150.

Treut L H, Somerville R, Cubasch U, et al. 2007. Climate change 2007: The physical science basis. contribution of working group I to the fourth assessment report of the Intergovernmental Panel on Climate Change. Cambridge and New York: Cambridge University Press.

United Nations Intergovernmental Panel on Climate Change (IPCC). 2007. Climate change 2007-The fourth IPCC assessment report (Synthesis Report). UN: IPCC.

Vertessy R A, Hatton T J. 1993. Predicting water yield from a mountain ash forest catchment using a terrain analysis based catchment model. Journal of Hydrology, 150: 667-700.

Vorosmarty C J, Green P, Salisbury J, et al. 2000. Global water resources: Vulnerability from climate change and population growth. Science, 289: 284-288.

Willis R, Finney B, Zhang D. 1989. Water resources management in north China plain. J. Water Resour. Plann. Manage., 115 (5), 598-615.

Wu H J, Lee X H. 2011. Short-term effects of rain on soil respiration in two New England forests. Plant Soil, 338: 329-342.

Xia D P, Wang X Y, Pei Y S, et al. 2009. Optimal allocation model of water resource in a mine of Jiaozuo. 2009 International Conference on Energy and Environment Technology, 2: 641-643.

Xu W, Yan L J, Bingrui J, et al. 2010. Comparison of soil respiration among three temperate forests in Changbai Mountains, China. NRC Research Press, 40 (4): 788-795.

Yan D H, Wang H, Li H H, et al. 2012. Quantitative analysis on the ecological and environmental impact of large-scale water diversion project on water resource area in a changing environment. Hydrology and Earth System Sciences, 16: 2685-2702.

Yang Y S, Xie J S, Sheng H, et al. 2009. The impact of land use/cover change on storage and quality of soil organic carbon in mid-subtropical mountainous area of southern China. Journal of Geographical Sciences, 19: 49-57.

Yates D, Purkey D, Sieber J, et al. 2009. Climate driven water resources model of the Sacramento basin, California. Journal of Water Resources Planning and Management, 135 (5): 303-311.

Yoshimura K and Inokura Y. 1997. The geochemical cycle of carbon dioxide in a carbonate rock area. Akiyoshi-dai Plateau, Yamaguchi, Southwestern Japan. In: Yuan D, ed, Proc 30th Int Geol: 114-126.

Yu D Y, Shi P J, Shao H B, et al. 2009. Modelling net primary productivity of terrestrial ecosystems in East Asia based on an improved CASA ecosystem model. International Journal of Remote Sensing, 30 (18): 4851-4866.

Zagona E A, Terrance J F, Richard S, et al. 2001. River ware: A generalized tool for complex reservoir systems modeling. Journal of the American Water Resources Association, 37 (4): 913-929.

Zaks D P M, Ramankutty N, Barford C C, et al. 2007. From Miami to Madison: Investigating the relationship between climate and terrestrial net primary production. Global Biogeochemical Cycles, 21: GB3004.

Zhao M J, Jaeger H. 2010. Norm-Observable Operator Models. Neural Computation, 22 (7): 1927-1959.

Zhu J L, Wang S J. 2011. Modeling and simulation of water allocation system based on simulated annealing hybrid genetic algorithm. Intelligent Computing and Information Science, 135: 104-109.

Zhu W Q, Pan Y Z, He H, et al. 2006. Simulation of maximum light use efficiency for some typical vegetation types in China. Chinese Science Bulletin, 51 (4): 457-463.

索　引

A
安全性　21

B
白洋淀流域　22
白洋淀流域碳水耦合系统网络图　84

D
"低碳"　2
低碳发展模式　3
低碳性　21

F
方案后效性评估　156

G
高效性　21
公平性　21
供水量　124

J
"减源增汇"　3
基于低碳发展模式的水资源合理配置　3
基于低碳发展模式的水资源合理配置模型　27
节水型社会建设　149

L
流域碳水耦合作用机制识别　97
绿色发展模式　3

M
马尔科夫链模型　64

N
能量流动　35
能源强度模型　64
能源消费结构　149
配置方案集设置　119

Q
区域碳排放与需水预测分析　27
区域碳水耦合　3
区域碳水耦合系统概化　23

缺水量　124

S
生态用地　150
数值模拟　12
水利工程布局　150
水利工程碳排放/捕获效应　60
水平衡　22
水循环　10
水循环对碳循环的影响　18
水资源效益　149

T
碳"汇"　3
碳"源"　3
碳捕获量　125
碳捕获系数　104
碳的净排放量　125
碳的净排放系数　104
碳排放量　125
碳排放系数　103
碳平衡　7
碳水关系指数　60
碳水耦合定量化关系　101
碳水耦合模型　22
碳循环　10
碳循环对水循环的影响　19

W
外延式发展模式　2

X
需水量　124

Y
应急水资源管理　150
原型观测　12

Z
"自然-人工"二元水循环　17

其他
Cobb-Douglas 动力学关系模型　64